U0227826

岩土多场多尺度力学丛书

# 岩石破裂特性
# 宏细观试验与分析

姚华彦　张振华　刘　广　著

科学出版社

北　京

# 内 容 简 介

本书主要从系列岩石破裂特性的室内试验展开,研究岩石的破坏过程及破坏机制,分析加载条件、水、温度细观结构等因素对岩石物理力学特性的影响。主要内容包括 10 章:绪论、含预制缺陷岩石的破裂特性、岩石点荷载强度及其破坏特性、卸荷条件下岩石的破裂特性、饱水及干湿(或湿干)循环作用对岩石力学特性的影响、软岩崩解特性、温度作用对岩石力学特性的影响、岩石颗粒结构细观分析及表征、颗粒细观结构对岩石宏观力学特性的影响等。

本书可作为土木工程、水利水电工程、隧道工程等专业从事岩石力学的科研人员、高等院校师生的参考书,也可供有关工程设计人员参考。

图书在版编目(CIP)数据

岩石破裂特性宏细观试验与分析 / 姚华彦,张振华,刘广著. -- 北京:科学出版社,2024.10. --(岩土多场多尺度力学丛书). -- ISBN 978-7-03-079510-6

Ⅰ. TU452

中国国家版本馆 CIP 数据核字第 20245BE614 号

责任编辑:孙寓明 刘 畅/责任校对:刘 芳
责任印制:彭 超/封面设计:苏 波

科学出版社 出版
北京东黄城根北街 16 号
邮政编码:100717
http://www.sciencep.com
湖北恒泰印务有限公司印刷
科学出版社发行 各地新华书店经销
*
开本:B5(720×1000)
2024 年 10 月第 一 版 印张:16 1/4
2024 年 10 月第一次印刷 字数:326 000
定价:188.00 元
(如有印装质量问题,我社负责调换)

# "岩土多场多尺度力学丛书"编委会

# "岩土多场多尺度力学丛书"序

　　为了适应我国社会、经济与科技的快速发展，深部石油、煤炭和天然气等资源的开采，水电工程 300 m 级高坝、深埋隧洞的建设，高放核废料的深地处置、高能物理的深部探测等一系列关乎国计民生、经济命脉和科技制高点的重大基础设施建设正紧锣密鼓地开展。随着埋深的增大，岩土工程建设中的多场（地应力、动载、渗流、温度、化学条件等）耦合效应与多尺度（微观、细观、宏观及工程尺度）特性更加突出和复杂。例如，天然岩体是完整岩石与不同尺度的节理/裂隙等不连续系统组成的复合介质，具有非均匀性、非连续性、非弹性等特性，其力学行为具有显著的多尺度特性。岩石的微观结构、微裂纹之间的相互作用、孔隙和矿物夹杂均影响着岩石细观裂隙系统的演化，而裂隙的扩展和贯通与宏观上岩石的损伤和破坏密切相关，也决定了工程尺度上的岩体稳定性与结构安全性。因此，研究岩土多尺度力学特性不仅对岩土工程建设至关重要，同时可以促进岩土力学研究向理论化与定量化方向发展。近年来，岩土微观与细观实验技术与几何描述方法、细观力学损伤模拟方法、从细观到宏观的损伤模拟方法等细-宏观等效研究方法已基本确立了细观到宏观尺度上的沟通桥梁。但这还不够，建立微观-细观-宏观-工程尺度上系统的分析方法才能全面地处理好工程建设中复杂的岩土力学问题。大型岩土工程建设还普遍涉及复杂赋存环境下岩土体的应力和变形、地下水和其他流体在岩土介质中的运动、地温及化学效应直接或间接的相互作用及相互影响。以岩土渗流与变形耦合作用为例，渗流是导致岩土介质及工程构筑物发生变形和破坏的重要诱因，国内外因渗控系统失效导致的水库渗漏、大坝失稳与溃决、隧洞突涌水等工程事故屡见不鲜。渗透特性具有非均匀性、各向异性、多尺度特性和演化特性等基本特征，揭示岩土体渗流特性的时空演化规律是岩土体渗流分析的基础，也是岩土工程渗流控制的关键问题。因此，对于处于复杂地质条件和工程环境中的岩土体，揭示其多场耦合条件下多尺度变形破坏机理、流体运移特征、结构稳定性状态及其演化规律是保证岩土工程安全建设与运行的重中之重。

　　近年来，岩土多场多尺度力学研究领域成果丰富，汇聚了 973、863、国家自然科学基金项目以及其他重大科技项目的科研成果，试验和理论研究成果也被进一步广泛应用于重大水利水电工程、核废料处置工程及其他工程领域中，取得了显著的社会效益和经济效益。在此过程中，我们也欣喜地看到，岩土多尺度、多场耦合理论体系在与工程地质、固体力学、流体力学、化学与环境、工程技术、计算机技术、材料科学、测绘与遥感技术、理论物理学等多学科不断融合的基础上日趋完善。更振奋人心的是，越来越多的中青年学者不断投身其中，推动该研究领域呈现出生机勃勃的发展态势。"岩土多场多尺度力学丛书"旨在推介和出版上述领域的相关科研成果，推进岩土多场多尺度力学理论体系不断发展和完善，值得期待！

"岩土多场多尺度力学丛书"涉及近年来在该领域取得的创新性研究成果，包括岩土力学多场多尺度耦合基础理论、多场多尺度岩土力学数值计算方法及工程应用、岩土材料微观细观宏观多尺度物理力学性能研究、岩土材料在多场耦合条件下的理论模型、岩土工程多场耦合计算分析研究、多场耦合环境下岩土力学试验技术与方法研究、复杂岩土工程在多场耦合条件下的变形机制分析以及多尺度、多场耦合环境下的灾害机制分析等方面的内容。

相信在"岩土多场多尺度力学丛书"的各位编委和全体作者的共同努力下，这套丛书能够不断推动岩土力学多场耦合和多尺度分析理论和方法的完善，全面、系统地为我国重大岩土工程解决"疑难杂症"。

邵建富　周　辉
2018 年 11 月

# 前　言

岩石的失稳破坏关系着边坡、地基及地下硐室等工程的安全。开展关于岩石的破裂过程及破坏机制的研究，对岩土与地下工程的安全稳定性的评价及设计施工等都将起到重要作用。

本书共 10 章：第 1 章主要阐述岩石破裂过程的研究进展，分析国内外考虑岩石缺陷、加载条件、水、温度、细观结构等因素对岩石破裂特性的影响方面的研究现状；第 2 章介绍含预制缺陷岩石的破裂特性，主要分析含孔洞或裂隙试样的细观破裂演化过程，讨论不同预制裂隙参数对圆盘试样巴西劈裂破裂特性和抗拉强度的影响；第 3 章主要介绍岩石点荷载强度及其破坏特性，探讨试样形状、尺寸对点荷载强度指数的影响，分析各向异性岩石的点荷载强度特征，建立岩石点荷载强度指标与单轴抗压强度的关系式；第 4 章主要介绍卸荷条件下岩石的破裂特性，探讨不同类型岩石在常规三轴卸围压条件下的强度特征和破坏形式，探讨岩样的卸荷强度与其破坏形式的相关性；第 5 章主要介绍饱水对岩石力学特性的影响，分析水溶液作用下岩石力学性质劣化规律及微观结构损伤特征，分析饱水岩石在常规三轴卸围压条件下的破裂特性；第 6 章主要介绍干湿（湿干）循环作用对岩石力学特性的影响，分析水的干湿（湿干）循环作用对岩石微观结构的影响过程和规律；第 7 章主要介绍软岩崩解特性，分析软岩在不同性质水溶液中的崩解过程和规律，探讨软岩崩解过程中的水岩作用机理；第 8 章主要介绍温度作用对岩石力学特性的影响，探讨了温度对岩石破裂特性的影响机理，分析微波加热对岩石力学特性和微观结构的影响；第 9 章主要介绍岩石颗粒结构细观分析及表征，提出细观结构的识别与提取方法；第 10 章主要介绍颗粒细观结构对岩石宏观力学特性的影响，结合离散元计算方法重点探讨颗粒形状和颗粒非均质度对岩石宏观力学强度及变形特性的影响。

本书主要内容是作者在高等学校博士学科点专项科研基金项目（20100111120002）、国家自然科学基金项目（50909053、51579063、52009024）、三峡大学三峡库区地质灾害教育部重点实验室开放基金项目（2008KDZ07）、金属矿山安全与健康国家重点实验室开放课题基金项目（ZDSYS001）的基础上取得的研究成果。

在课题研究过程中，李宏国、邵迅、吴平、汪然、甘文宁、代领、刘鹤、马登辉、陈小川、黄翔、张明远等参与了相关工作，本书内容包含了他们在博士或硕士研究生期间的部分研究成果。王晓强和冯馨等本科生也参与了部分工作。本书的研究工作还得到了中国科学院武汉岩土力学研究所周辉研究员、潘鹏志研究员的大力指导。中国科学院武汉岩土力学研究所刘继光高工和高红高工、长江科学院朱杰兵教高对本书中的试验工作给予了大力帮助。加拿大劳伦森大学蔡明教授和武汉大学荣冠教授对本书提及的颗粒非均质度和颗粒形状的研究给予了大量指导和帮助。本书的出版和相关研究还得到了朱大勇教授的大力指导与支持。合肥工业大学土木与水利工程学院在团队研究工作中也给予诸多关照。在此，一并表示衷心的感谢！

　　由于时间关系，以及岩石力学性质的复杂性，书中介绍的研究成果很多是初步的，难免有不妥之处，恳请读者批评指正。

作　者<br>2024 年 3 月

# 目　录

# 第1章 绪 论

随着社会发展，众多基础设施如土木、水电、交通、军事、城市地下空间开发利用等诸多工程的建设规模越来越大，各类能源的地下开采与储存、二氧化碳的地下封存、核废料地下处置等工程也越来越多。这些工程在施工及运营阶段的稳定性等，与岩体的变形、强度及破坏等特性有非常直接的关系。研究岩石的失稳破坏规律对工程的合理设计与安全运营具有指导意义。此外，各类工程开挖诱发的岩石工程灾害及各种地质灾害（滑坡、崩塌等）都与岩石破裂失稳有关。弄清岩体失稳破坏的机制和规律对地质灾害的预测预报及防护具有重要意义。近年来，虽然岩石力学的研究得到了突飞猛进的发展，许多学者用不同的理论与方法对岩石的破坏过程及破坏机制进行了广泛的研究，但是与岩体失稳有关的边坡滑动、冲击地压/岩爆等灾害仍时有发生（吴顺川 等，2021）。

岩石力学是材料科学的一个分支学科。但是不同于一般的材料，岩石是一种天然地质产物，是自然界中各种矿物的集合体。不同岩石具有不同成因，同时各类岩石或岩体在形成之后的漫长地质年代中又遭受了不同的地质作用，包括地应力变化、各种构造地质作用、各种风化作用及人类各种应力的作用。各种岩石甚至同种岩石的受荷历史、成分和结构特征都各有差异，从而使岩石或岩体呈现明显的非线性、不连续性、不均质性和各向异性等复杂性（蔡美峰，2002）。以传统的弹性理论、弹塑性理论为基础的研究方法在岩石受力变形分析中存在局限。有的研究者已经认识到在研究岩石的失稳过程中仅依靠强度理论、只关注破坏状态是不够的，破裂过程的研究对揭示岩石材料非线性力学行为、评价岩石工程稳定性显得尤为重要（梁正召，2005；唐春安，1993）。

科学试验是研究岩石力学最基本的方法之一，也是岩石力学发展的基础，不仅可以为岩石变形和稳定性分析提供必要的物理力学参数，同时也为理论分析、数值模拟等提供参考依据。岩石力学主要包括室内试验、现场试验、原位观测（监测）三个方面。其中，室内试验是较容易开展的，并且能够严格控制试验环境、灵活控制试验方法，具有可重复性，是岩石力学特性研究的重要途径，获得普遍的应用（邬爱清，2010）。从18世纪初就开始有岩石力学试验机的出现（尤明庆，2007），随着科学技术发展和进步，各种岩石试验设备、试验方法也在不断地发展和应用。例如在受力状态方面，从单轴加载发展到常规三轴，进一步发展到真三轴等复杂应力状态的试验研究；在影响岩石力学性质的因素方面，从单一的应力发展到考虑渗流、温度、化学等多因素耦合效应的试验研究；在研究尺度上，从宏观尺度发展到细观、微观尺度的试验研究；此外，考虑不同应力路径、时间效应、加载速率的试验研究也在逐步发展。

岩石力学是密切联系工程实践的学科，由于岩石介质本身的复杂性，试验研究仍是目前最基础的研究手段。本书主要基于室内试验，研究岩石的破坏过程及破坏机制，分析加载方式、水、温度等因素对岩石物理力学特性的影响，并结合数值模拟探讨岩石细观颗粒结构对其宏观力学特性的影响。

# 1.1 含缺陷（孔洞、裂隙）岩石破裂过程研究进展

岩石发生破坏是岩石内部的各种微裂纹萌生、扩展、贯通导致最后的整体失稳。在长期的地质作用和工程扰动下，大自然的岩体都不同程度地存在如孔洞、裂隙等缺陷。正是这些缺陷的存在，导致含缺陷的岩石在受力条件下的强度和变形特性比正常的岩石要复杂得多。而且在实际的采矿、交通、核废料处置等工程中，经常会遇到含缺陷的岩体，因此开展缺陷岩石破裂过程的相关研究是非常有必要的。

目前研究含缺陷岩石破裂过程主要有两种方法：一种方法是物理试验，主要是通过物理试验来拟合缺陷岩石破裂的过程；另一种方法是数值模拟，通过现代的计算机技术，利用岩石破坏过程分析的软件来进行数值模拟分析，常用的主要有有限差分法、有限单元法、边界单元法、离散单元法等。

在试验研究方面，Lajtai 等（1975）通过制备单孔和多孔岩样研究了孔洞岩石的破裂。Carter 等（2010）对圆孔周边出现的裂纹类型进行了分析。马少鹏等（2006）基于岩石变形场监测系统（Geo-DSCM 系统），实时观测了破坏过程中的受单轴压缩的岩石圆孔结构的演化。吕森鹏等（2009）探讨了在单轴压缩破坏时，分析带中心圆孔的花岗岩岩板的全过程及其声发射特征。杨圣奇等（2009）采用扫描电镜实时观测系统，进行了关于含单个孔洞大理岩的单轴压缩试验，研究了含单个孔洞大理岩单轴压缩中裂纹的萌生、扩展、演化及贯通的不同阶段的特征，获得了大理岩在不同应力下的裂纹的扩展过程，并对破裂过程进行了数值模拟。胡盛斌等（2009）采用水泥砂浆材料和充填材料模拟含缺陷的岩石，分别研究了含孔洞、刚性充填物及柔性充填物试样，在低周疲劳试验时所呈现的疲劳破坏特征。宋义敏等（2010）则进行了拉断裂和远场断裂破坏、V 形坑破坏及分区破裂化三种破坏形式的试验研究，探讨洞室围岩破坏的过程与机制。李英杰等（2011）应用贴应变片的电测法研究岩石孔洞试件的剪切裂纹的变化规律及破坏特征。朱泉企等（2019）对含预制椭圆形孔洞岩石进行试验研究，得出椭圆形孔洞试样的

最终破坏模式随倾角的增大可分为拉-剪混合破坏及剪切破坏两种,并基于数字图像相关（digital image correlation，DIC）技术,观察试样表面的最大主应变场演化过程。

　　一些学者则采用预制裂隙的类岩石材料（Wong et al.，2001，1998；Bobet et al.，1998；Tang et al.，1998；Shen et al.，1995）研究了裂纹的扩展及裂纹之间的贯通搭接规律。李术才等（2009）讨论了在三维介质中裂隙的倾角对类岩石材料的断裂特征所产生的影响,研究发现裂隙倾角的改变将会影响裂隙的扩展演化轨迹和方向,导致试块破坏后的形状不同。程龙等（2012）采用岩石力学伺服控制试验机和声发射仪,开展了含缺陷砂岩的单轴压缩试验,研究了岩石的裂纹扩展和声发射特征,并对岩石破裂过程的分析系统进行了数值模拟,获得了裂纹扩展特征。任利等（2013）发现了复合裂纹的扩展规律与裂纹的即时应力状态有着密切联系,并基于米泽斯（Mises）屈服准则,充分考虑裂尖应力状态对裂纹扩展区半径的影响,建立了复合型裂纹断裂准则。赵程等（2019）使用高强石膏制作含不同角度裂隙的类岩材料,在相同围压下施加不同水压进行三轴试验,通过比较水压及裂隙倾角的变化来分析水-力作用下含预制裂隙类岩的破坏形态,揭示裂隙在水-力共同作用下的破坏规律。Alitalesh 等（2020）对含有两个预先存在的开放和闭合缺陷的圆盘试样进行直径加载压缩试验,并结合数值模拟方法,分析总结了裂纹的形成、扩展及聚结的特征规律。王辉等（2020）对含预制裂隙的岩石进行试验研究,并利用高速摄像机及声发射检测装置进行监测,分析了层理及预制裂隙共同作用下岩石的断裂特性及断裂机制。

　　在数值模拟方面,一些学者（王辉 等,2015；张哲 等,2009；Tang et al.，2001；傅宇方 等,2000）采用 RFPA 2D 软件研究了含预制圆孔或裂隙岩石的破裂演化规律。潘鹏志等（2008）采用岩石破裂过程的弹塑性细胞自动机模拟系统,研究了裂隙的几何位置及基质材料力学属性的差异对裂纹扩展和搭接的影响。韩同春等（2014）编制 Fish 函数实现随机赋予模型缺陷材料,并利用 FLAC 3D 软件对均质材料和不同缺陷的单元数的单轴压缩声发射现象进行了模拟,通过比较均质材料和含缺陷材料的声发射差异来研究缺陷程度对声发射的影响。

# 1.2　不同加载条件下岩石破裂过程研究进展

## 1.2.1　点荷载条件下岩石破裂特性

　　点荷载试验是将一定形状和尺寸的岩石试样进行简易打磨加工处理,放置于点荷载试验仪的上下两个加载锥之间,在一定时间内通过施加集中力荷载直至试样发生破坏。依据试验得到的最大破坏荷载和试样的尺寸，计算岩石的点荷载强度指数（Broch et al.，1972）。ISRM（1972）（International Society for Rock Mechanics，国际岩石力学学会）将该计算模式制定成规范，并提出了点荷载强度 $I_s$ 等于破坏荷载 $P$ 除以试样加载间距的平方 $D^2$，该规范对点荷载试验具有重要的指导作用。ISRM（1985）将岩石试样沿加载点的最小截面统一转化为圆形断面，引入等效直径 $D_e$ 的概念。点荷载强度 $I_s$ 等于破坏荷载除以试样等效岩心直径 $D_e$ 的平方。同时，基于不同的形状尺寸提出修正指数 $m$，将点荷载强度 $I_s$ 乘以修正系数 $F$，最后得到统一的点荷载强度标准值 $I_{s(50)}$。在国内，向桂馥等（1986）在大量的试验数据统计分析下，对试样的尺寸和形状因素进行了讨论，分析点荷载试验结果与这些影响因素的关系。通过测量实际的破坏面积，充分考虑不同试验的实际破坏形式，无须进行尺寸和形状的修正，建议用破坏荷载除以每个试样的实际破坏面积来计算点荷载强度 $I_s$。李先炜等（1987）采用 5 种形状（近球体、椭球体、长方体、四面体和多棱体）的岩石进行有限元计算分析，通过对比不规则岩块在点荷载作用下的应力分布大小，发现不规则形状对其强度的影响不大。同时，基于不同的测量方式提出了 6 种强度指标的计算公式，包括间距强度公式、面积强度公式、体积强度公式、面积间距强度公式、体积间距强度公式和体积面积强度公式。20 世纪以来，国内外学者们（Masoumi et al.，2018；Sarici et al.，2018；Afolagboye et al.，2017；Liu et al.，2017；Nagappan，2017；Singh et al.，2012）对点荷载试验技术不断完善，对计算方法和强度指标不断修正，取得了很多有益的成果。目前，ISRM（1985）建议的点荷载强度指标得到了比较广泛的应用。

20 世纪 60 年代开始，学者们就注意到预测岩石的单轴抗压强度（uniaxial compressive strength，UCS）是点荷载试验的主要用途之一。D'Andrea 等（1965）最早通过线性关系间接估算岩石单轴抗压强度，指出了点荷载强度指标与单轴抗压强度的线性相关性。Broch 等（1972）研究发现岩石单轴抗压强度与点荷载强度试验结果密切相关，且径向点载荷试验的离散度较小。此后，众多学者通过不同类型岩石的大量试验，各自建立了大量的单轴抗压强度与点荷载指标之间的关系（代领 等，2019；Nagappan，2017；Yin et al.，2017；Kahraman，2014，2001；Singh et al.，2012；Cobanoglu et al.，2008；Gunsallus et al.，1984；Bieniawski，1975）。

从已有的研究来看，由于岩石工程本身所具有的特殊性与复杂性（例如受岩石地质成因、风化程度、各向异性等因素影响），通过点荷载试验确定岩石强度的转换公式各不相同（代领 等，2021；姚家李 等，2021），所以通过点荷载试验精确获得岩石强度往往较为困难。但由于点荷载试验可以利用不同形状和尺寸的试样进行大量的现场试验（代领 等，2019；Yao et al.，2021），尤其是针对一些特殊条件下（强风化岩体或软岩）制备标准岩石试样困难的情况，点荷载给实际工程中岩石强度快速检测带来了方便，所以在工程界仍受到重视。

## 1.2.2  单轴及三轴加载条件下岩石破裂特性

单轴和三轴压缩试验是目前岩石力学问题研究与应用中最普遍的试验方法。主要的研究目的是基于试验获得不同应力状态或应力路径下岩石的强度特性，分析岩石的力学参数及破坏准则。

岩石的单轴抗压强度是岩石在无侧限条件下所能承受到的最大压力与接触面积之间的比值，其强度值广泛用于岩体基本质量分级、工程岩体级别确定、工程地质评定等，对实际工程具有重要的参考价值。试验获得的岩石材料应力和应变之间的关系，是揭示岩石材料本构关系最重要的指标之一（Bagde et al.，2005；Sonmez et al.，2004；Kahraman，2001；张海英 等，1998）。

尤明庆等（1998，1997）研究了岩石单轴破坏的形式和承载力降低问题，指出岩石的单轴破坏形式中包括剪切滑移、拉伸劈裂和"压杆失稳"式折断等，而承载力降低的主要原因是存在剪切滑移。梁正召等（2005）等利用单轴加载数值模拟试验分析了在单轴压缩条件下各向同性岩石的破裂过程，研究岩层和最大主应力之间的倾角和强度的关系，并指出针对不同的破坏方式，应采用不同的破坏准则。Szwedzicki（2007）总结了岩石室内试验的破坏形式及其与强度的关系，并提出岩石的极限抗压强度为该岩石的破坏模式的函数。岩石的非均质性、各向异性等也往往是影响其破裂特性的因素（冯馨 等，2019；江权 等，2013）。

尤明庆（2002）分析了岩石在三轴压缩试验下的破坏形式及莫尔-库仑强度准则的适用性，认为当截面的倾角为 45°±2° 时，基于内摩擦角和黏聚力的承载能力值变化不是特别大，实际的破坏面的位置与岩样内部的层理和缺陷等都是有关联的，并且在分析破裂面的几何特征的基础上，得到了岩样的残余承载力与围压的相关关系（尤明庆 等，2002）。牛双建等（2011）通过对砂岩岩样分别进行单轴压缩、常规三轴压缩、三轴峰前卸荷和三轴峰后卸荷 4 种不同的加载路径，研究了砂岩岩样在不同加卸载路径下的破坏模式，并从能量耗散的角度分析不同路径加载下岩样破坏模式多样性的原因。贾长贵等（2013）对不同方向的页岩通过单轴和三轴试验，研究了页岩的力学特性和破坏模式，发现在单轴压缩试验中，不同倾角层理面试样的破坏机理不同。

## 1.2.3  卸荷条件下岩石破裂特性

岩石卸荷力学特性研究来源于工程实践，一般认为工程开挖实际上就是岩体某一方向上的应变或者应力释放，破坏了岩体原来的力学平衡，产生了新的变形。特别是当卸荷导致岩石出现拉应力时，其力学特性将发生本质变化，与加载状态下的力学特性有着本质区别（李建林 等，2016）。研究岩体在卸荷条件下的失稳、破裂特性和机理，对岩体高边坡、地下隧洞等工程开挖过程中的稳定性评价具有重要的理论和实践意义。

我国学者哈秋舲等（1998）较早地研究了开挖卸荷岩体的非线性力学特性，其研究成果与现场的观测成果取得了良好的一致性。吴刚等（1998）研究表明不同加载及卸荷条件下岩石的破坏有不同的声发射特征，且在卸载条件下岩体会有更多的声发射数。任建喜等（2000）基于计算机断层扫描（computed tomography，CT）试验对岩石卸荷损伤破裂的过程进行了研究，表明卸荷条件下岩石均出现了不均匀性损伤和局部化的损伤，除裂隙在卸荷破裂开始的时候有迟滞阶段外，其他与加载破坏类似。尤明庆等（2001）通过进行岩样常规三轴的加载、卸载试验，对岩样变形的特性与应力状态的关系进行分析。黄润秋等（2008）采用伺服岩石刚性试验机进行系统的卸荷试验，讨论了在卸荷条件下岩石的变形及演化机制。陈秀铜等（2008）开展了不同条件下的卸荷试验，研究在高围压及高水压条件下卸荷对岩石的破坏特性的影响，表明卸荷对岩石的强度有明显的影响。朱珍德等（2008）研究了卸荷后板岩的力学性质发生的变化，以及微裂纹细观结构参数的变化规律，表明卸荷岩体分形维数随着围压的增大而变大。张凯等（2010）研究表明卸荷点在弹性范围内应力路径对强度的影响不会太显著。王在泉等（2010）在加轴压卸荷的试验条件下，对含天然节理灰岩进行研究，无论是常规三轴压缩还是加轴压卸荷试验，其破坏均有沿节理面和穿切节理面两种方式。

在卸荷破坏机理的研究中，冯夏庭等（2013）研究发现在卸荷过程中，岩石的卸荷力学特性受到多种因素的影响，其中卸荷速率、卸荷路径及卸荷初始损伤条件的控制作用对其影响更加明显。李建林等（2014）进行了不同倾角下的单一预制节理试件的三轴卸荷试验，发现卸荷过程中砂岩试件的变形模量随卸荷量增加而不断降低，随着卸荷量增加到一定程度，围岩变形模量急剧下降。张艳博等（2016）采用双轴伺服试验系统，开展花岗岩卸荷试验，借助 RFPA 3D-Engineering 数值模拟软件和声发射检测技术对花岗岩卸荷损伤演化及破裂失稳过程进行深入研究。董西好等（2018）利用电液伺服控制高低温高压岩石三轴测试系统，分析冻结砂岩在不同卸荷条件下冻结砂岩的变形特征。王春等（2019）研究了卸荷速率影响下深部岩石的动力学特性及破坏模式的变化规律，发现岩石的动态应力-应变包络线趋势不受卸荷速率的影响，而岩石的最终破坏模式在卸荷速率较小时主要呈现剪切破坏，在卸荷速率较大时主要呈现拉伸滑移破坏。王俊等（2022）对砂岩进行室内单轴反复加卸荷载试验，表明在增量反复加卸荷作用下砂岩的破坏形式以剪切破坏为主，破碎程度相对常规单轴压缩有所提高。

从以上研究可以看出，目前在岩石不同加载条件下进行了大量的研究并且取得了很多成果。在不同加载条件下，岩体所表现出的力学性质及破裂特性有很大的差别，但是对岩石破裂特性宏细观演化过程还有待深入认识，对岩石的破裂模式与强度之间的关系研究还不够深入（Yao et al., 2018），环境因素（如温度、含水条件等）对岩石的损伤和破裂特征的影响需要深入分析，不同破裂情况下岩石强度准则的适用性也值得进一步探讨。

# 1.3 水对岩石破裂特性影响研究进展

通常有两种水存在于岩石中，第一种是结合水（或称束缚水），另一种为重力水（或称自由水），这些水对岩石的力学性质产生的影响，主要体现在结合水产生的连接作用、润滑作用、水楔作用，以及自由水产生的空隙压力作用、溶蚀及潜蚀作用等。其中水对岩石断裂过程的影响是学者研究得比较早的，国内外学者（姚华彦 等，2009a；Feng et al., 2004；Karfakis et al., 1993；Feucht et al., 1990）在地下水对岩石裂纹扩展及破裂特性等方面均开展了研究，结果表明水化学环境在促进裂纹扩展、降低岩石断裂韧性等指标方面都有显著影响。水的物理化学作用对岩石的变形和强度特性的影响也是很多学者关注的方面。例如，谭卓英等（2001）进行了酸化环境下岩石强度弱化效应的试验模拟研究，分析了岩石单轴抗压强度、劈裂法抗拉强度和表面肖氏硬度的损伤对酸的敏感性和损伤机制。周翠英等（2002）进行了软岩与水相互作用方面的研究，认为应重视水-岩相互作用的矿物损伤和化学损伤所导致的力学损伤及其变异性规律性研究。汤连生等（2002）对水-岩相互作用下的力学与环境效应进行了较为系统的研究，进行了不同化学溶液作用下不同岩石的抗压强度试验。Heggheim 等（2005）研究了海水对石灰岩的力学性质的弱化机理。Li 等（2003）通过研究钙质胶结长石砂岩在不同 pH 的溶液作用下主要胶结物成分的变化，提出了可应用于酸性溶液的岩石化学损伤强度模型。冯夏庭等（2010）也开展了大量的岩石渗流-应力-化学耦合效应方面的研究。近几年又有这方面的成果（邓华锋 等，2021；Yao et al., 2020；Yu et al., 2020；Qiao et al., 2017）报道，研究范围涉及不同类型的岩石、不同的试验方法等。

考虑地下水的干湿循环作用对岩石力学特性的影响，学者也开展了大量相关研究，包括干湿循环作用对岩石变形及强度参数的劣化（Ma et al., 2022；Li et al., 2021；李地元 等，2018；王伟 等，2017；姚华彦 等，2010）、蠕变效应特性（马

芹永 等，2018）、破裂特征（韩铁林 等，2016；姚华彦 等，2013）及微观结构损伤效应（Zhang et al.，2022；Zhang et al.，2021；刘新荣 等，2018）等。干湿循环作用下软岩的崩解特性及机理研究方面（Yao et al.，2021；Zhang et al.，2020）也成为学者关注的热点问题。干湿循环过程对岩石不仅仅是物理作用过程，也包含着水化学损伤过程（申林方 等，2021），这方面的研究也在逐渐深入。

# 1.4　温度作用对岩石破裂特性影响研究进展

从工程建设的角度来说，除了一些特殊的项目，一般不需要研究温度对岩石力学性质及破裂特性的影响，但是，随着当今矿业开采的深度越来越深，工程的规模也越来越大，人们不仅关注岩石的应力应变及岩石的力学性能，也研究了温度对岩石力学的影响，从 20 世纪 70 年代以后，学者们做了大量的工作来分析温度作用下岩石的力学性质。Wai 等（1982）对岩体热应力的非线性进行了分析与讨论。Alm 等（1985）对花岗岩在不同温度作用后的力学特性进行了研究。Simpson（1985）分析了花岗岩在高温下的脆顿性的转变行为。寇绍全（1987）对在作用温度为 20～600℃ 下的 Stripa 花岗岩的破坏进行了研究，结果表明随着作用温度的变化 Stripa 花岗岩的力学性质也发生了明显的变化。张静华等（1987）和王靖涛等（1989）对高温作用下花岗岩断裂特性进行了研究。Wang 等（1989）基于花岗岩研究了热开裂现象，表明加热花岗岩温度约到 75℃ 时就会产生热破裂现象及声发射现象，且声发射计数率随着加热速率的增加而升高。吴晓东等（2003）对室内的大量岩心进行试验分析，发现高温热处理后，岩心的渗透率、孔隙度等参数会发生变化，且这些变化存在一定的温度界限。黄炳香等（2003）对甘肃北山花岗岩进行分析，基于改良的三点弯曲试验的方法研究了作用温度的变化对岩石的蠕变断裂韧度的影响。朱合华等（2006）对高温后熔结凝灰岩、花岗岩及流纹状凝灰角砾岩进行了单轴压缩试验研究，表明不同岩石的峰值应力与纵波波速关系、峰值应变与纵波波速的关系有不同的规律。张渊等（2006）分析了岩石在温度影响下的声发射现象，结果表明在温度的影响下，长石细砂岩具有显著的声发射现象，且声发射率随温度的变化而变化。李宏国等（2016，2015）针对大理岩开展了 200℃ 与 800℃ 条件下大理岩的单轴、常规三轴加载及卸围压试验，结果表明温度作用对大理岩的破裂形式和强度都有较大影响。孙文进等（2021）借助数字图像相关技术研究了 400～1 000℃ 高温处理后砂岩的劈裂特性，研究表明高温会对巴西劈裂的应变场产生影响，从而导致裂纹扩展及破坏模式的变化。

温度对岩石破裂特性所产生的影响，包括低温条件下和高温条件下的影响。

低温条件只会在特定的区域对岩石产生影响,例如我国的东北部地区,由于季节更替,昼夜温差对岩石产生很大的影响,特别是强度较低、含水率较高的岩石。杨更社等(2003)通过 CT 试验对不同冻结温度下的岩体内部损伤的扩展机理、冰的形成等进行了研究。近年来这方面的研究也越来越受到重视。

# 1.5　细观结构对岩石破裂特性影响研究进展

岩石破裂过程的细观机理一直是岩石力学学科的研究热点和难点之一。要想弄清岩石破裂失稳机理,就必须从岩石破裂的细观颗粒层面来研究岩石内部微裂纹产生、扩展和破坏过程。传统的宏观力学试验,通过各种相关力学试验记录岩样的应力应变曲线及宏观失效模式,分析岩样的破坏特征与破坏过程,可以对岩样的变形过程进行定量描述,并得到岩石的主要力学参数。

随着显微技术及计算机图像处理系统的不断进步,研究人员开始聚焦于岩石细观结构对其宏观强度及破坏行为的影响。这些研究包括颗粒大小、颗粒形状和非均质度等细观结构特征对岩石破裂行为的影响,以及微裂纹的萌生、扩展和贯通机制(Wong et al.,2018;Yu et al.,2018)。对这些细观结构因素的深入了解,有助于从更微观的角度认识岩石的破坏行为,并为岩体工程提供更为精细化的模拟和预测。

Griffith 等(1921)的研究表明,缺陷尺寸的增加会直接导致材料强度的降低,颗粒大小的变化也会对岩石强度产生类似的影响。早在 1959 年,Skinner 就探讨了颗粒粒径对岩石强度的影响。他发现,硬石膏的抗压强度会随着粒径的增大而逐渐减小。到 1979 年,Hugman 等的研究表明,即使在围压高达 200 MPa 的三轴加载条件下,碳酸盐岩的抗压强度也与平均粒径成反比。大量的研究结果都表明,静态加载条件下抗压强度一般随着颗粒尺寸的增大而降低。

岩石是由矿物颗粒组成的胶结材料,矿物颗粒由于结晶环境及物质成分的差异,往往呈现出不同的晶形。岩石是一种各向异性的集合体(Potyondy et al.,2004)。早期研究(Lin,1999;Ting et al.,1995)表明,颗粒形状对其力学特性有显著影响。Dodds 等(2003)研究了颗粒形状及刚度对砂土力学行为的影响。Johanson(2009)通过塑料块自制试样的方法,初步探索了颗粒形状与试样力学性能的关系,但这种方法试验较为烦琐,难以形成复杂颗粒形状的试样,且试样力学行为受塑料块本身力学特性影响较大。自从 Potyondy 等(2004)提出了颗粒黏结模型以来,颗粒的接触本构模型不断发展。随着颗粒流程序逐渐成熟,它模拟岩石这类的胶结材料成为可能(许尚杰 等,2009)。目前在研究颗粒形状上广泛使用的数值模拟工具颗粒流程序 PFC3D 和 PFC2D (Particle Flow Code in 3 Dimensions and 2 Dimensions)（Itasca Consulting Group，Inc.，2008）能够有效模拟岩土材料的大变形问题，并且岩土材料的破坏和断裂也可以通过颗粒之间连接的断裂来模拟（周健 等，2000）。

岩石颗粒细观结构的非均质度对于颗粒材料宏观力学行为的影响也至关重要。Tang 等（2000）的研究表明由于颗粒结构和特性的不同，均匀岩石试样往往具有比非均匀岩石试样更高的强度，并且均匀岩石试样在峰值强度前具有更强的线性变形特征。非均匀材料在早期加载阶段出现的声发射事件或者微裂纹较为分散。Nicksiar 等（2014）发现颗粒尺寸非均质性不仅影响岩石峰值强度，并且影响岩石的启裂应力。非均质度直接影响着岩石颗粒结构的几何非均质性，从而显著影响岩石的整体力学响应。然而，在实验室环境下，直接研究岩石细观结构的非均质度颇具挑战，因为这一过程的实现往往伴随着岩石试样的破坏。尽管 X 射线计算机断层扫描（CT）技术能够在不破坏样本的情况下区分微缺陷和矿物相，但很难区分矿物的组分。作为室内实验的有效替代，数值方法在研究细观结构的非均质度对岩石宏观力学性质的影响方面展现出显著优势，并取得了众多有益的成果。例如，Ding 等（2014）利用颗粒流程序（Particle Flow Code，PFC）模拟发现岩石的弹性模量和峰值强度会随着颗粒尺寸比（$R_{max}/R_{min}$）的增加而逐渐降低。Peng 等（2017）在 PFC 的基础上，进一步建立了岩石的多晶矿物模型，并创新性地引入了一个非均度指标，用以量化描述岩石细观结构的非均质度。杜广盛（2023）基于花岗岩非均质性定量表征，构建出综合矿物分布及晶体尺度的非均质系数，结合晶体膨胀理论及裂隙扩展准则，从理论角度剖析了细观结构非均质系数影响花岗岩温度损伤特性及微裂隙扩展规律的机理。

目前国内外学者针对细观结构对岩石破裂特性的影响开展了大量数值和试验研究，基本上掌握了颗粒粒径、颗粒形状和非均质性等细观结构特征对岩石破裂特性的影响。但对于岩石这种天然材料，其细观结构也极其复杂。要实现岩石细观结构的准确表征、建立细观结构与宏观力学特性的关系仍需要开展深入研究。

# 参 考 文 献

蔡美峰，2002. 岩石力学与工程. 北京: 科学出版社.

陈钢林，周仁德，1991. 水对受力岩石变形破坏宏观力学效应的实验研究. 地球物理学报, 34(3): 335-342.

陈秀铜，李璐，2008. 高围压、高水压条件下岩石卸荷力学性质试验研究. 岩石力学与工程学报,

27(S1): 2694-2699.

程龙, 杨圣奇, 刘相如, 2012. 含缺陷砂岩裂纹扩展特征试验与模拟研究. 采矿与安全工程学报, 29(5): 719-724.

代领, 姚华彦, 潘鹏志, 等, 2021. 不同直径的圆盘状岩石点荷载试验及分析. 水电能源科学, 39(5): 147-150.

代领, 姚华彦, 张飞阳, 等, 2019. 不同形状红砂岩的点荷载强度试验研究. 科学技术与工程, 19(7): 214-219.

邓华锋, 齐豫, 李建林, 等, 2021. 水-岩作用下断续节理砂岩力学特性劣化机理. 岩土工程学报, 43(4): 634-643.

董西好, 杨更社, 田俊峰, 等, 2018. 侧向卸荷条件下冻结砂岩变形特性. 岩土力学, 39(7): 2518-2526.

杜广盛, 2023. 考虑细观非均质花岗岩温度损伤及微裂隙发育规律研究. 包头: 内蒙古科技大学.

冯夏庭, 丁梧秀, 姚华彦, 等, 2010. 岩石破裂过程的化学-应力耦合效应. 北京: 科学出版社.

冯夏庭, 张传庆, 李邵军, 等, 2013. 深埋硬岩隧洞动态设计方法. 北京: 科学出版社.

冯馨, 代领, 姚华彦, 等, 2019. 片麻岩各向异性力学特性试验研究. 科学技术与工程, 19(19): 233-239.

付文生, 李长春, 袁建新, 1993. 温度对岩石损伤影响的研究. 华中理工大学学报, 21(3): 109-113.

傅宇方, 黄明利, 任凤玉, 等, 2000. 不同围压条件下孔壁周边裂纹演化的数值模拟分析. 岩石力学与工程学报, 19(5): 577-583.

哈秋舲, 李建林, 张永兴, 等, 1998. 节理岩体卸荷非线性岩体力学. 北京: 中国建筑工业出版社.

韩铁林, 师俊平, 陈蕴生, 2016. 干湿循环和化学腐蚀共同作用下单裂隙非贯通试样力学特征的试验研究. 水利学报(12): 1566-1576.

韩同春, 张杰, 2014. 考虑含缺陷岩石的声发射数值模拟研究. 岩石力学与工程学报, 33(S1): 3198-3204.

侯振坤, 杨春和, 郭印同, 等, 2003. 单轴压缩下龙马溪组页岩各向异性特征研究. 东北大学学报, 24(1): 2541-2549.

胡盛斌, 邓建, 马春德, 等, 2009. 循环荷载作用下含缺陷岩石破坏特征试验研究. 岩石力学与工程学报, 28(12): 2490-2494.

黄炳香, 邓广哲, 王广地, 2003. 温度影响下北山花岗岩蠕变断裂特性研究. 岩土力学, 24: 203-206.

黄润秋, 黄达, 2008. 卸荷条件下花岗岩力学特性试验研究. 岩石力学与工程学报, 27(11): 2205-2213.

黄晓红, 李莎莎, 张艳博, 等, 2013. 水对岩石破裂失稳过程声发射频谱特征的影响. 矿业研究与开发, 33(6): 38-42.

贾长贵, 陈军海, 郭印同, 等, 2013. 层状页岩力学特性及其破坏模式研究. 岩土力学, 34(S2): 57-61.

姜永东, 鲜学福, 许江, 等, 2004. 砂岩单轴三轴压缩试验研究. 中国矿业, 13(4): 66-69.

江权, 冯夏庭, 樊义林, 等, 2013. 柱状节理玄武岩各向异性特性的调查与试验研究. 岩石力学与工程学报, 32(12): 2527-2535.

康红普, 1994. 水对岩石的损伤. 水文地质工程地质, 3: 30-40.

寇绍全, 1987. 热开裂损伤对花岗岩变形及破坏特性的影响. 力学学报, 19(6): 550-555.

李地元, 莫秋喆, 韩震宇, 2018. 干湿循环作用下红页岩静态力学特性研究. 铁道科学与工程学报, 15(5): 83-89.

李宏国, 朱大勇, 姚华彦, 等, 2015. 温度作用后大理岩破裂及强度特性试验研究. 四川大学学报(工程科学版), 47(S1):53-58.

李宏国, 朱大勇, 姚华彦, 等, 2016. 温度作用后大理岩加-卸荷破裂特性试验研究. 合肥工业大学学报(自然科学版), 39(1): 109-114, 133.

李建林, 王乐华, 等, 2016. 卸荷岩体力学原理与应用. 北京: 科学出版社.

李建林, 王乐华, 孙旭曙, 2014. 节理岩体卸荷各向异性力学特性试验研究. 岩石力学与工程学报, 33(5): 892-900.

李建林, 熊俊华, 杨学堂, 2001. 岩体卸荷力学特性的试验研究. 水利水电技术, 32(5): 48-51.

李术才, 杨磊, 李明田, 等, 2009. 三维内置裂隙倾角对类岩石材料拉伸力学性能和断裂特征的影响. 岩石力学与工程学报, 28(2): 281-289.

李先炜, 付学敏, 1987. 不规则岩块点荷载试验的研究. 岩土工程学报, 9(1): 1-11.

李英杰, 潘一山, 张顶立, 2011. 岩石孔洞试件变形破坏的电测法实验. 北京交通大学学报, 35(4): 78-82.

梁正召, 2005. 三维条件下的岩石破裂过程分析及其数值试验方法研究. 沈阳: 东北大学.

梁正召, 唐春安, 李厚祥, 等, 2005. 单轴压缩下横观各向同性岩石破裂过程的数值模拟. 岩土力学, 26(1): 57-62.

刘新荣, 傅晏, 王永新, 等, 2009. 水-岩相互作用对库岸边坡稳定的影响研究. 岩土力学, 30(3): 613-616.

刘新荣, 袁文, 傅晏, 等, 2018. 干湿循环作用下砂岩溶蚀的孔隙度演化规律. 岩土工程学报, 40(3): 527-532.

吕森鹏, 陈卫忠, 贾善坡, 等, 2009. 脆性岩石破坏试验研究. 岩石力学与工程学报, 28(S1): 2772-2777.

马芹永, 郁培阳, 袁璞, 2018. 干湿循环对深部粉砂岩蠕变特性影响的试验研究. 岩石力学与工

程学报, 37(3): 593-600.

马少鹏, 王来贵, 赵永红, 2006. 岩石圆孔结构破坏过程变形场演化的实验研究. 岩土力学, 27(7): 1082-1086.

倪骁慧, 朱珍德, 赵杰, 等, 2009. 岩石破裂全程数字化细观损伤力学试验研究. 岩土力学, 30(11): 3283-3290.

牛双建, 靖洪文, 梁军起, 2011. 不同加载路径下砂岩破坏模式试验研究. 岩石力学与工程学报, 30(S2): 3966-3974 .

潘鹏志, 丁梧秀, 冯夏庭, 等, 2008. 预制裂纹几何与材料属性对岩石裂纹扩展的影响研究. 岩石力学与工程学报, 202(9): 1882-1889.

任建喜, 葛修润, 蒲毅彬, 等, 2000. 岩石卸荷损伤演化机理CT实时分析初探. 岩石力学与工程学报, 19(6): 697 -701.

任利, 朱哲明, 谢凌志, 等, 2013. 复合型裂纹断裂的新准则. 固体力学学报, 34(1): 31-37.

申林方, 董武书, 王志良, 等, 2021. 干湿循环与化学溶蚀作用下玄武岩传质-劣化过程的试验研究. 岩石力学与工程学报, 40(S1): 2662-2672.

宋义敏, 潘一山, 章梦涛, 等, 2010. 洞室围岩三种破坏形式的试验研究. 岩石力学与工程学报, 29(S1): 2741-2745.

苏承东, 张振华, 2001. 大理岩三轴压缩的塑性变形与能量特征分析. 岩石力学与工程学报, 27(2): 273-279.

孙文进, 金爱兵, 王树亮, 等, 2021. 基于DIC的高温砂岩劈裂力学特性研究. 岩土力学, 42(2): 511-518.

谭卓英, 刘文静, 闫历平, 等, 2001. 岩石强度损伤及其环境效应试验模拟研究. 中国矿业, 10(1): 49-53.

汤连生, 张鹏程, 王思敬, 2002. 水-岩化学作用的岩石宏观力学效应的试验研究. 岩石力学与工程学报, 2002, 21(4): 526-531.

唐春安, 1993. 岩石破裂过程中的灾变. 北京: 煤炭工业出版社.

王春, 程露萍, 唐礼忠, 等, 2019. 高静荷载下卸载速率对岩石动力学特性及破坏模式的影响. 岩石力学与工程学报, 38(2): 217-225.

王辉, 高召宁, 孟祥瑞, 2015. 单裂隙岩石在单轴压缩下破坏的数值模拟. 煤矿安全, 46(1): 29-32.

王辉, 李勇, 曹树刚, 等, 2020. 含预制裂隙黑色页岩裂纹扩展过程及宏观破坏模式巴西劈裂试验研究. 岩石力学与工程学报, 39(5): 912-926.

王建秀, 2002. 腐蚀损伤岩体中的水化-水力损伤及其在隧道工程中的应用研究. 重庆: 西南交通大学.

王靖涛, 赵爱国, 黄明昌, 1989. 花岗岩断裂韧度的高温效应. 岩土工程学报, 6(11): 113-115.

王俊, 于洋, 丁佳玮, 等, 2022. 增量加卸荷作用下砂岩破坏与声发射特征研究. 铁道科学与工程学报, 19(6): 1605-1615.

王伟, 龚传根, 朱鹏辉, 等, 2017. 大理岩干湿循环力学特性试验研究. 水利学报, 48(10): 1175-1184.

王在泉, 张黎明, 孙辉, 2010. 含天然节理灰岩加、卸荷力学特性试验研究. 岩石力学与工程学报, 29(S1): 3308-3313.

邬爱清, 2010. 岩石力学试验技术及其工程应用的现状与展望//中国岩石力学与工程学会. 2009—2010 岩石力学与岩石工程学科发展报告. 北京: 中国科学技术出版社.

吴刚, 赵震洋, 1998. 不同应力状态下岩石类材料破坏的声发射特性. 岩土工程学报, 20(2): 82-85.

吴顺川, 李利平, 张晓平, 2021. 岩石力学. 北京: 高等教育出版社.

吴晓东, 刘均荣, 2003. 岩石热开裂影响因素分析. 石油钻探技术, 31(5): 24-27.

向桂馥, 梁虹, 1986. 岩石点荷载试验资料的统计分析及强度计算公式的探讨. 岩石力学与工程学报, 5(2): 173-186.

徐则民, 黄润秋, 杨立中, 2004. 斜坡水-岩化学作用问题. 岩石力学与工程学报, 23(16): 2778-2787.

许尚杰, 尹小涛, 党发宁, 2009. 晶体及矿物颗粒大小对岩土材料力学性质的影响. 岩土力学, 30(9): 2581-2587.

杨更社, 张全胜, 蒲毅彬, 2003. 冻结温度对岩石细观损伤特性的影响. 西安科技学院学报, 23(2): 139-142.

杨圣奇, 吕朝辉, 渠涛, 2009. 含单个孔洞大理岩裂纹扩展细观试验和模拟. 矿业大学学报, 38(6): 774-781.

姚华彦, 冯夏庭, 崔强, 等, 2009a. 化学溶液及其孔隙压力作用下单裂纹灰岩破裂的细观力学试验. 岩土力学, 30(1): 59-66.

姚华彦, 冯夏庭, 崔强, 等, 2009b. 化学侵蚀下硬脆性灰岩变形和强度特性的试验研究. 岩土力学, 30(2): 338-343.

姚华彦, 张振华, 朱朝辉, 等, 2010. 干湿交替对砂岩力学特性影响的试验研究. 岩土力学, 31(12): 3704-3708, 3714.

姚华彦, 朱大勇, 周玉新, 等, 2013. 干湿交替作用后砂岩破裂过程实时观测与分析. 岩土力学, 34(2): 329-336.

姚家李, 姚华彦, 代领, 等, 2021. 各向异性片麻岩点荷载与单轴压缩力学特性研究. 地下空间与工程学报, 17(4):1038-1044, 1062.

尤明庆, 2002. 岩样三轴压缩的破坏形式和 Coulomb 强度准则. 地质力学学报, 8(2): 179-185.

尤明庆, 2007. 岩石的力学性质. 北京: 地质出版社.

尤明庆, 勾攀峰, 2002. 岩样三轴压缩的对角破坏和残余承载能力. 矿山压力与顶板管理, 1: 98-102.

尤明庆, 华安增, 1997. 岩样单轴压缩的尺度效应和矿柱支承性能. 煤炭学报, 22(1): 37-41.

尤明庆, 华安增, 1998. 岩石试样单轴压缩的破坏形式与承载能力的降低. 岩石力学与工程学报, 17(3): 292-296.

尤明庆, 苏承东, 徐涛, 2001. 岩石试样的加载卸载过程及杨氏模量. 岩土工程学报, 23(5): 588-592.

张功, 2015. 白垩系冻结岩石的力学试验及其损伤演化声发射特征研究. 北京: 中国矿业大学(北京).

张海英, 袁建新, 李延芥, 等, 1998. 单轴压缩过程中岩石变形破坏机理. 岩石力学与工程学报, 17(1): 1-8.

张静华, 王靖涛, 赵爱国, 1987. 高温下花岗岩断裂特性的研究. 岩土力学, 8(4): 11-16.

张凯, 周辉 潘鹏志, 2010. 不同卸荷速率下岩石强度特性研究. 岩土力学, 31(7): 2072-2078.

张明, 王菲, 杨强, 2013. 基于三轴压缩试验的岩石统计损伤本构模型. 岩土工程学报, 35(11): 1995-1971.

张艳博, 杨震, 梁鹏, 2016. 花岗岩卸荷损伤演化及破裂前兆试验研究. 矿业研究与开发, 36(6): 19-24.

张渊, 曲方, 赵阳升, 2006. 岩石热破裂的声发射现象. 岩土工程学报, 28(1): 73-75.

张哲, 唐春安, 于庆磊, 等, 2009. 侧压系数对圆孔周边松动区破坏模式影响的数值试验研究. 岩土力学, 30(2): 413-418.

赵程, 幸金权, 牛佳伦, 等, 2019. 水-力共同作用下预制裂隙类岩石试样裂纹扩展试验研究. 岩石力学与工程学报, 38(S1): 2823-2830.

周翠英, 彭泽英, 尚伟, 等, 2002. 论岩土工程中水-岩相互作用研究的焦点问题-特殊软岩的力学变异性. 岩土力学, 23(1): 124-128.

周健, 池永, 池毓蔚, 等, 2000. 颗粒流方法及 PFC2D 程序. 岩土力学, 21(3): 271-274.

周维垣, 杨若琼, 剡公瑞, 1997. 岩体边坡非连续非线性卸荷及流变分析. 岩石力学与工程学报, 16(3): 11-17.

周小平, 哈秋聆, 2005. 峰前围压卸荷条件下岩石的应力-应变全过程分析和变形局部化研究. 岩石力学与工程学报, 24(18): 3236-3245.

朱合华, 闫治国, 邓涛, 等, 2006. 3 种岩石高温后力学性质的试验研究. 岩石力学与工程学报, 25(10): 1945-1950.

朱泉企, 李地元, 李夕兵, 2019. 含预制椭圆形孔洞大理岩变形破坏力学特性试验研究. 岩石力学与工程学报, 38(S1): 2724-2733.

朱珍德, 李道伟, 李术才, 2008. 基于数字图像技术的深埋隧洞围岩卸荷劣化破坏机制研究. 岩石力学与工程学报, 27(7): 203-208.

Afolagboye L O, Talabi A O, Oyelami C A, et al., 2017. The use of index tests to determine the mechanical properties of crushed aggregates from precambrian basement complex rocks, Ado-Ekiti, SW Nigeria. Journal of African Earth Sciences, 129(5): 659-667.

Alitalesh M, Yazdani M, Fakhimi A, et al., 2020. Effect of loading direction on interaction of two pre-existing open and closed flaws in a rock-like brittle material. Underground Space, 5(3): 242-257.

Alm O, Jaktlund L L, Shaoquan K, 1985. The influence of microcrack density on the elastic and fracture mechanical properties of Stripa granite. Physics of the Earth & Planetary Interiors, 40(3): 161-179.

Amos N, Gene S, 1969. The effect of saturation on velocity in low porosity rocks. Earth and Planetary Science Letters, 7(2): 183-193.

Bagde M N, Petros V, 2005. The effect of machine behaviour and mechanical properties of intact sandstone under static and dynamic uniaxial cyclic loading. Rock Mechanics and Rock Engineering, 38(1): 59-67.

Bieniawski Z T, 1975. The point-load test in geotechnical practice. Engineering Geology, 9(1): 1-11.

Bobet A, Einstein H H, 1998. Fracture coalescence in rock-type materials under uniaxial and biaxial compression. International Journal of Rock Mechanics and Mining Sciences, 35(7): 863-888.

Broch E, J. A. Franklin, 1972. The point-load strength test. International Journal of Rock Mechanics & Mining Sciences & Geomechanics Abstracts, 9(6): 669-676.

Carter B J, Lajtai E Z, Petukhov A, 2010. Primary and remote fracture around underground cavities. International Journal for Numerical and Analytical Methods in Geomechanics, 15(1): 21-40.

Cobanoglu I, Çelik S B, 2008. Estimation of uniaxial compressive strength from point load strength, Schmidt hardness and P-wave velocity. Bulletin of Engineering Geology & the Environment, 67(4): 491-498.

D'Andrea D V, Fisher R L, Fogelson D E, 1965. Prediction of compression strength from other rock properties. US Department of the Interior, Bureau of Mines.

Ding X, Zhang L, Zhu H, et al., 2014. Effect of model scale and particle size distribution on PFC3D simulation results. Rock Mechanics and Rock Engineering, 47(6): 2139-2156.

Dodds J, 2003. Particle shape and stiffness-effects on soil behavior. Atlanta: Georgia Institute of Technology.

Feng X T, Chen S L, Zhou H, 2004. Real-time computerized tomography(CT) experiments on sandstone damage evolution during triaxial compression with chemical corrosion. International Journal of Rock Mechanics and Mining Sciences, 41(2): 181-192.

Feucht L J, Logan J. M, 1990. Effects of chemically active solutions on shearing behavior of a sandstone. Tectonophysics, 175: 159-176.

Griffith A A, 1921. The phenomena of rupture and flow in solids. Philosophical Transactions of the Royal Society of London. Series A, Containing Papers of a Mathematical or Physical Character, 221(582-593): 163-198.

Gunsallus K L, Kulhawy F H, 1984. A comparative evaluation of rock strength measures. International Journal of Rock Mechanics & Mining Sciences & Geomechanics Abstracts, 21(5): 233-248.

Heggheim T, Madland M V, Risnes R, et al., 2005. A chemical induced enhanced weakening of chalk by sea water. Journal of Petroleum Science and Engineering, 46: 171-184.

Hugman R H H, Friedman M, 1979. Effects of texture and composition on mechanical behavior of experimentally deformed carbonate rocks. AAPG Bulletin, 63(9): 1478-1489.

ISRM, 1972. Suggested method for determining the point load strength index. ISRM(Lisbon, Portugal), Committee on Field Tests, Document No.1: 8-12.

ISRM, 1985. Suggested method for determining point load strength. International Journal of Rock Mechanics and Mining Science, 22(2): 51-60.

Itasca Consulting Group, Inc., 2008. PFC3D (particle flow code), Version 4.0. Minneapolis, Minnesota.

Johanson K, 2009. Effect of particle shape on unconfined yield strength. Powder Technology, 194(3): 246-251.

Kahraman S, 2001. Evaluation of simple methods assessing the uniaxial compressive strength of rock. International Journal of Rock Mechanics and Mining Sciences, 38(7): 981-994.

Kahraman S, 2014. The determination of uniaxial compressive strength from point load strength for pyroclastic rocks. Engineering Geology, 170: 33-42.

Karfakis M G, Askram M, 1993. Effects of chemical solutions on rock fracturing. International Journal of Rock Mechanics and Mining Sciences, 37(7): 1253-1259.

Lajtai E Z, Lajtai V N, 1975. The collapse of cavities. International Journal of Rock Mechanics & Mining Sciences & Geomechanics Abstracts, 12(4): 81-86.

Li N, Zhu Y, Su B, et al., 2003. A chemical damage model of sandstone in acid solution. International Journal of Rock Mechanics and Mining Sciences, 40(2): 243-249.

Li X, Peng K, Peng J, et al., 2021. Experimental investigation of cyclic wetting-drying effect on mechanical behavior of a medium-grained sandstone. Engineering Geology, 293: 106335.

Lin A, 1999. Roundness of clasts in pseudotachylytes and cataclastic rocks as an indicator of frictional melting. Journal of Structural Geology, 21(5): 473-478.

Liu Q S, Zhao Y F, Zhang X P, 2017. Case study: using the point load test to estimate rock strength of tunnels constructed by a tunnel boring machine. Bulletin of Engineering Geology and the Environment, 78: 1727-1734.

Ma D, Yao H, Xiong J, et al., 2022. Experimental study on the deterioration mechanism of sandstone under the condition of wet-dry cycles. KSCE Journal Civil Engineering, 26: 2685-2694.

Masoumi H, Roshan H, Hedayat A, et al., 2018. Scale-size dependency of intact rock under point-load and indirect tensile brazilian testing. International Journal of Geomechanics, 18(3): 04018006.

Nagappan K, 2017. Prediction of unconfined compressive strength for jointed rocks using point load index based on joint asperity angle. Geotechnical and Geological Engineering, 35(1): 2625-2636.

Nicksiar M, Martin C D, 2012. Evaluation of methods for determining crack initiation in compression tests on low-porosity rocks. Rock Mechanics and Rock Engineering, 45: 607-617.

Nicksiar M, Martin C D, 2014. Factors affecting crack initiation in low porosity crystalline rocks. Rock Mechanics and Rock Engineering, 47: 1165-1181.

Peng J, Wong L N Y, Teh C I, 2017. Influence of grain size heterogeneity on strength and microcracking behavior of crystalline rocks. Journal of Geophysical Research: Solid Earth, 122(2): 1054-1073.

Potyondy D O, Cundall P A, 2004. A bonded-particle model for rock. International Journal of Rock Mechanics and Mining Sciences, 41(8): 1329-1364.

Prikryl R, 2001. Some microstructural aspects of strength variation in rocks. International Journal of Rock Mechanics and Mining Sciences, 38(5): 671-682.

Qiao L, Wang Z, Huang A, 2017. Alteration of mesoscopic properties and mechanical behavior of sandstone due to hydro-physical and hydro-chemical effects. Rock Mechanics and Rock Engineering, 50(2): 1-13.

Sarici D E, Ozdemir E, 2018. Determining point load strength loss from porosity, Schmidt hardness, and weight of some sedimentary rocks under freeze-thaw conditions. Environmental Earth Sciences, 77: 1-9.

Shen B, Stephansson O, Einstein H H, et al., 1995. Coalescence of fractures under shear stresses in experiments. Journal of Geophysical Research, 100(B4): 5975-5990.

Simpson C, 1985. Deformation of granitic rocks across the brittle-ductile transition. Journal of Structural Geology, 7(5): 503-511.

Singh T N, Kainthola A, Venkatesh A, 2012. Correlation between point load index and uniaxial compressive strength for different rock types. Rock Mechanics and Rock Engineering, 45: 259-264.

Skinner W J, 1959. Experiments on the compressive strength of anhydrite. Engineer, 207: 288-292.

Sonmez H, Tuncay E, Gokceoglu C, 2004. Models to predict the uniaxial compressive strength and the modulus of elasticity for Ankara Agglomerate. International Journal of Rock Mechanics and Mining Sciences, 41(5): 717-729.

Szwedzicki T, 2007. A hypothesis on models of failure of rock samples tested in uniaxial compression. Rock Mechanics and Rock Engineering, 40(1): 97-104.

Tang C A, Kou S Q, 1998. Crack propagation and coalescence in brittle materials under compression. Engineering Fracture Mechanics, 61(3): 311-324.

Tang C A, Lin P, Wong R H C, et al., 2001. Analysis of crack coalescence in rock-like materials containing three flaws-part II: Numerical approach. International Journal of Rock Mechanics and Mining Sciences, 38(7): 925-939.

Tang C A, Tham L G, Lee P K K, et al., 2000. Numerical studies of the influence of microstructure on rock failure in uniaxial compression-part II: Constraint, slenderness and size effect. International Journal of Rock Mechanics and Mining Sciences, 37(4): 571-583.

Ting J M, Meachum L, Rowell J D, 1995. Effect of particle shape on the strength and deformation mechanisms of ellipse-shaped granular assemblages. Engineering Computations, 12(2): 99-108.

Wai R S C, Lo K Y, Rowe R K, 1982. Thermal stress analysis in rocks with nonlinear properties. International Journal of Rock Mechanics and Mining Sciences, 19(5): 211-220.

Wang H F, Bonner B P, Carlson S R, et al., 1989. Thermal stress cracking in granite. Journal of Geophysical Research Solid Earth, 94(B2): 1745-1758.

Wong L Y, Peng J, Teh C I, 2018. Numerical investigation of mineralogical composition effect on strength and micro-cracking behavior of crystalline rocks. Journal of Natural Gas Science and Engineering, 53(5): 191-203.

Wong R H C, Chau K T, 1998. Crack coalescence in a rock-like material containing two cracks. International Journal of Rock Mechanics and Mining Sciences, 35(2): 147-164.

Wong R H C, Chau K T, Tang C A, et al., 2001. Analysis of crack coalescence in rock-like materials containing three flaws-Part I: Experimental approach. International Journal of Rock Mechanics and Mining Sciences, 38(7): 909-924.

Wu L, Liu S, Wu Y, et al., 2006. Precursors for rock fracturing and failure—Part I: IRR image abnormalities. International Journal of Rock Mechanics and Mining Sciences, 43(3): 473-482.

Yao H Y, Jia S P, Li H G, 2018. Experimental study on failure characteristics of schist under unloading condition. Geotechnical and Geological Engineering, 36: 905-913.

Yao H Y, Ma D, Xiong J, 2020. Study on the influence of different aqueous solutions on the mechanical properties and microstructure of limestone. Journal of Testing and Evaluation, 49(5):

3776-3794.

Yao H Y, Dai L, Liu G, et al., 2021. Experimental investigation on the point load strength of red-bed siltstone with different shapes. Acta Geodynamica et Geomaterialia, 18, 1(201): 5-13.

Yin J H, Wong R H C, Chau K T, et al., 2017. Point load strength index of granitic irregular lumps: Size correction and correlation with uniaxial compressive strength. Tunnelling & Underground Space Technology, 70: 388-399.

Yu L, Zhang Z, Wu J, et al., 2020. Experimental study on the dynamic fracture mechanical properties of limestone after chemical corrosion. Theoretical and Applied Fracture Mechanics, 108: 20620.

Yu Q, Zhu W, Ranjith P G, et al., 2018. Numerical simulation and interpretation of the grain size effect on rock strength. Geomechanics and Geophysics for Geo-Energy and Geo-Resources, 4(2): 157-173.

Zhang H, Lu K, Zhang W, et al., 2022. Quantification and acoustic emission characteristics of sandstone damage evolution under dry-wet cycles. Journal of Building Engineering, 48: 103996.

Zhang Z, Chen X, Yao H, et al., 2021. Experimental investigation on tensile strength of Jurassic red-bed sandstone under the conditions of water pressures and wet-dry cycles. KSCE Journal of Civil Engineering, 25: 2713-2724.

Zhang Z, Han L, Wei S, et al., 2020. Disintegration law of strongly weathered purple mudstone on the surface of the drawdown area under conditions of Three Gorges Reservoir operation. Engineering Geology, 270: 1-18.

# 第 2 章　含预制缺陷岩石破裂特性

岩石作为一种典型的非均质性材料,其内部存在大量的原始缺陷,如节理、裂隙、弱表面等,岩石的强度及变形很大程度上受到这些原始缺陷的控制。缺陷岩石强度及破裂演化机制一直以来是岩石力学界备受关注的热点问题。本章首先选取两种典型的岩石,制作含圆孔的矩形岩板试样,开展单轴压缩破裂过程试验,观察岩石裂纹形成和演化过程,分析含孔洞岩石的裂纹扩展特征及强度;然后开展含预制裂隙岩石的巴西劈裂试验,分析不同预制裂隙影响下圆盘岩石试样破裂及抗拉强度特性。

## 2.1　含孔洞岩板破裂细观演化过程

### 2.1.1　含孔洞大理岩单轴压缩破裂特性

#### 1. 试验材料和方法

试验材料为细晶大理岩,主要矿物组成为:方解石(>99%)、不透明矿物(<1%)。大理岩单偏光照片如图 2.1 所示,方解石粒径 0.2～1.2 mm 呈半自形粒状,以细晶为主,互为镶嵌,紧密分布,菱形节理发育,双晶纹平行菱形节理的长对角线;不透明矿物他形粒状,零星分布。试样加工成矩形岩板,其尺寸为50 mm×24 mm×10 mm(长×宽×高),同时在岩板中心垂直钻取直径为 2 mm 的圆孔。试验的轴向加载采用位移控制,加载速率为 0.01 mm/min。试验时由计算机自动记录应力和应变,同时利用视频采集系统同步记录试样失稳破坏全过程中的试样表面图像。

#### 2. 大理岩破裂过程

试验所用大理岩为典型的硬质岩,开展 3 个试样(编号分别为 D1、D2、D13)的试验,试验中观察到大理岩岩板呈现不同的破坏形式:拉剪复合破坏和剪切破坏。

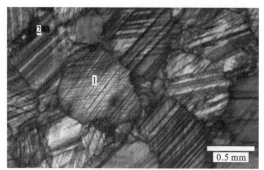

图 2.1 大理岩单偏光照片
1—方解石；2—不透明矿物

1）拉剪复合破坏

　　试验中试样 D1 的破裂表现为拉剪复合破坏。图 2.2 为该试样不同阶段的破坏图像及应力-应变曲线。在加载的初始阶段，试样首先经历了压密阶段［图 2.2（b）中 0a 段］，试样表面没有明显变化（图 2.2 中 a 点）。在经历了持续时间较长的弹性阶段和较短的弹塑性阶段之后，在应力-应变曲线到达应力峰值点后，观察到圆孔周围萌生了 2 条近似对称的张拉裂纹，该裂纹与轴向加载的方向基本一致，需要借助显微镜才能观察到（图 2.2 中 b 点）。应力-应变曲线在峰值之后经历了一个应力突降，当轴向应力从 101.437 MPa 下降到 77.603 MPa 时，圆孔周围又萌生一条新的剪切裂纹（图 2.2 中 c 点），此裂纹也沿着轴向加载方向扩展；随后曲线经历一个小幅度的应力上升，裂纹进入一个相对稳定的扩展阶段，圆孔周围又萌生新的剪切裂纹。应力-应变曲线到达 d 点之后，初始裂纹在不断扩展的同时又萌生新的裂纹，原有裂纹继续扩展、贯通直至失去承载力。同时可以观察到圆孔的形状发生了变化，孔壁发生了错动，圆孔被"挤扁"（图 2.2 中 d 点）。

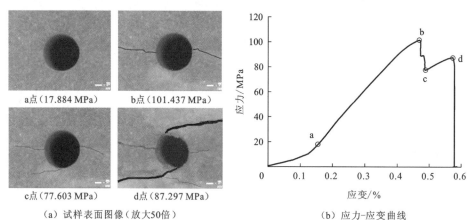

a点（17.884 MPa）　　　　b点（101.437 MPa）

c点（77.603 MPa）　　　　d点（87.297 MPa）

（a）试样表面图像（放大50倍）　　　　（b）应力-应变曲线

图 2.2　试样 D1 破裂演化过程

2）剪切破坏

试验中试样 D2 的破裂表现为典型的剪切破坏。图 2.3 为该试样不同阶段的破坏图像及应力-应变曲线。在加载的初始阶段，结合显微镜图像发现，试样表面没有明显变化。从 a 点开始（图 2.3），试样经历了持续时间较长的弹性阶段、较短的弹塑性阶段，在整个 ab 阶段没有观察到裂纹。在应力-应变曲线到达强度峰值点后（$\sigma_1$ 从 2.653 MPa 上升到 79.939 MPa），能够观察到 2 条反对称的张拉裂纹在圆孔周围萌生，该裂纹扩展方向与加载方向基本一致（图 2.3 中 b 点）。强度达到峰值之后，应力-应变曲线出现一个较大的应力降，应力值从 79.939 MPa 快速下降到 25.899 MPa，同时圆孔周围又萌生一条新的裂纹（图 2.3 中 c 点）；随后曲线经历了一个小幅度的应力上升，裂纹进入一个相对稳定的扩展阶段，同样也可以观察到孔壁发生了错动，圆孔被"挤扁"（图 2.3 中 d 点）。应力-应变曲线到达 d 点之后，新裂纹不断萌生，并且原有裂纹继续快速扩展、贯通直至整个试样失去承载力。

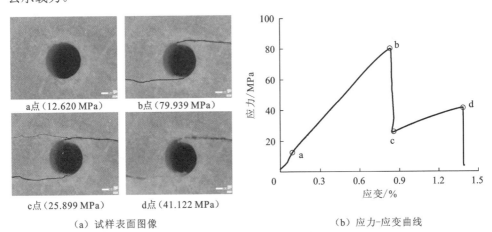

| | |
|---|---|
| a点（12.620 MPa） | b点（79.939 MPa） |
| c点（25.899 MPa） | d点（41.122 MPa） |

（a）试样表面图像　　　　　　　　（b）应力-应变曲线

图 2.3　试样 D2 破裂演化过程

**3. 初始起裂特征**

由于存在圆孔，初始的裂纹萌生均起始于圆孔所在的位置。图 2.4 为裂纹萌生扩展示意图，图 2.5 为显微镜观察到的试样裂纹初始扩展图（放大 50 倍）。试验中能够看到主要有两种形式的裂纹产生。

（1）在 A 和 A′点处起裂。这种情况下，一般都是 A 和 A′点同时出现裂纹，方向基本平行于加载方向，向试样两端部扩展。该裂纹为拉伸裂纹，如图 2.5 中 D1 试样。

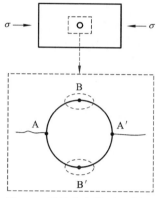

图 2.4　裂纹萌生扩展示意图

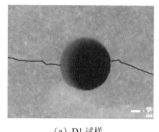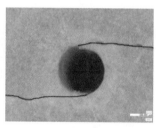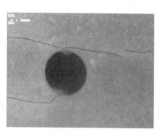

（a）D1 试样　　　　　　（b）D2 试样　　　　　　（c）D13 试样

图 2.5　试样裂纹初始扩展图（放大 50 倍）

（2）在圆孔两侧的 B 或 B′点起裂。该处裂纹的萌生具有一定的不确定性：裂纹可能反对称出现，如图 2.5 中的 D2 试样，在 B 和 B′点处分别萌生一条裂纹向相反方向扩展；也可能是非对称的，如 D13 试样，在 B 点处有两条分别向试样两端扩展的裂纹，而在 B′点处只有一条向试样端部扩展的裂纹。姚华彦等（2013）在含圆孔砂岩的单轴压缩试验中也观察到 B 或 B′点处萌生裂纹的多样性，这也表明岩石破裂过程的复杂性。从细观图像观察到的结果看，该状态下的裂纹一般为剪切裂纹。

### 4. 最终破裂特征

岩石的失稳破坏是一个裂纹演化过程，各试样中新生裂纹后期的发展及试样最终破坏方式表现出很大的差异性。裂纹的扩展是应力集中达到一定程度的结果，当新的裂纹萌生后，试样中的应力场重新调整，又产生新的应力集中区，驱动裂纹向前扩展并最终贯通或者闭合，或者再次萌生新裂纹。岩石材料本身的非均质性，对试样中应力场调整的影响不一样，导致最终的破坏形态也不一样。试样最终破坏一般都是快速崩碎，有局部崩落现象或者有碎屑溅出，反映岩石的脆性特征。

　　每个试样最终的破裂形式也有差别。宏观的破坏形式能够分为两种：拉剪复合破坏和剪切破坏，如图 2.6 所示。

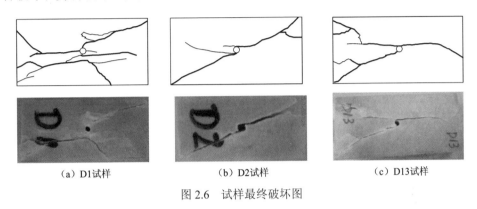

| (a) D1试样 | (b) D2试样 | (c) D13试样 |

图 2.6　试样最终破坏图

　　1）拉剪复合破坏

　　D1 和 D13 试样最终破坏均为拉剪复合模式，即对试样失稳起决定作用的有张拉裂纹和剪切裂纹。其中 D1 试样主要为张拉破裂，整个试样出现了多条纵向裂纹。初始在圆孔左右两侧萌生的张拉裂纹（图 2.4 中 A 和 A′点处），左侧的裂纹得到了充分扩展（图 2.4 中 A 点处），一直扩展到试样的端部，而右侧的张拉裂纹并未一直扩展，相反在圆孔的上下两侧（图 2.4 中 B 和 B′点处）有剪切裂纹萌生并向试样端部扩展。此外，在远离圆孔的地方也出现多条纵向裂纹，有些学者将其称为远场裂纹（Szwedzicki，2007；Hoke et al.，1986）。最终失稳破坏后的试样比较破碎。

　　D13 试样则有所不同。圆孔周边初始萌生的裂纹在演化过程中与 D1 试样有显著差异：圆孔下侧的裂纹（萌生于图 2.4 中 B′点）随着荷载的增加均逐步扩展，形成了一条倾斜的剪切裂纹扩展至试样端部；而圆孔上侧的两条裂纹（萌生于图 2.4 中 B 点）相互贯通，在应力场调整后与远场拉裂纹搭接形成一条平行于加载方向的轴向裂纹，宏观上看该裂纹为一条张拉裂纹，该裂纹最终与试样端部的剪切裂纹搭接。此外，可以看到剪切裂纹在扩展过程中也出现一些分支裂纹。

　　2）剪切破坏

　　D2 试样最终破坏为剪切模式。圆孔周边初始的剪切裂纹（萌生于图 2.4 中 B 和 B′点）均充分扩展，一直延伸至试样端部，导致整个试样失稳。扩展过程中虽然也存在一些张拉裂纹，但并没有充分扩展，控制试样失稳破坏的仍为剪切裂纹。

**5. 强度特征**

从大理岩的两种破坏形式看，拉剪复合破坏形式下岩样的破裂演化过程比较复杂；由于破坏形式不同，岩样的强度也表现出很大的不同，各试样的峰值强度如表2.1所示。拉剪复合破坏的D1和D13试样峰值强度较剪切破坏的D2试样强度高。其中D1试样相对D13试样而言，虽然都为拉剪破坏，但D1试样破坏形式以张拉破坏为主，其峰值强度又比D13试样高。

**表2.1 大理岩试样峰值强度及破坏形式**

| 试样编号 | 峰值强度/MPa | 破坏形式描述 |
| --- | --- | --- |
| D1 | 101.44 | 以拉剪复合破坏、张拉破坏为主 |
| D2 | 79.94 | 剪切破坏 |
| D13 | 94.05 | 拉剪复合破坏 |

关于岩石室内试验的破坏形式与强度的关系，Szwedzicki（2007）提出过相应的假设，并结合试验结果做了相关讨论，他认为：岩石的极限抗压强度为该岩石的破坏形式的函数，张拉破坏的强度高于拉剪复合破坏的强度，且剪切破坏的强度是最低的。从上述试验结果看，大理岩试样强度与破坏形式之间的关系与Szwedzicki（2007）结论一致。这表明，在不同的破坏力学机制条件下，即使同类型的岩石试样，其强度差别是非常大的。

## 2.1.2 含孔砂岩单轴压缩破裂特性

**1. 试验材料和方法**

试验所用岩石经过鉴定为长英质细砂岩，泥质孔隙式胶结，胶结不致密，矿物鉴定图片如图2.7所示。粒屑和胶结物占比分别为92%和8%；其中粒屑主要矿物为：石英（73%，质量分数，后同）、长石（15%）、白云母（2%）、方解石（<1%）、锆石（<1%）、磷灰石（<1%）、独居石（<1%）、绿帘石（<1%）等。石英为次棱角状粒屑，长石呈次棱角-次圆状，白云母呈片状，方解石碎屑呈次棱角状，锆石、磷灰石、独居石、绿帘石呈次棱角状-次圆状。

试样加工成45 mm×25 mm×15 mm（长×宽×高）的矩形岩板，在岩板中心钻取直径2 mm的圆孔。然后沿长度方向进行单轴压缩试验，轴向加载均为位移控制，加载速率为0.01 mm/min。

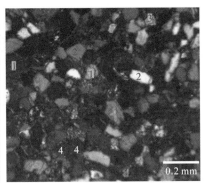

1—粒屑；2—胶结物
（a）单偏光图片

1—长石；2—石英；3—锆石；4—白云母
（b）正交偏光图片

图 2.7　砂岩矿物鉴定图片

## 2. 破裂特征

采用 4 个试样进行试验，各试样加载过程的应力-应变曲线如图 2.8 所示。从试验应力-应变曲线上可以看出，砂岩岩样在加载初期均经历了较长的压密阶段，主要原因在于砂岩的孔隙较大。试样在达到峰值强度之后很快发生失稳破坏。试验获得的峰值强度见表 2.2。

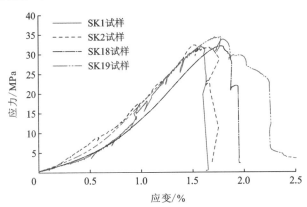

图 2.8　各试样加载过程的应力-应变曲线

表 2.2　砂岩试样峰值强度及破坏形式

| 试样编号 | 峰值强度/MPa | 破坏形式描述 |
| --- | --- | --- |
| SK1 | 29.04 | 剪切破坏 |
| SK2 | 32.26 | 剪切破坏 |
| SK18 | 32.06 | 拉剪复合破坏 |
| SK19 | 34.49 | 以拉剪复合破坏、张拉破坏为主 |

　　本试验中的砂岩强度较低，脆性没有前述大理岩显著。虽然有圆孔的存在，但在加载的初期阶段，圆孔周围并没有观察到裂纹的萌生扩展，即使在显微镜放大 50 倍的条件下也难以发现明显的裂纹。在荷载接近峰值强度处，圆孔周边突然萌生裂纹并迅速扩展，且在较短的时间内就贯通整个试样，导致试样失稳破坏。

　　当荷载达到试样峰值强度时，显微镜观察到的局部裂纹初始扩展图像如图 2.9 所示。与上述大理岩不同，裂纹都在如图 2.4 所示的 B 和 B′点处萌生。也就是说在加载过程中，圆孔周边并没有形成平行于加载方向的张拉裂纹。所有在圆孔周边形成的裂纹均为剪切裂纹,但每个岩样在圆孔周边局部区域的裂纹数量不同。其中 SK1 和 SK18 试样出现了 3 条裂纹；SK2 试样只有 2 条裂纹；SK19 试样有 4 条裂纹。

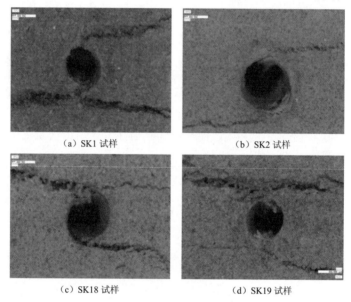

（a）SK1 试样　　　　　　　　　　　（b）SK2 试样

（c）SK18 试样　　　　　　　　　　　（d）SK19 试样

图 2.9　各试样局部裂纹初始扩展图（放大 50 倍）

　　在失稳破坏过程中，这些圆孔周边的局部裂纹有的得到充分扩展，延伸至试样两端，控制着整个试样的承载能力；有的裂纹并未充分扩展。试样最终的破裂形态如图 2.10 所示。从图中可以看出：SK1 试样形成了贯通整个试样的剪切裂纹，除此之外，还存在远场裂纹；SK2 试样只有贯通整个试样的剪切裂纹，没有远场裂纹；SK18 和 SK19 试样最终为拉剪复合破坏，没有明显的远场裂纹。

　　从强度情况看，SK1 试样整体为剪切破坏，且还出现多条远场裂纹，试样强度最低；SK2 试样虽然整体表现为剪切破坏，但整个剪切带与加载方向的夹角比较小，属于陡倾角破坏，且没有远场裂纹，强度较高；SK18 试样整体表现为拉剪复合破坏，但在试样右端形成剪切破坏锥体，其强度与 SK2 试样破坏相当；SK19 试样以张拉破坏为主，其强度比其他试样更高。

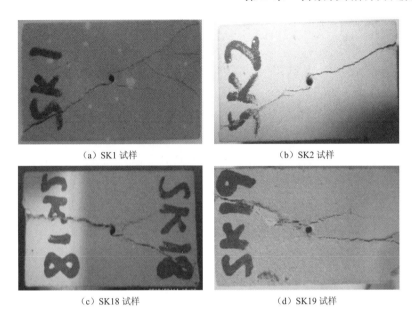

（a）SK1 试样　　　　　　　　　　　　（b）SK2 试样

（c）SK18 试样　　　　　　　　　　　　（d）SK19 试样

图 2.10　各试样最终的破裂形态

比较上述两种不同类型含圆孔岩板的破裂特性，可以看出：对于大理岩这种强度高的脆性岩石，圆孔周边起裂的初始裂纹可能为剪切裂纹，也可能为张拉裂纹；对于砂岩类软质岩，初始裂纹则主要为剪切裂纹。相对于剪切破坏而言，拉剪复合破坏形式下岩样的破裂演化过程比较复杂，试样在最终失稳破坏后裂纹数量多，比较破碎。由于破坏形式不同，岩样的强度也表现出显著差异。这表明在不同的破坏力学机制条件下，即使是相同类型的岩石试样，其强度差别也较大。

# 2.2　含预制裂隙岩石巴西劈裂破裂特性

## 2.2.1　试验材料和方法

试验所用砂岩经岩矿鉴定为浅黄色钙质胶结中粒长石砂岩，结构构造为中粒碎屑结构，碎屑颗粒约占 85%，粒径为 0.4 mm 左右，磨圆中等，多为次棱角状至次圆状，矿物成分及其质量分数为：石英 70%、长石 23%、白云母 1%、方解石 4%、海绿石及不透明铁质矿物 2%。图 2.11 为试验所用砂岩在偏光显微镜下图像。

图 2.11　试验所用砂岩在偏光显微镜下图像（正交偏光）

1—石英；2—长石；3—硅质岩屑；4—海绿石；5—方解石；6—孔隙

对同一块岩体取心并经过切割、打磨制成直径为 50 mm、厚度为 25 mm 的标准完整圆盘试样。制样的过程中严格控制试样两个端面的平整度和平行度。结合完整圆盘尺寸，在特定的位置预制长 $2a=8$ mm 的穿透裂隙，预制裂隙时，先钻取 1.5 mm 引孔线，之后穿 0.35 mm 粗金刚砂线进行切割。制备有单裂隙、共线双裂隙、平行双裂隙三种不同预制裂隙类型的试样。三种不同预制裂隙试样的尺寸位置示意图及实物图如图 2.12 所示。

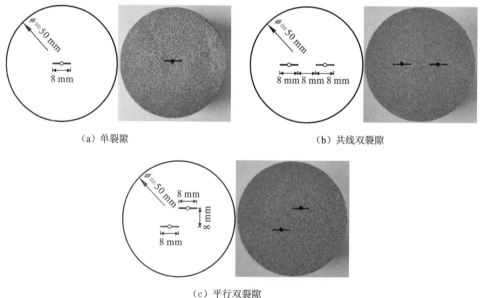

（a）单裂隙　　　　　　　　　　　　　（b）共线双裂隙

（c）平行双裂隙

图 2.12　岩石尺寸示意图及实物图

本节试验主要分析不同裂隙类型及预制裂隙倾角下砂岩破坏形式及抗拉强度的变化，其中裂隙倾角 $\beta$ 定义为预制裂隙与水平方向夹角，在进行加载时，通过旋转圆盘试样来控制裂隙倾角。对单裂隙试样考虑 0°、30°、45°、60°、90° 5 种不同倾角；共线双裂隙及平行双裂隙则考虑 0°、45°、90° 3 种不同倾角。此外还对 3 个完整的砂岩试样进行巴西劈裂试验。巴西劈裂试验在万能实验机上进行，图 2.13 为裂隙岩样加载示意图，采用位移控制方式加载，加载速率为 0.06 mm/min。

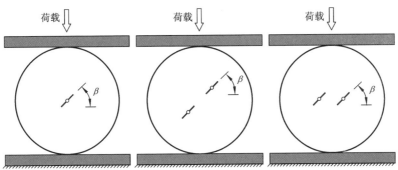

图 2.13　裂隙岩样加载示意图

## 2.2.2　破裂特征

### 1. 完整试样破裂特性

图 2.14 为完整圆盘巴西劈裂试验试样破裂形态图，完整圆盘试样中，试样的破裂形态较为相似，试样沿着中部发生破裂，在裂纹扩展路径上还会延伸出一些裂纹。

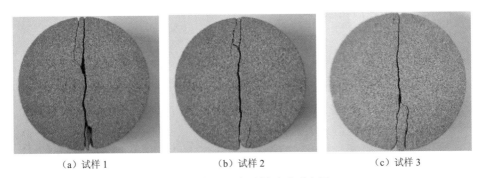

（a）试样 1　　　　　　　（b）试样 2　　　　　　　（c）试样 3

图 2.14　完整圆盘试样破裂形态图

### 2. 单裂隙试样

图 2.15 为单裂隙试样在不同裂隙倾角下的最终破裂形态图，根据其最终破裂

形态对试样的破裂进行分类,不同裂隙倾角下单裂隙砂岩试样的破裂主要有表2.3所列5种破坏形式。

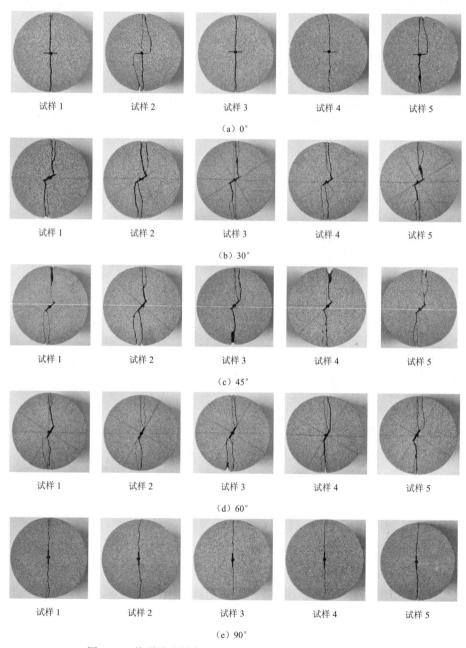

图 2.15　单裂隙试样在不同裂隙倾角下的最终破坏形式图

表 2.3　单裂隙试样破坏形式分类

| 裂隙倾角/(°) | 破裂类型 | 破坏形式 | 破坏形式描述 |
| --- | --- | --- | --- |
| 0 | I | | I 型破坏形式中裂纹出现在预制裂隙中部圆孔处；II 型破坏形式中裂纹出现在预制裂隙中部圆孔及裂隙尖端处 |
| | II | | |
| 30<br>45<br>60 | III | | III 型破坏形式在预制裂隙尖端出现翼裂纹；IV 型破坏形式预制裂隙存在翼裂纹及准共面次生裂纹 |
| | IV | | |
| 90 | V | | 裂纹贯通预制裂隙，试样发生断裂破坏 |

由图 2.15 可以看出，单裂隙 0° 裂隙倾角中存在两种形式的破坏形式：I 型，裂纹仅出现在预制裂隙中部圆孔处,即裂纹仅贯通预制裂隙中部圆孔与加载端部；II 型，预制裂隙圆孔及预制裂隙尖端均有裂纹，而预制裂隙尖端处裂纹出现较为随机，可能在裂隙两侧尖端均出现，也可能仅出现在一侧尖端。从试验结果看，其破坏形式主要为 I 型破裂。

当裂隙倾角为 30°、45°、60° 时，只在预制裂隙尖端出现裂纹，裂隙中部圆孔处均未出现裂纹，根据 3 种角度试样的破坏形式也可以分为两种情况：III 型，预制裂隙尖端只出现翼裂纹，翼裂纹与预制裂隙之间存在一定角度，且夹角随着裂隙倾角的增大而增大，另外在翼裂纹的扩展路径上，大多数试样会出现一些次生裂纹；IV 型，预制裂隙尖端出现翼裂纹及准共面次级裂纹，准共面次级裂纹与预制裂隙在同一平面萌生，但随后偏转一定角度，同样朝着加载端扩展。其中 30° 倾角下试样的破裂主要为 III 型破裂，45° 和 60° 倾角下试样的破裂主要为 IV 型破裂，这表明随着裂隙倾角的增大，准共面次级裂纹出现的频率增大。

在倾角为 90° 的试样中，只存在一种形式的破坏形式：V 型，新生的裂纹沿着预制裂隙尖端处扩展，此种情况下试样的最终破坏形式为一条贯通的裂纹。

对不同倾角下单裂隙试样破坏形式的分析表明，不同裂隙倾角下，单裂隙砂岩试样的破坏形式会有所不同，而在同一种裂隙倾角中，岩石的非均质性也会导致试样的破坏形式有所改变。

### 3. 双裂隙试样

与单裂隙试样破坏形式不同，双裂隙试样破坏形式中则可能出现裂隙间裂纹的搭接现象（Sharafisafa et al.，2021）。图 2.16 所示为共线双裂隙试样在不同裂隙倾角下的最终破坏形式图。裂隙倾角为 0° 时试样的破坏形式为表 2.4 中 I 型破裂，即试样沿着中部发生破裂，预制裂隙尖端未出现裂纹，此种结果产生的原因主要为两条共线预制裂隙之间距离较远，裂隙偏离试样中部拉应力最大区。裂隙倾角为 45° 时试样的破坏形式则存在两种形式，即表 2.4 中 II、III 型破裂，II 型破坏形式的试样中裂纹只出现在两条预制裂隙其中的一条，且集中于此条裂隙一侧尖端；III 型破坏形式的试样中，两条预制裂隙尖端均出现裂纹，但最终试样的失稳破坏是由其中一条预制裂隙两端处裂纹的贯通所导致。裂隙倾角 90° 下试样的破坏形式为表 2.4 中 IV 型破裂，类似于表 2.3 中 V 型破裂，共线双裂隙中试样的破裂同样是新生裂纹沿着预制裂隙尖端处扩展，最终裂纹贯通两条预制裂隙及加载端部，试样的表面只存在一条裂纹。

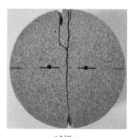 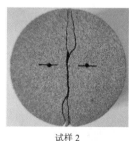 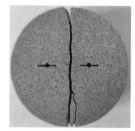

试样 1                      试样 2                      试样 3

(a) 0°

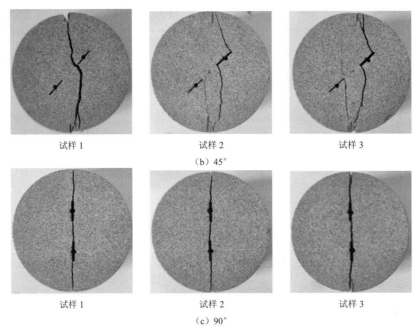

（b）45°

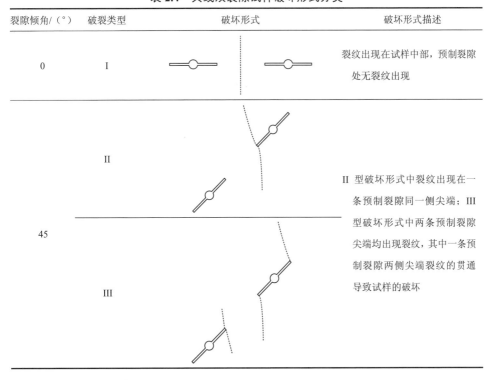

（c）90°

图 2.16　共线双裂隙试样在不同裂隙倾角下的最终破坏形式图

表 2.4　共线双裂隙试样破坏形式分类

| 裂隙倾角/（°） | 破裂类型 | 破坏形式 | 破坏形式描述 |
|---|---|---|---|
| 0 | I | | 裂纹出现在试样中部，预制裂隙处无裂纹出现 |
| 45 | II | | II 型破坏形式中裂纹出现在一条预制裂隙同一侧尖端；III 型破坏形式中两条预制裂隙尖端均出现裂纹，其中一条预制裂隙两侧尖端裂纹的贯通导致试样的破坏 |
| | III | | |

| 裂隙倾角/(°) | 破裂类型 | 破坏形式 | 破坏形式描述 |
|---|---|---|---|
| 90 | IV | 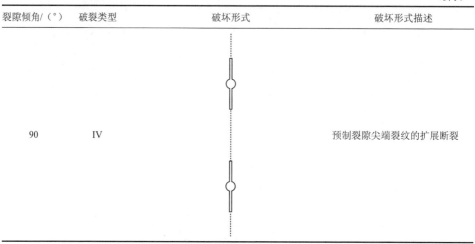 | 预制裂隙尖端裂纹的扩展断裂 |

图 2.17 为平行双裂隙试样在不同裂隙倾角下的最终破坏形式图,同样对其分类并绘制相应的破坏形式示意图,如表 2.4 所示。在裂隙倾角 0°下试样的破坏形式均为表 2.4 中 I 型破裂,2 条预制裂隙中部圆孔处均萌生新裂纹,沿加载方向扩展并贯通加载端部,另外在 2 条裂隙之间存在裂纹的搭接现象,搭接裂纹贯通两条预制裂隙内尖端。

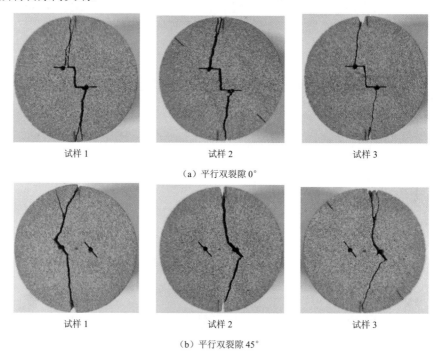

试样 1　　　　　　　　试样 2　　　　　　　　试样 3

(a)平行双裂隙 0°

试样 1　　　　　　　　试样 2　　　　　　　　试样 3

(b)平行双裂隙 45°

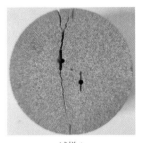 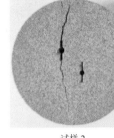 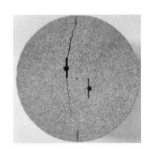

试样 1　　　　　　　　　　试样 2　　　　　　　　　　试样 3

（c）平行双裂隙 90°

图 2.17　平行双裂隙试样在不同裂隙倾角下的最终破坏形式图

　　当预制裂隙倾角为 45°时，试样的破裂为表 2.5 中 II 型破裂，即只在双裂隙中的一条裂隙的两侧尖端萌生新裂纹，并扩展至加载端部导致试样失稳。当裂隙倾角为 90°时，试样的破裂为表 2.5 中 III 型破裂，试样中新生裂纹同样只出现在其中一条预制裂隙尖端。

表 2.5　平行双裂隙试样破坏形式分类

| 裂隙倾角/（°） | 破裂类型 | 破坏形式 | 破坏形式描述 |
|---|---|---|---|
| 0 | I | | 预制裂隙圆孔处出现裂纹，裂隙间裂纹的聚结发生在裂隙尖端之间 |
| 45 | II | | 裂纹出现在一条预制裂隙两侧尖端 |
| 90 | III | | 裂纹只出现在一条预制裂隙尖端 |

双裂隙试样的破裂是一个复杂的过程，试样在受到外力作用的同时，裂隙之间也会有相互作用的影响。通过上述对共线及平行双裂隙试样破坏形式的分析，表明裂隙的倾角及其几何排布将会对岩石的破坏形式产生较大的影响。

## 2.2.3　强度特征

试验过程中记录下破坏荷载，并根据式（2.1）计算试样抗拉强度。

$$\sigma_t = \frac{2P}{\pi Dt} \tag{2.1}$$

式中：$\sigma_t$ 为试样抗拉强度；$P$ 为试样破坏荷载；$D$ 为试样直径；$t$ 为试样厚度。

**1. 单裂隙岩样强度特征**

图 2.18 所示为部分代表性单裂隙岩样荷载-位移曲线，可以看出单裂隙岩样与完整岩样荷载-位移曲线走势相似，加载前期荷载持续上升，而当荷载达到峰值时，曲线迅速跌落，呈现出典型的脆性破坏特征。值得注意的是，与完整岩样相比，不同裂隙倾角下单裂隙岩样的峰值荷载均较小，表明裂隙的存在削弱了岩石的强度（王辉 等，2020）。

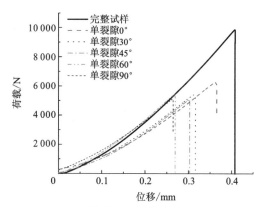

图 2.18　单裂隙岩样荷载-位移曲线

图 2.19 所示为不同裂隙倾角下单裂隙砂岩的抗拉强度，而试验测得完整砂岩抗拉强度平均值为 5.21 MPa，可见含裂隙岩样的抗拉强度均远小于完整砂岩的抗拉强度。此外，预制裂隙倾角的改变对单裂隙砂岩的抗拉强度也产生了比较明显的影响，当裂隙倾角为 0°、30°、45°、60°、90° 时，试样的平均抗拉强度分别为 2.86 MPa、2.65 MPa、2.52 MPa、2.74 MPa、2.63 MPa，整体呈现先下降、

后上升、随后再减小的趋势，此结果与滕尚永等（2018）和秦洪远等（2017）等研究结果类似。其中当裂隙倾角为 0° 时，试样的抗拉强度最高，为 2.86 MPa；当裂隙倾角为 45° 时，试样的抗拉强度下降到最低点，为 2.52 MPa；当裂隙倾角从 45° 变为 60° 时，试样的抗拉强度增大到 2.74 MPa，而当裂隙倾角从 60° 变为 90° 时，试样的抗拉强度又降低为 2.63 MPa。由此可见裂隙倾角对单裂隙圆盘试样的抗拉强度有显著影响，裂隙倾角不同，试样的抗拉强度具有较大的差异性。

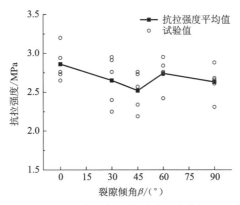

图 2.19　不同裂隙倾角下单裂隙砂岩的抗拉强度

## 2. 双裂隙岩样

图 2.20 所示为部分代表性双裂隙岩样荷载-位移曲线，不同倾角的双裂隙岩样荷载-位移曲线也呈现相同走势，同样具有典型的脆性破坏特征，且共线双裂隙及平行双裂隙岩样峰值荷载也均远低于完整岩石峰值荷载，这也进一步体现了裂隙对岩石强度的削弱作用。

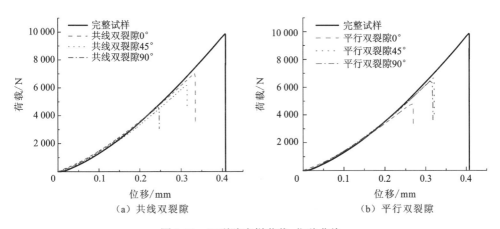

（a）共线双裂隙　　　　　　　　　　　（b）平行双裂隙

图 2.20　双裂隙岩样荷载-位移曲线

图 2.21 所示为不同裂隙倾角下双裂隙砂岩的抗拉强度。双裂隙砂岩的抗拉强度也远低于完整砂岩的抗拉强度。对于共线双裂隙试样，裂隙倾角为 0°、45°、90° 时其平均抗拉强度分别为 3.73 MPa、3.11 MPa、2.23 MPa，整体趋势为抗拉强度随预制裂隙倾角增大而降低。其中裂隙倾角为 0° 时，试样预制裂隙处未萌生新的裂纹，破裂形态类似于完整圆盘试样，裂隙对试样削弱较低，从而抗拉强度较高。对于平行双裂隙试样，裂隙倾角为 0°、45°、90° 时，其平均抗拉强度分别为 2.53 MPa、3.46 MPa、3.23 MPa，试样的抗拉强度在倾角 45° 时最高。

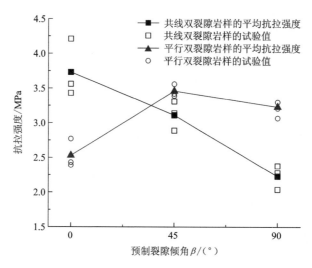

图 2.21　不同裂隙倾角下双裂隙砂岩的抗拉强度

与单裂隙砂岩试样抗拉强度结果不同，双裂隙试样抗拉强度不仅受到预制裂隙倾角的影响，还受到裂隙之间几何排布的影响，同一预制裂隙倾角下两种裂隙排列类型试样的抗拉强度也有较大的差异性。因此，双裂隙下试样的抗拉强度随裂隙倾角变化的规律与单裂隙不同。

# 参 考 文 献

吕森鹏, 陈卫忠, 贾善坡, 等, 2009. 脆性岩石破坏试验研究. 岩石力学与工程学报, 28(S1): 2772-2777.

马少鹏, 王来贵, 赵永红, 2006. 岩石圆孔结构破坏过程变形场演化的实验研究. 岩土力学, 27(7): 1082-1086.

秦洪远, 韩志腾, 黄丹, 2017. 含初始裂纹巴西圆盘劈裂问题的非局部近场动力学建模. 固体力学学报, 38(6): 483-491.

滕尚永, 杨圣奇, 黄彦华, 等, 2018. 裂隙充填影响巴西圆盘抗拉力学特性试验研究. 岩土力学, 39(12): 4493-4507, 4516.

王辉, 李勇, 曹树刚, 等, 2020. 含预制裂隙黑色页岩裂纹扩展过程及宏观破坏模式巴西劈裂试验研究. 岩石力学与工程学报, 39(5): 912-926.

杨圣奇, 吕朝辉, 渠涛, 2009. 含单个孔洞大理岩裂纹扩展细观试验和模拟. 矿业大学学报, 38(6): 774-781.

姚华彦, 朱大勇, 周玉新, 等, 2013. 干湿交替作用后砂岩破裂过程实时观测与分析. 岩土力学, 34(2): 329-336.

张海英, 袁建新, 李延芥, 等, 1998. 单轴压缩过程中岩石变形破坏机理. 岩石力学与工程学报, 17(1): 1-8.

赵明阶, 吴德伦, 1999. 单轴加载条件下岩石声学参数与应力的关系研究. 岩石力学与工程学报, 18(1): 50-54.

Bagde M N, Petros V, 2005. The effect of machine behaviour and mechanical properties of intact sandstone under static and dynamic uniaxial cyclic loading. Rock Mechanics and Rock Engineering, 38(1): 59-67.

Carter B J, Lajtai E Z, Petukhov A, 2010. Primary and remote fracture around underground cavities. International Journal for Numerical and Analytical Methods in Geomechanics, 15(1): 21-40.

Hoke E, Brown E T, 1986. 岩石地下工程. 连志升, 田良灿, 王维德, 等, 译. 北京: 冶金工业出版社.

Kahraman S, 2001. Evaluation of simple methods assessing the uniaxial compressive strength of rock. International Journal of Rock Mechanics and Mining Sciences, 38(7): 981-994.

Lajtai E Z, Lajtai V N, 1975. The collapse of cavities. International Journal of Rock Mechanics & Mining Sciences & Geomechanics Abstracts, 12(4): 81-86.

Sharafisafa M, Aliabadian Z, Tahmasebinia F, et al., 2021. A comparative study on the crack development in rock-like specimens containing unfilled and filled flaws. Engineering Fracture Mechanics, 241: 107405.

Sonmez H, Tuncay E, Gokceoglu C, 2004. Models to predict the uniaxial compressive strength and the modulus of elasticity for Ankara Agglomerate. International Journal of Rock Mechanics and Mining Sciences, 41(5): 717-729.

Szwedzicki T, 2007. A hypothesis on models of failure of rock samples tested in uniaxial compression. Rock Mechanics and Rock Engineering, 40(1): 97-104.

# 第 3 章　岩石点荷载强度及其破坏特性

作为一种简单快捷的岩石强度测试方法，点荷载试验可以利用不同形状和尺寸的试样进行大量的现场试验，为实际工程中岩石强度快速检测带来方便。目前，针对点荷载强度与单轴压缩强度之间的关系，不同地区的研究成果还存在一定的差异。本章采用不同形状和不同尺寸的岩石试样开展点荷载试验，分析形状效应和尺寸效应对点荷载强度指标的影响，讨论岩石点荷载强度与单轴压缩强度之间的关系。

## 3.1　点荷载试验概述

### 3.1.1　试验仪器

本章试验采用的是型号为 YSD-7 点荷载仪，如图 3.1 所示，仪器由液压千斤顶、球形加载锥、数显智能测控系统、刻度尺 4 部分组成，其中球形加载锥为硬质合金加工而成，具体示意如图 3.2 所示，仪器的部分参数见表 3.1。

图 3.1　点荷载仪

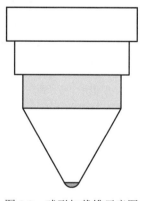

图 3.2　球形加载锥示意图

表 3.1　点荷载仪器部分参数

| 项目 | 设计最大荷载/kN | 加载点最大间距/mm | 球形加载锥曲率半径/mm | 球形加载锥圆锥顶角/(°) | 液压千斤顶最大行程/mm | 刻度尺测量精度/mm |
|---|---|---|---|---|---|---|
| 参数 | 50 | 90 | 5 | 60 | 60 | ±0.2 |

## 3.1.2　试验方法

根据试验试样形状和加载方式的不同，点荷载试验分为径向试验、轴向试验、方块体试验和不规则块体试验 4 种，加载方式和试样的尺寸要求如图 3.3 所示，其中 $D$ 为试样两加载点的间距，$W$ 为试样破坏截面的最小宽度或平均宽度，$D_e$ 为等价岩心直径。

按照 ISRM（1985）测定岩石点荷载强度的建议方法，径向试验时试样的长度和直径之比大于 1.0，将试样放在试验机中，使上下球形加载锥沿着试样直径的两端紧密接触，并且确保接触点与试样自由端的最短距离 $L$ 不小于试样直径的 0.5 倍；轴向试验时试样的长度和直径之比为 0.3～1.0；方块体或不规则块体试验时，试样采用尺寸为 50±35 mm 的岩块[图 3.3（c）和（d）]，$D/W$ 值应为 0.3～1.0，距离 $L$ 不小于 0.5$D$。每类样品至少要进行 10 次试验。

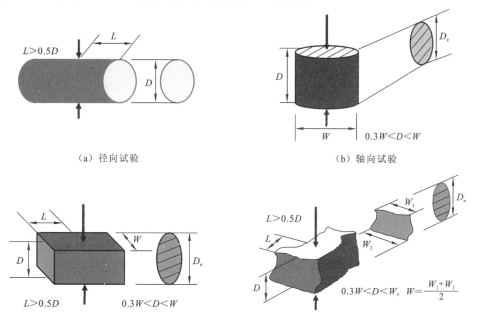

（a）径向试验　　　　　　　　　　　　　　（b）轴向试验

（c）方块体试验　　　　　　　　　　　　　（d）不规则块体试验

图 3.3　点荷载试验加载方式和试样尺寸要求

## 3.1.3　点荷载强度计算方法

对点荷载强度指标的计算，国内外学者开展了研究并提出不同计算方法（李先炜 等，1987；向桂馥 等，1986；Broch et al.，1972）。目前在国内外被广泛应用的是 ISRM（1985）建议的方法。

ISRM（1985）考虑不同试样的尺寸影响，将岩石试样沿加载点的最小截面统一转化为圆形断面，引入等价岩心直径的概念，点荷载强度 $I_s$ 按式（3.1）计算：

$$I_s = \frac{P}{D_e^2} \tag{3.1}$$

式中：$P$ 为破坏荷载，kN；$D_e$ 为等价岩心直径，对于径向试验，岩石试样截面本身就是圆形，等价岩心直径按式（3.2）计算，而对于轴向试验、方块体或不规则块体试验，等价岩心直径按式（3.3）计算：

$$D_e = D \tag{3.2}$$

$$D_e = \sqrt{\frac{4WD}{\pi}} \tag{3.3}$$

式中：$D$ 为试样上下加载点间距，mm；$W$ 为通过两加载点且垂直于加荷方向的最小截面宽度或平均宽度，mm。

岩石的强度具有显著的尺寸效应。采用不同直径的试样进行径向试验，计算的点荷载强度 $I_s$ 不同，且不同直径的试样的单轴抗压强度也不相同。若选用的参考性直径不同，单轴抗压强度和点荷载指数的比值也不同。ISRM（1985）以直径为 50 mm 的试样为参照标准，对点荷载强度指标进行修正，得到点荷载强度指标 $I_{s(50)}$。$I_{s(50)}$ 定义为用直径 50 mm 的圆柱体试样进行径向点荷载试验所测得的 $I_s$ 值。尺寸修正按照式（3.4）和式（3.5）计算：

$$I_{s(50)} = FI_s \tag{3.4}$$

$$F = \left(\frac{D_e}{50}\right)^m \tag{3.5}$$

式中：$F$ 为尺寸修正系数；$m$ 为修正指数。

获得 $I_{s(50)}$ 最为可靠的方法为径向试验，当采用等于或接近 50 mm 直径的圆柱体试样进行径向试验时，无须进行尺寸修正，即 $D_e = D$。

# 3.2　不同形状试样的点荷载强度

## 3.2.1　试验材料

红砂岩试样取自湖北省宜昌市，岩样表面颜色为红色，通过显微镜观察，该砂岩鉴定为钙泥质粉砂岩，含有少量极细砂，粉砂成分中含有石英、岩屑及大量碎屑云母，经矿物鉴定分析，其中石英占 15%、长石占 9%、隐晶岩屑占 1.5%、变质岩屑占 6%、碳酸盐屑占 8%、云母绿泥石碎屑占 10%、铁质碎屑占 9%、泥质占 21%、碳酸盐胶结物占 20.5%。该试样在显微镜下正交偏光图如图 3.4 所示。

图 3.4　红砂岩试样在显微镜下微观照片（正交偏光）

不同形状的红砂岩的点荷载试样的制备标准参考《水利水电工程岩石试验规程》（SL/T 264—2020）。对于圆柱体的点荷载试样，采用岩心样，加工成直径 50 mm、高度 22 mm 左右的圆柱体；对于方块体的点荷载试样，将岩样直接切割成方块体，两边长尺寸控制在 40～60 mm，厚度控制在 22～25 mm；对于不规则的点荷载试样，直接从天然块体敲取下来，两边长尺寸控制在 40～60 mm，厚度控制在 22～25 mm。制备的代表性试样如图 3.5 所示。所有试验均在室温的干燥环境中进行。

（a）圆盘状试样　　　　　　　（b）方块体试样　　　　　　　（c）不规则试样

图 3.5　三种形状的点荷载试样

## 3.2.2　强度分析

通过式（3.1）计算得到三种形状下红砂岩试样的点荷载强度 $I_s$。图 3.6 为不同形状下试样试验破坏后的图片（代领 等，2019）。

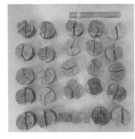

（a）圆柱体　　　　　　　　（b）方块体　　　　　　　　（c）不规则块体

图 3.6　不同形状下试样的破坏图片

对三组点荷载强度 $I_s$ 试验数据进行统计分析，结果近似为正态分布，如图 3.7 所示（Yao et al.，2021），计算得到圆柱体组 $I_s$ 平均值为 2.98 MPa，标准差为 0.61，离散系数为 0.205；方块体组 $I_s$ 平均值为 2.87 MPa，标准差为 0.56，离散系数为 0.195；不规则块体组 $I_s$ 平均值为 2.69 MPa，标准差为 0.76，离散系数为 0.283。样本离散性较小，大部分数据集中在平均值附近且具有一定的可靠度。但三组试样测得的 $I_s$ 平均值有一定的差距，圆柱体组 $I_s$ 平均值与不规则块体相对误差为 10%。这表明点荷载强度 $I_s$ 受到不同形状和尺寸的影响。

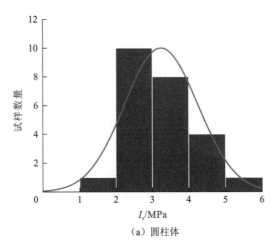

（a）圆柱体

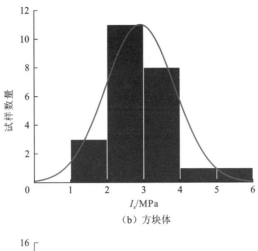

（b）方块体

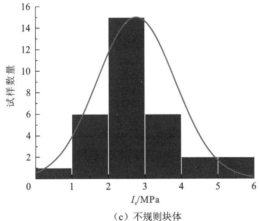

（c）不规则块体

图 3.7　不同形状试样的 $I_s$ 分布

　　考虑尺寸和形状效应的影响，为了得到一个统一的计算标准值，学者们普遍都是以等价直径 50 mm 的标准岩心为参照依据，其他尺寸和形状的试样以此按照式（3.4）和式（3.5）进行修正。表 3.2 列出了几个主要规范中 $m$ 的取值，可以看出式（3.5）中的修正指数 $m$ 仍存在不确定性。

表 3.2　不同规范 $m$ 的取值

| 规范名称 | $m$ 的取值 |
| --- | --- |
| ISRM（1985） | 一般试样取 0.45，试样等效直径接近 50 mm 时取 0.5 |
| 《工程岩体分级标准》（GB/T 50218—2014） | 由同类岩石的经验值确定，一般取 0.4～0.45 |
| 《水利水电工程岩石试验规程》（SL/T 264—2020） | 由同类岩石的经验值确定，一般取 0.4～0.45 |
| 《公路工程岩石试验规程》（JTG 3431—2024） | 由同类岩石的经验值确定，一般取 0.45 |

ISRM（1985）认为对于不同尺寸和形状的点荷载试验，为了统一度量，取直径为 50 mm 圆柱体试样为标准试样，其他尺寸和形状的试样可以参照标准试样等价转化。对于直径为 50 mm 左右的试样，修正指数 $m$ 取 0.5，对于非标准试样，修正指数 $m$ 应取 0.45；《水利水电工程岩石试验规程》（SL/T 264—2020）和《工程岩体分级标准》（GB/T 50218—2014）均认为，修正指数 $m$ 由同类岩石的经验值获得，一般推荐取 0.40～0.45，也可以根据实测资料做出不同直径下岩石试样的破坏荷载 $P$ 与 $D_e^2$ 的双对数坐标曲线，得到修正指数 $m$；《公路工程岩石试验规程》（JTG 3431—2024）认为修正系数由同类岩石的经验值确定，一般取 0.45。通过以上发现，对于修正指数 $m$ 的取值，各种试验规范仍没有统一的结论。

对于不同形状和尺寸的试样获得的点荷载强度，根据式（3.4）和式（3.5）进行修正，获得点荷载强度标准值 $I_{s(50)}$ 的过程中，修正指数 $m$ 的取值，除按表 3.2 中各个规范推荐的取值外，还可采用同一类岩石的不同尺寸试样的点荷载试验结果，绘制 $\lg D_e^2$-$\lg P$ 曲线并进行直线拟合，所得直线斜率为 $n$，则 $m$ 可按下式计算：

$$m = 2(1 - n) \tag{3.6}$$

将本节中三组试样的结果进行拟合（图 3.7），可以得到红砂岩的 $m$ 值为 0.47。为了与以上规范推荐的修正指数 $m$ 进行对比分析，取不同的 $m$ 值代入计算。

表 3.3 给出了不同 $m$ 值对应的试样点荷载强度 $I_{s(50)}$。由表 3.3 可以看出，没有经过修正前，三组试样的点荷载强度 $I_s$ 仍有较大差别，例如圆柱体的 $I_s$ = 2.98 MPa，比不规则块体的大 0.29 MPa，相对误差-9.7%。经过修正之后，三组试样的点荷载指标之间都差别不大。以 $m$=0.45 为例，方块体试样与圆柱体试样点荷载强度差值为 0.083 MPa，相对误差为 3.1%。拟合得到的 $m$=0.47 比表 3.2 中各规范给出的 $m$ 值略大。采用 $m$=0.47 进行修正之后，其点荷载强度指标 $I_{s(50)}$ 与其他 $m$ 值计算的也差别不大，例如对于圆柱体试样，$m$=0.4 时比 $m$=0.47 时点荷载强度指标 $I_{s(50)}$ 仅仅大 0.051 MPa。若不考虑试样形状，将所有点荷载试验结果进行平均，不同 $m$ 值对应试样的点荷载强度指标 $I_{s(50)}$ 差别也不大。表明试样形状

表 3.3    不同 $m$ 值对应的试样点荷载强度 $I_{s(50)}$

| 组别 | 试样形状 | 计算平均值的试样数量 | 平均值 $I_s$ /MPa | $I_{s(50)} = (D_e/50)^m I_s$/MPa | | | |
|---|---|---|---|---|---|---|---|
| | | | | $m$=0.5 | $m$=0.45 | $m$=0.4 | $m$=0.47 |
| 1 | 圆柱体 | 20 | 2.98 | 2.601 | 2.637 | 2.674 | 2.623 |
| 2 | 方块体 | 20 | 2.87 | 2.704 | 2.720 | 2.736 | 2.714 |
| 3 | 不规则块体 | 28 | 2.69 | 2.668 | 2.670 | 2.672 | 2.669 |
| 4 | 不考虑形状 | 68 | 2.83 | 2.659 | 2.675 | 2.691 | 2.669 |

对点荷载的影响并不大，试样尺寸是影响点荷载指标的主要因素。规范推荐的 $m$ 值取 0.4～0.45 能够满足应用要求。实际的应用中选取合适的 $m$ 值进行修正，可以忽略形状效应的影响。

此外，相关文献（ISRM，1985）中，另外一种方法确定点荷载强度指标 $I_{s(50)}$，即根据试验结果绘制 $\lg D_e^2$-$\lg P$ 关系曲线（图 3.8），根据曲线查找 $D_e^2 = 2\,500\ \mathrm{mm}^2$ 时对应的 $P_{50}$ 值，按式（3.4）、式（3.5）计算岩石点荷载强度指标 $I_{s(50)}$。

$$I_{s(50)} = \frac{P_{50}}{2\,500} \tag{3.7}$$

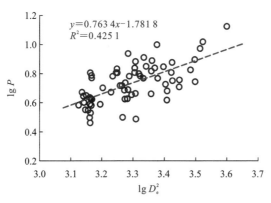

图 3.8　点荷载试验 $\lg D_e^2$-$\lg P$ 曲线

根据图 3.8 将三组点荷载试样的试验结果进行拟合（图 3.9），根据拟合直线上对应的 $D_e^2 = 2\,500\ \mathrm{mm}^2$ 查找 $P_{50} = 6.709\ \mathrm{kN}$，计算得 $I_{s(50)} = 2.684\ \mathrm{MPa}$。而上文中采用拟合得到的 $m$ 值计算出的 $I_{s(50)} = 2.669\ \mathrm{MPa}$，二者也仅仅相差 0.015 MPa，这表明两种方法获得的点荷载强度指标 $I_{s(50)}$ 差别不大。但值得注意的是，采用作图法时，试样的 $D_e^2$ 值需要分布在一个较大的范围内才能获得比较准确的点荷载强度指标 $I_{s(50)}$。

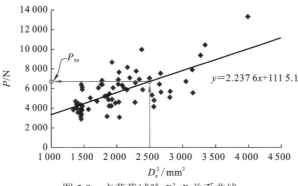

图 3.9　点荷载试验 $D_e^2$-$P$ 关系曲线

### 3.2.3 破坏形式

在点荷载试验中，只有破裂面通过两个加载点的试验被视为有效（ISRM，1985）试验。通常在有效试验中，试样在点荷载作用下具有不同的破坏形式。在本节的试验中，对不同形状的试样，具有两种破坏形式，即破裂成 2 块或 3 块。图 3.10 所示为点荷载试验中代表性试样的破坏形式（Yao et al.，2021）。

圆柱体　　　　　　　　方块体　　　　　　　　不规则块体

（a）2 块式破裂

圆柱体　　　　　　　　方块体　　　　　　　　不规则块体

（b）3 块式破裂

图 3.10　代表性试样在点荷载试验破坏后的照片

Basu 等（2013）的研究已经表明，在点荷载作用下，花岗岩和砂岩沿单一平面的破坏是最常见的破坏形式，在少数试样中也观察到"3 块式"破裂。根据 Koohmishi 等（2016），铁路道砟在点荷载作用下可能有"2 块式""3 块式""4 块式"破坏，但"2 块式"仍是主要的破坏形式，"4 块式"仅偶尔出现。对于本节的红砂岩，破坏形式的直方图分布如图 3.11 所示（Yao et al.，2021）。可以看出，与现有研究类似，"2 块式"是主要的破坏形式。其中，圆柱形试样"2 块式"破裂占比较大，方块体和不规则块体试样具有大致相同的模式比例。总体而言，不同形状的砂岩试样的破坏形式差异不大。Basu 等（2013）提出，具有较高强度的

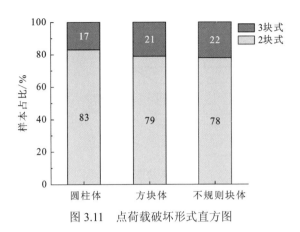

图 3.11　点荷载破坏形式直方图

铁道道砟岩石块体的破坏形式为"3 块式"。破坏形式与点荷载强度指数之间的关系也是一个需要进一步探索的问题。

# 3.3　各向异性岩石的点荷载强度

## 3.3.1　试验概况

各向异性是岩石材料的结构特征、物理力学性质等随层理面角度的不同而表现出显著差异的现象（吴秋红 等，2015；刘恺德 等，2013；俞然刚 等，2013；席道瑛 等，1994；赵文瑞，1984）。岩石的各向异性一般可以分为以下两种：一种是由岩石自身的孔隙和缝在不同方向上排列、分布造成的，这种各向异性一般会随着岩石自身应力的变化而不同，可以称为应力各向异性；另一种是由岩石自身的矿物颗粒之间的定向排列引起的，这种各向异性一般不会随着岩石应力的变化而改变，称为材料各向异性。

本节试验所用片麻岩为安徽省六安市金寨县抽水蓄能水电站地下硐室开挖出的岩块，其具有片麻状构造特征，层理构造明显，呈变晶结构，其主要矿物成分为石英、长石、角闪石、云母等。选取层理清晰、完整度较好、风化程度较低的岩块进行试样的制备。岩样钻取时按照垂直层理（90°）和平行层理（0°）两个方向进行取心，同时为减少构成组分变化带来的影响，所有试样均在同一块岩块上钻取，取心方法如图 3.12 所示（姚家李 等，2021）。

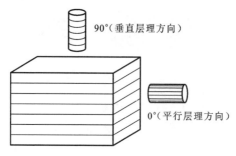

图 3.12　岩块取心示意图

对钻取的岩心在室内进行加工，加工要求严格按照《水利水电工程岩石试验规程》（SL/T 264—2020）进行。其中用于单轴压缩试验的试样加工成直径为 50 mm、高度为 100 mm 的标准圆柱体，每组 3 个试样。点荷载试验采用的是轴向试验方式，试验试样包含多种尺寸，试样高度与直径之比为 0.3～1.0，制成的试样直径为 36～50 mm，高度为 15～40 mm，每组加工 13 个试样。试验岩样均保持在干燥状态。

单轴压缩试验中，每组试验制备了 3 个试样。试验时对试样端面施加竖向荷载，直至试样破坏，获得其单轴抗压强度。单轴压缩试验的加载示意图如图 3.13 所示。点荷载试验采用轴向加载的方法，将试样置于上、下两个球形加载锥之间，并垂直于试样端面方向施加集中荷载。加载示意图如图 3.14 所示。

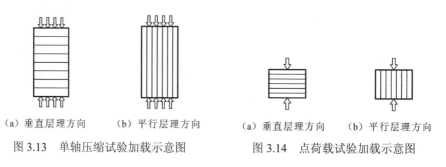

（a）垂直层理方向　　（b）平行层理方向　　　　（a）垂直层理方向　　（b）平行层理方向

图 3.13　单轴压缩试验加载示意图　　　　图 3.14　点荷载试验加载示意图

## 3.3.2　强度特征

### 1. 单轴压缩试验

对每组的试验数据取平均值分别得到对应状态的单轴抗压强度（uniaxial compressive strength，UCS），如表 3.4 所示。结果发现，垂直层理组的单轴抗压强度平均值为 327.13 MPa，平行层理组的单轴抗压强度平均值为 222.33 MPa，两组的单轴抗压强度差距为 104.8 MPa，相对误差为 32.0%。片麻岩的各向异性特征在单轴抗压强度方面表现得十分明显，垂直层理方向的强度明显大于平行层理方向的强度。

表 3.4 片麻岩单轴抗压强度

| 试样状态 | $P$/kN | UCS/MPa | UCS 平均值/MPa |
| --- | --- | --- | --- |
| 垂直层理 | 640.99 | 326.45 | 327.13 |
| | 602.97 | 307.09 | |
| | 683.03 | 347.86 | |
| 平行层理 | 555.93 | 283.13 | 222.33 |
| | 409.50 | 208.56 | |
| | 344.21 | 175.30 | |

## 2. 点荷载试验

试验数据按照式（3.1）和式（3.3）计算，两组不同层理方向的片麻岩点荷载试验结果如表 3.5 所示。

表 3.5 点荷载试验结果

| 编号 | 类型 | $D$/mm | $W$/mm | $D_e^2$/mm$^2$ | $P$/kN | $I_s$/MPa |
| --- | --- | --- | --- | --- | --- | --- |
| CD-A1 | | | | | 10.60 | 15.42 |
| CD-A2 | | 15.00 | 36.00 | 687.55 | 10.82 | 15.73 |
| CD-A3 | | | | | 8.56 | 12.44 |
| CD-A4 | | | | | 9.63 | 13.99 |
| CD-B1 | | | | | 15.35 | 11.16 |
| CD-B2 | | 30.00 | 36.00 | 1 375.10 | 19.86 | 14.44 |
| CD-B3 | 垂直层理 | | | | 17.52 | 12.73 |
| CD-C1 | | | | | 20.63 | 10.80 |
| CD-C2 | | 30.00 | 50.00 | 1 909.86 | 20.10 | 10.52 |
| CD-C3 | | | | | 19.15 | 10.02 |
| CD-D1 | | | | | 28.86 | 11.33 |
| CD-D2 | | 40.00 | 50.00 | 2 546.48 | 29.74 | 11.67 |
| CD-D3 | | | | | 27.89 | 10.95 |

| 编号 | 类型 | $D$/mm | $W$/mm | $D_e^2$/mm$^2$ | $P$/kN | $I_s$/MPa |
|---|---|---|---|---|---|---|
| SD-A1 | | | | | 5.29 | 7.69 |
| SD-A2 | | 15.00 | 36.00 | 687.55 | 6.39 | 9.29 |
| SD-A3 | | | | | 6.28 | 9.13 |
| SD-A4 | | | | | 7.25 | 10.54 |
| SD-B1 | | | | | 10.65 | 7.74 |
| SD-B2 | | 30.00 | 36.00 | 1 375.10 | 10.37 | 7.54 |
| SD-B3 | 平行层理 | | | | 9.54 | 6.93 |
| SD-C1 | | | | | 13.89 | 7.27 |
| SD-C2 | | 30.00 | 50.00 | 1 909.86 | 13.12 | 6.87 |
| SD-C3 | | | | | 14.20 | 7.43 |
| SD-D1 | | | | | 17.17 | 6.74 |
| SD-D2 | | 40.00 | 50.00 | 2 546.48 | 17.28 | 6.78 |
| SD-D3 | | | | | 16.49 | 6.47 |

本小节点荷载试验选取了多种尺寸的岩样进行试验,可以利用 $D_e^2$-$P$ 曲线对试验结果进行修正。两种层理方向的岩样的 $D_e^2$-$P$ 曲线如图 3.15 所示。可以求得:垂直层理组岩样的 $P_{50}=27.46$,$I_{s(50)}=10.98$ MPa;平行层理组岩样的 $P_{50}=16.82$,$I_{s(50)}=6.73$ MPa。

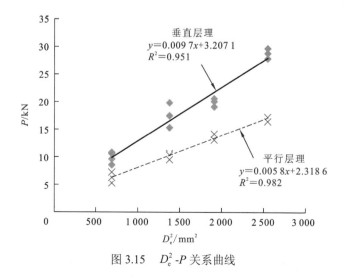

图 3.15 $D_e^2$-$P$ 关系曲线

结果表明，垂直层理组岩样的 $I_{s(50)}$ 明显大于平行层理组岩样的 $I_{s(50)}$，片麻岩的点荷载强度具有明显的各向异性。这种明显的强度差异可以用点荷载强度各向异性指数 $I_{a(50)}$ 来表示，$I_{a(50)} = I'_{s(50)}/I''_{s(50)} = 1.63$（$I'_{s(50)}$ 为垂直层理组岩样的点荷载强度指数，$I''_{s(50)}$ 为平行层理组岩样的点荷载强度指数）。

同时，绘制出 $\lg P\text{-}\lg D_e^2$ 曲线，如图 3.16 所示，按照式（3.6）可以求出垂直层理组岩样的 $m=0.44$；平行层理组岩样的 $m=0.47$。

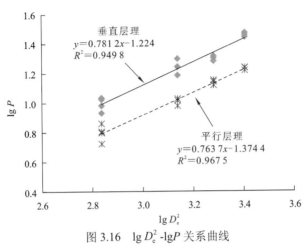

图 3.16　$\lg D_e^2\text{-}\lg P$ 关系曲线

## 3.3.3　破坏形式

此次试验的试样破坏形式以破裂成 2 块和 3 块为主，且不同加载方向下的试样主要破坏形式有明显差异，破坏后的试样如图 3.17 所示。可以看出，垂直层理加载的试样中，大部分破裂成 3 块。这是由于在垂直加载时，试样内部的拉应力与层理面平行，试样在拉应力作用下产生新的裂纹并不断地扩展。

（a）垂直层理

（b）平行层理

图 3.17　点荷载试验破坏后的试样

在平行层理加载的试样中，破裂形式主要以破裂成 2 块为主。试样内部的拉应力垂直于层理面，层理之间的黏结强度较小，拉应力作用下裂纹首先在层理间出现，之后裂纹迅速扩展直至贯通整个试样造成破坏。

### 3.3.4　单轴抗压强度与点荷载强度的比值

表 3.6 给出了不同层理组 UCS、$I_{s(50)}$和 UCS/$I_{s(50)}$的值。点荷载试验方法的不同、岩石类型的差异及层理弱面等因素对转换公式有着较大影响。在实际的工程应用中，需要根据当地岩石的试验数据进行转换系数的选取，并且要特别注意各向异性岩石中层理角度的变化对转换系数的影响。根据表 3.6 可以求得片麻岩在两种层理下 $I_{s(50)}$与单轴抗压强度 UCS 之间的转换公式。垂直层理组岩样的 UCS＝$29.78I_{s(50)}$，平行层理组岩样的 UCS＝$33.04I_{s(50)}$。

表 3.6　单轴抗压强度与点荷载强度的比值关系

| 层理状态 | UCS/MPa | $I_{s(50)}$/MPa | UCS/$I_{s(50)}$ |
|---|---|---|---|
| 垂直层理 | 327.13 | 10.98 | 29.78 |
| 平行层理 | 222.33 | 6.73 | 33.04 |

# 3.4　点荷载强度指标 $I_{s(50)}$与
# 单轴抗压强度的关系

对于点荷载强度与单轴抗压强度的关系，国内外的学者均认为点荷载强度指标 $I_{s(50)}$与单轴抗压强度 UCS 之间具有较好的经验相关性，他们开展了大量的现场试验研究，对不同地区的岩石进行归纳总结，建立了多种转换关系式，对现场的工程研究具有重要的参考价值。表 3.7 列出了一些国内外学者的点荷载强度预测单轴抗压强度的经验转换公式。

表 3.7 岩石单轴抗压强度与点荷载强度转换关系

| 函数拟合方程 | 编号 | 拟合方程 | 参考文献 |
|---|---|---|---|
| 零截距线性函数 | 1 | $UCS = 24I_{s(50)}$ | Broch 等（1972） |
| | 2 | $UCS = 11.8 \sim 17.6I_{s(50)}$ | Forster（1983） |
| | 3 | $UCS = 20 \sim 25I_{s(50)}$ | ISRM（1985） |
| | 4 | $UCS = 16I_{s(50)}$ | Ghosh 等（1991） |
| | 5 | $UCS = 12.5I_{s(50)}$ | Chau 等（1996） |
| | 6 | $UCS = 14.3I_{s(50)}$ | Smith（1997） |
| | 7 | $UCS = 24.4I_{s(50)}$ | Quane 等（2003） |
| | 8 | $UCS = 23I_{s(50)}$ | Tsiambaos 等（2004） |
| | 9 | $UCS = 8 \sim 18I_{s(50)}$ | Palchik 等（2004） |
| | 10 | $UCS = 13I_{s(50)}$（UCS＜2 MPa）<br>$UCS = 24I_{s(50)}$（2 MPa≤UCS≤5 MPa）<br>$UCS = 28I_{s(50)}$（UCS＞2 MPa）<br>$UCS = 25.3I_{s(50)}$ | Sabatakakis 等（2008） |
| | 11 | $UCS = 19.79I_{s(50)}$ | Diamantis 等（2009） |
| | 12 | $UCS = 14 \sim 16I_{s(50)}$（软岩）<br>$UCS = 21 \sim 24I_{s(50)}$（硬岩） | Singh 等（2012） |
| | 13 | $UCS = 14.63I_{s(50)}$ | Mishra 等（2013） |
| | 14 | $UCS = 20 \sim 21I_{s(50)}$ | Li 等（2013） |
| | 15 | $UCS = 14.81I_{s(50)}$ | Kaya 等（2016） |
| | 16 | $UCS = 21.61I_{s(50)}$（径向）<br>$UCS = 21.72I_{s(50)}$（轴向）<br>$UCS = 22.27I_{s(50)}$（不规则） | Yin 等（2017） |
| | 17 | $UCS = 16.017I_{s(50)}$ | Xue 等（2020） |
| | 18 | $UCS = 19 \sim 21I_{s(50)}$ | 魏克和（1982） |

| 函数拟合方程 | 编号 | 拟合方程 | 参考文献 |
|---|---|---|---|
| 零截距线性函数 | 19 | $UCS=26.4I_{s(50)}$ | 王雅范等（1994） |
| | 20 | $UCS=20I_{s(50)}$ | 王茹等（2008） |
| | 21 | $UCS=21.65I_{s(50)}$ | 代领等（2019） |
| | 22 | $UCS=7.72I_{s(50)}$（饱和） | 陈建勋等（2022） |
| | | $UCS=8.72I_{s(50)}$（干燥） | |
| 非零截距线性函数 | 23 | $UCS=9.3I_{s(50)}+20.04$ | Grasso 等（1992） |
| | 24 | $UCS=23.62I_{s(50)}-2.69$（煤系岩石） | Kahraman（2001） |
| | | $UCS=8.41I_{s(50)}+9.51$（其他岩石） | |
| | 25 | $UCS=24.83I_{s(50)}-39.64$（孔隙率<1%） | Kahraman 等（2005） |
| | | $UCS=10.22I_{s(50)}+24.31$（孔隙率>1%） | |
| | 26 | $UCS=10.92I_{s(50)}+24.24$ | Kahraman 等（2009） |
| | 27 | $UCS=11.103I_{s(50)}+37.659$ | Basu 等（2010） |
| | 28 | $UCS=5.58I_{s(50)}+21.92$（轴向，风干岩石） | Heidari 等（2012） |
| | | $UCS=7.56I_{s(50)}+23.68$（径向，风干岩石） | |
| | | $UCS=3.49I_{s(50)}+24.84$（不规则，风干岩石） | |
| | | $UCS=10.99I_{s(50)}+7.04$（轴向，饱水岩石） | |
| | | $UCS=11.96I_{s(50)}+10.64$（径向，饱水岩石） | |
| | | $UCS=13.92I_{s(50)}+5.25$（不规则，饱水岩石） | |
| | 29 | $UCS=7.201I_{s(50)}+14.074$（轴向） | 付志亮等（2013） |
| | | $UCS=13.938I_{s(50)}+17.529$（径向） | |
| | 30 | $UCS=15.3I_{s(50)}+2.4$ | D'Andrea 等（1965） |
| | 31 | $UCS=16.5I_{s(50)}+51.0$ | Gunsallus 等（1984） |
| | 32 | $UCS=23I_{s(54)}+13$ | Cargill 等（1990） |
| | 33 | $UCS=19I_{s(50)}+12.7$ | Ulusay 等（1994） |
| | 34 | $UCS=9.08I_{s(50)}+39.32$ | Fener 等（2005） |
| | 35 | $UCS=21.54I_{s(50)}-6.02$ | Dlamantis 等（2009） |
| | 36 | $UCS=8.20I_{s(50)}+36.43$ | Kahraman 等（2009） |
| | 37 | $UCS=13.3291I_{s(50)}+7.4353$ | Yilmaz（2009） |

续表

| 函数拟合方程 | 编号 | 拟合方程 | 参考文献 |
|---|---|---|---|
| 非零截距线性函数 | 38 | $UCS = 10.9I_{s(50)} + 49.03$ | Mishra 等（2013） |
| | | $UCS = 11.21I_{s(50)} + 4.008$ | |
| | | $UCS = 12.95I_{s(50)} - 5.19$ | |
| | 39 | $UCS = 14.68I_{s(50)} - 8.67$（干燥） | Kahraman 等（2014） |
| | | $UCS = 10.83I_{s(50)} - 1.60$（饱水） | |
| | | $UCS = 12.31I_{s(50)} - 3.86$（干燥与饱水） | |
| 幂函数 | 40 | $UCS = 25.67(I_{s(50)})^{0.57}$ | Grasso 等（1992） |
| | 41 | $UCS = 7.3(I_{s(50)})^{1.71}$ | Tsiambaos 等（2004） |
| | 42 | $UCS = 12.25(I_{s(50)})^{1.5}$ | Santi（2006） |
| | 43 | $UCS = 17.81(I_{s(50)})^{1.06}$ | Diamantis 等（2009） |
| | 44 | $UCS = 7.73(I_{s(50)})^{1.25}$（干燥） | Kahraman 等（2014） |
| | | $UCS = 8.61(I_{s(50)})^{0.95}$（饱水） | |
| | | $UCS = 8.66(I_{s(50)})^{1.03}$（干燥与饱水） | |
| | 45 | $UCS = 22.82(I_{s(50)})^{0.75}$ | GB/T 50218—2014 |
| 指数函数 | 46 | $UCS = 16.45\exp(0.39I_{s(50)})$ | Diamantis 等（2009） |
| | 47 | $UCS = 2.68\exp(0.93I_{s(50)})$（干燥） | Kahraman 等（2014） |
| | | $UCS = 1.99\exp(1.18I_{s(50)})$（饱水） | |
| | | $UCS = 2.27\exp(1.04I_{s(50)})$（干燥与饱水） | |
| 对数函数 | 48 | $UCS = 17.04\ln I_{s(50)} + 9.29$（干燥） | Kahraman 等（2014） |
| | | $UCS = 7.72\ln I_{s(50)} + 11.70$（饱水） | |
| | | $UCS = 10.28\ln I_{s(50)} + 12.32$（干燥与饱水） | |
| | 49 | $UCS = 100\ln I_{s(50)} + 13.9$ | Kiliç 等（2008） |
| 二次函数 | 50 | $UCS = 3.86(I_{s(50)})^2 + 5.56I_{s(50)}$ | Quane 等（2003） |
| | 51 | $UCS = -0.66(I_{s(50)})^2 + 21.15I_{s(50)}$（0 MPa$<I_{s(50)}<$15 MPa） | 张建明等（2015） |

　　本章在大量试验的基础上，对试验的数据进行统计分析，在一定可靠度的基础上，建立点荷载强度指标 $I_{s(50)}$ 与单轴抗压强度 UCS 的转换关系。试验数据来自室内试验的 12 种岩石，包括中粒方解大理岩、细粒白云大理岩、钙泥质粉砂岩、不等粒花岗岩、不等粒岩屑长石砂岩、千枚状片岩、细-中粒岩屑砂岩、泥晶菌藻灰岩、碎裂粉晶方解石大理岩、含细粉砂泥岩、微晶石灰岩和片麻岩，试样来源于湖南、湖北、广东和安徽等地，个别岩石的产地未知。

点荷载试验结果统一按照式（3.1）～式（3.5）进行计算，修正指数 $m$ 取 0.45。对于点荷载试验，每组的有效数据未超过 10 个时，应去掉一个最大值和一个最小值，再计算该组的平均值；每组的有效数据超过 10 个时，应去掉两个最大值和两个最小值，再计算该组的平均值，获得的点荷载强度指标 $I_{s(50)}$ 均对应直径为 50 mm 的圆柱体进行尺寸修正，试样的破坏应通过两个垂直的加载点，对不满足要求的试验结果进行剔除；单轴压缩试验所有数据舍去一个最大值和一个最小值，对每组的试验数据取平均值分别得到对应的单轴抗压强度。表 3.8 列出了 12 种岩石的点荷载强度指标 $I_{s(50)}$ 与单轴抗压强度 UCS 的试验结果。

表 3.8　点荷载强度指标 $I_{s(50)}$ 和单轴抗压强度 UCS 的试验数据

| 编号 | 岩石种类 | 点荷载强度 $I_{s(50)}$ | 单轴抗压强度 UCS/MPa | 岩石产地 |
|---|---|---|---|---|
| 1 | 中粒方解大理岩 | 3.59 | 61.61 | — |
| 2 | 细粒白云大理岩 | 10.52 | 170.13 | — |
| 3 | 钙泥质粉砂岩 | 2.64 | 58.34 | 湖北宜昌 |
| 4 | 不等粒花岗岩 | 7.49 | 122.86 | — |
| 5 | 不等粒岩屑长石砂岩 | 2.48 | 30.10 | — |
| 6 | 千枚状片岩 | 12.11 | 188.58 | — |
| 7 | 细-中粒岩屑砂岩 | 1.94 | 29.39 | 安徽庐江 |
| 8 | 泥晶菌藻灰岩 | 3.49 | 94.40 | — |
| 9 | 碎裂粉晶方解石大理岩 | 3.27 | 71.81 | 广东阳江 |
| 10 | 含细粉砂泥岩 1 | 0.57 | 16.28 | 湖南浏阳 |
| 11 | 含细粉砂泥岩 2 | 0.19 | 4.03 | 湖南浏阳 |
| 12 | 强碎裂化粉晶-微晶石灰岩 1 | 3.51 | 68.69 | 广东阳江 |
| 13 | 强碎裂化粉晶-微晶石灰岩 2 | 2.83 | 60.07 | 广东阳江 |
| 14 | 弱碎裂化粉晶-微晶石灰岩 1 | 4.69 | 102.82 | 广东阳江 |
| 15 | 弱碎裂化粉晶-微晶石灰岩 2 | 3.32 | 80.56 | 广东阳江 |
| 16 | 片麻岩 1（平行层理） | 10.55 | 327.13 | 安徽金寨 |
| 17 | 片麻岩 1（垂直层理） | 7.26 | 231.40 | 安徽金寨 |
| 18 | 片麻岩 2（平行层理） | 8.39 | 178.30 | 安徽金寨 |
| 19 | 片麻岩 2（垂直层理） | 7.55 | 109.20 | 安徽金寨 |

对于 19 组试验数据，基于统计分析的方法，采用最小二乘法分析岩石的点荷载强度与单轴抗压强度的关系，为了与表 3.8 中其他研究结果进行对比，采用零截距-线性函数、非零截距-线性函数、指数函数、幂函数、二次函数和对数函数

模型对试验数据进行拟合分析。图 3.18 所示为不同拟合公式的拟合结果。

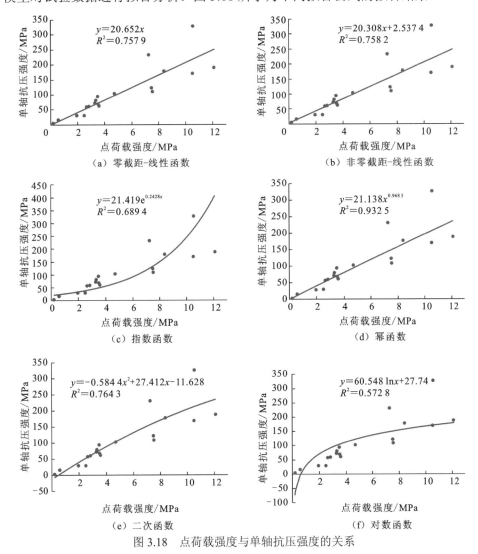

图 3.18　点荷载强度与单轴抗压强度的关系

由图 3.18 可知，点荷载强度 $I_{s(50)}$ 和单轴抗压强度 UCS 具有良好的相关性，零截距-线性函数、非零截距-线性函数、指数函数、幂函数、二次函数和对数函数模型均具有良好的数值关系。对比发现，除对数函数模型和指数函数模型的相关系数 $R^2$ 小于 0.7 外，其余的相关系数 $R^2$ 都大于 0.7，因此零截距-线性函数、非零截距-线性函数、幂函数、二次函数模型均可以确定点荷载强度 $I_{s(50)}$ 和单轴抗压强度 UCS 的经验关系式。

需要指出的是，虽然在数学表达式上，采用非零截距-线性函数、指数函数、二次函数、对数函数都可以建立点荷载强度 $I_{s(50)}$ 与单轴抗压强度 UCS 的转换关系，但是采用这些关系式时，当 $I_{s(50)}=0$ 时，UCS$\neq$0，这不符合一般的岩石力学规律。而采用幂函数时，不满足量纲一致性原则。从实际工程应用方面看，线性拟合方式计算简单，其中零截距线性拟合公式符合实际物理意义。因此，本章建议用零截距-线性函数来预测岩石的单轴抗压强度。通过图 3.18（a），本节推荐点荷载强度 $I_{s(50)}$ 和单轴抗压强度 UCS 经验转换系数为 $k=20.65$，建立点荷载强度 $I_{s(50)}$ 与单轴抗压强度 UCS 的转换关系如下：

$$UCS = 20.65 I_{s(50)} \tag{3.8}$$

# 参 考 文 献

长江水利委员会长江科学院, 2014. 工程岩体分级标准: GB 50218—2014. 北京: 中国计划出版社.

陈建勋, 陈丽俊, 罗彦斌, 等, 2022. 砂质板岩单轴抗压强度与点荷载强度换算关系. 交通运输工程学报, 22(4): 148-158.

代领, 姚华彦, 张飞阳, 等, 2019. 不同形状红砂岩的点荷载强度试验研究. 科学技术与工程, 19(7): 214-219.

付志亮, 王亮, 2013. 煤层顶底板岩石点荷载强度与拉压强度对比试验研究. 岩石力学与工程学报, 32(1): 88-97.

李先炜, 付学敏, 1987. 不规则岩块点荷载试验的研究. 岩土工程学报, 9(1): 1-11.

刘恺德, 刘泉声, 朱元广, 等, 2013. 考虑层理方向效应煤岩巴西劈裂及单轴压缩试验研究. 岩石力学与工程学报, 32(2): 308-316.

王茹, 唐春安, 王述红, 2008. 岩石点荷载试验若干问题的研究. 东北大学学报(自然科学版), 29(1): 130-132.

王雅范, 郭庆国, 1994. 岩石点荷载试验方法的研究与应用. 西北水电(2): 47-50.

魏克和, 1982. 用点荷载法对花岗岩风化程度进行定量评价的研究. 水文地质工程地质(2): 24-27.

吴秋红, 尤明庆, 苏承东, 2015. 各向异性花岗岩的力学参数及相关性. 中南大学学报(自然科学版), 46(6): 2216-2220.

席道瑛, 陈林, 1994. 岩石各向异性参数研究. 物探化探计算技术, 16(1): 16-21.

向桂馥, 梁虹, 1986. 岩石点荷载试验资料的统计分析及强度计算公式的探讨. 岩石力学与工程学报, 5(2): 173-186.

姚家李, 姚华彦, 代领, 等, 2021. 各向异性片麻岩点荷载与单轴压缩力学特性研究. 地下空间与工程学报, 17(4):1038-1044, 1062.

俞然刚, 田勇, 2013. 砂岩岩石力学参数各向异性研究. 实验力学, 28(3): 368-375.

张建明, 唐志成, 刘泉声, 2015. 点荷载强度指数估算与岩浆岩的单轴压缩强度的关系. 岩土力学, 36(S2): 595-602.

张元胤, 李克钢, 2017. 几种岩石点荷载强度与单轴抗压强度的相关性. 金属矿山(2): 19-23.

赵文瑞, 1984. 泥质粉砂岩各向异性强度特征. 岩土工程学报(1): 32-37.

中华人民共和国水利部, 2020. 水利水电工程岩石试验规程: SL/T 264—2020. 北京: 中国水利水电出版社.

中交第二公路勘察设计研究院, 2005. 公路工程岩石试验规程: JTG E41—2005. 北京: 人民交通出版社.

Afolagboye L O, Talabi A O, Oyelami C A, et al., 2017. The use of index tests to determine the mechanical properties of crushed aggregates from precambrian basement complex rocks, Ado-Ekiti, SW Nigeria. Journal of African Earth Sciences, 129(5): 659-667.

Basu A, Kamran M, 2010. Point load test on schistose rocks and its applicability in predicting uniaxial compressive strength. International Journal of Rock Mechanics and Mining Sciences, 47(5): 823-828.

Basu A, Mishra D A, Roychowdhury K, 2013. Rock failure modes under uniaxial compression, Brazilian, and point load tests. Bulletin of Engineering Geology and the Environment, 72(3-4): 457-475.

Broch E, Franklin J A, 1972. The point-load strength test. International Journal of Rock Mechanics and Mining Sciences, 9(6): 669-676.

Cargill J S, Shakoor A, 1990. Evaluation of empirical methods for measuring the uniaxial compressive strength of rock. International Journal of Rock Mechanics and Mining Sciences, 27(6): 495-503.

Chau K T, Wong R H C, 1996. Uniaxial compressive strength and point load strength of rocks. International Journal of Rock Mechanics and Mining Sciences, 33(2): 183-188.

D'Andrea D V, Fisher R L, Fogelson D E, 1965. Prediction of compression strength from other rock properties. US Department of the Interior, Bureau of Mines.

Diamantis K, Gartzos E, Migiros G, 2009. Study on uniaxial compressive strength, point load strength index, dynamic and physical properties of serpentinites from Central Greece: Test results and empirical relations. Engineering Geology, 108(3-4): 199-207.

Fener M, Kahraman S, Bilgil A, et al., 2005. A comparative evaluation of indirect methods to estimate the compressive strength of rocks. Rock Mechanics & Rock Engineering, 38(4): 329-343.

Forster I R, 1983. The influence of core sample geometry on the axial point-load test. International Journal of Rock Mechanics and Mining Sciences, 20(6): 291-295.

Ghosh D K, Srivastava M, 1991. Point-load strength: An index for classification of rock material. Bulletin of Engineering Geology and the Environment, 44: 27-33.

Grasso P, Xu S, Mahtab A, 1992. Problems and promises of index testing of rocks//Paper presented at the The 33rd U. S. Symposium on Rock Mechanics (USRMS), Santa Fe, New Mexico.

Gunsallus K L, Kulhawy F H, 1984. A comparative evaluation of rock strength measures. International Journal of Rock Mechanics and Mining Sciences, 21(5): 233-248.

Heidari M, Khanlari G R, Torabi Kaveh M, et al., 2012. Predicting the uniaxial compressive and tensile strengths of gypsum rock by point load testing. Rock Mechanics and Rock Engineering, 45: 265-273.

ISRM, 1985. Suggested method for determining point load strength. International Journal of Rock Mechanics and Mining Sciences, 22(2): 51-60.

Kahraman S, 2001. Evaluation of simple methods for assessing the uniaxial compressive strength of rock. International Journal of Rock Mechanics and Mining Sciences, 38(7): 981-994.

Kahraman S, 2014. The determination of uniaxial compressive strength from point load strength for pyroclastic rocks. Engineering Geology, 170: 33-42.

Kahraman S, Gunaydin O, 2009. The effect of rock classes on the relation between uniaxial compressive strength and point load index. Bulletin of Engineering Geology and the Environment, 68: 345-353.

Kahraman S, Gunaydin O, Fener M, 2005. The effect of porosity on the relation between uniaxial compressive strength and point load index. International Journal of Rock Mechanics and Mining Sciences, 42(4): 584-589.

Kaya A, Karaman K, 2016. Utilizing the strength conversion factor in the estimation of uniaxial compressive strength from the point load index. Bulletin of Engineering Geology and the Environment, 2016, 75: 341-357.

Kiliç A, Teymen A, 2008. Determination of mechanical properties of rocks using simple methods. Bulletin of Engineering Geology and the Environment, 67(2): 237-244.

Koohmishi M, Palassi M, 2016. Evaluation of the strength of railway ballast using point load test for various size fractions and particle shapes. Rock Mechanics and Rock Engineering, 49(7): 2655-2664.

Li D, Wong L N Y, 2013. Point load test on meta-sedimentary rocks and correlation to UCS and BTS. Rock Mechanics and Rock Engineering, 46(4): 889-896.

Liu Q S, Zhao Y F, Zhang X P, 2017. Case study: Using the point load test to estimate rock strength of tunnels constructed by a tunnel boring machine. Bulletin of Engineering Geology and the Environment, 78: 1727-1734.

Masoumi H, Roshan H, Hedayat A, et al., 2018. Scale-size dependency of intact rock under point-load and indirect tensile brazilian testing. International Journal of Geomechanics, 18(3): 04018006.

Mishra D A, Basu A, 2013. Estimation of uniaxial compressive strength of rock materials by index tests using regression analysis and fuzzy inference system. Engineering Geology, 160: 54-68.

Nagappan K, 2017. Prediction of unconfined compressive strength for jointed rocks using point load index based on joint asperity angle. Geotechnical and Geological Engineering, 35(1): 2625-2636.

Palchik V, Hatzor Y H, 2004. The influence of porosity on tensile and compressive strength of porous chalks. Rock Mechanics and Rock Engineering, 37(4): 331-341.

Quane S L, Russell J K, 2003. Rock strength as a metric of welding intensity in pyroclastic deposits. European Journal of Mineralogy, 15(5): 855-864.

Sabatakakis N, Koukis G, Tsiambaos G, et al., 2008. Index properties and strength variation controlled by microstructure for sedimentary rocks. Engineering Geology, 97(1-2): 80-90.

Santi P M, 2006. Field methods for characterizing weak rock for engineering. Environmental & Engineering Geoscience, 12(1): 1-11.

Sarici D E, Ozdemir E, 2018. Determining point load strength loss from porosity, Schmidt hardness, and weight of some sedimentary rocks under freeze-thaw conditions. Environmental Earth Sciences, 77: 1-9.

Singh T N, Kainthola A, Venkatesh A, 2012. Correlation between point load index and uniaxial compressive strength for different rock types. Rock Mechanics and Rock Engineering, 45: 259-264.

Smith H J, 1997. The point load test for weak rock in dredging applications. International Journal of Rock Mechanics and Mining Sciences, 34(3-4): 291-295.

Tsiambaos G, Sabatakakis N, 2004. Considerations on strength of intact sedimentary rocks. Engineering Geology, 72(3-4): 261-273.

Ulusay R, Türeli K, Ider M H, 1994. Prediction of engineering properties of a selected litharenite sandstone from its petrographic characteristics using correlation and multivariate statistical techniques. Engineering Geology, 38(1-2): 135-157.

Xue Y, Kong F, Li S, et al., 2020. Using indirect testing methods to quickly acquire the rock strength and rock mass classification in tunnel engineering. International Journal of Geomechanics, 20(5): 05020001.

Yao H, Dai L, Liu G, et al., 2021. Experimental investigation on the point load strength of red-bed siltstone with different shapes. Acta Geodynamica et Geomaterialia, 18(1): 5-13.

Yilmaz I, 2009. A new testing method for indirect determination of the unconfined compressive strength of rocks. International Journal of Rock Mechanics and Mining Sciences, 46(8): 1349-1357.

Yin J H, Wong R H C, Chau K T, et al., 2017.Point load strength index of granitic irregular lumps: Size correction and correlation with uniaxial compressive strength.Tunnelling and Underground Space Technology, 70: 388-399.

# 第4章　卸荷条件下岩石的破裂特性

在岩石工程中，地下硐室、边坡的开挖都会引起岩体一个或几个方向应力卸除，从而引发岩体的局部或整体破坏。已有研究（陈卫忠 等，2010；哈秋舲 等，1998；尤明庆 等，1998；李天斌 等，1993）表明岩石卸荷作用下的破坏机制和形式与加载条件存在显著差别。近年来，卸荷岩体力学理论的研究及其工程应用越来越得到广泛的关注与重视，研究成果丰富。但仍存在很多有待深入研究和解决的问题，例如关于卸荷对岩石强度的影响，不同学者的观点不尽一致（张凯 等，2010）。

岩石的破坏形式也是岩石力学工作者关注的重要问题之一。例如，不同破坏形式下岩石的强度表现出显著差别，适用的强度准则也不一致（尤明庆，2002）。而岩石在卸荷应力路径下的破坏形式也是各类岩石工程的稳定性评价与支护设计的重要依据（牛双建 等，2011；向天兵 等，2009），开展这方面的研究具有重要的工程实用价值。受岩性不同、岩石内部结构面（或缺陷）的影响，卸荷条件下岩石破坏形式的研究并不充分。本章结合大理岩、砂岩、片岩等不同强度及不同结构特征的岩石开展了卸荷试验，分析其破坏特性和强度特征。

## 4.1　卸荷试验方法

卸荷试验通常指降低最小主应力的试验，在常规的三轴试验条件下指降低围压的试验，其实现途径主要有：①保持轴压不变，降低围压；②降低围压，同时要求保持偏应力不变；③升高轴压，降低围压；④保持轴向位移不发生变化，降低围压。

可以把上面所述的应力路径在静水压力-广义剪应力平面上表现出来，如图4.1所示。

在图4.1中，静水压力为

$$p = \frac{\sigma_1 + \sigma_2 + \sigma_3}{3} \qquad (4.1)$$

广义剪应力为

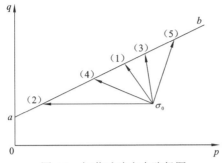

图 4.1  卸荷试验应力路径图

$$q = \frac{1}{\sqrt{2}} \sqrt{(\sigma_1 - \sigma_2)^2 + (\sigma_1 - \sigma_3)^2 + (\sigma_2 - \sigma_3)^2} \qquad (4.2)$$

式中：$\sigma_i (i=1,2,3)$ 为三个主应力。

图 4.1 中 $\sigma_0$ 为初始卸荷应力，$ab$ 为屈服面的子午线，应力路径（1）～（4）分别对应上述 4 种卸荷途径，而路径（5）对应常规加载的应力路径。

本章的卸荷试验主要考虑图 4.1 中编号为（1）的应力路径，即卸荷过程为保持轴压不变，降低围压至试样失稳破坏。试验分三个阶段。

（1）将围压增大至预定值，即按照静水压力条件逐步施加 $\sigma_3$ 至预定条件，加载过程中 $\sigma_1 = \sigma_3$。

（2）保持围压 $\sigma_3$ 不变，通过应力控制将轴压升至岩样峰值前的某预定值。

（3）保持轴压 $\sigma_1$ 不变，通过应力控制将围压 $\sigma_3$ 逐渐降低至岩样失稳破坏。

# 4.2  大理岩卸荷破裂特性

## 4.2.1  试验材料和方法

试样为锦屏大理岩，根据岩石力学的试验标准，在实验室进行加工，使其变成圆柱体标准试样，尺寸为 $\phi 50$ mm×100 mm。试验仪器采用中国科学院武汉岩土力学研究所的 RMT-150C 岩石力学试验系统，对大理岩进行常规三轴加载试验和卸荷试验，观察并记录试样加载、卸荷、破坏的全过程，并且分析该试样在不同荷载下的破坏过程。

单轴试验以 0.002 mm/s（位移控制）的速率加轴压至试样失稳破坏。

常规三轴加载试验方案：先以 0.1 MPa/s 的速率施加轴压和围压至预定值，再以 0.002 mm/s（位移控制）的速率加轴压至试样失稳破坏。试验中考虑了 5 MPa、10 MPa、15 MPa、20 MPa、25 MPa、30 MPa、35 MPa、40 MPa 8 种围压情况。

常规三轴卸荷试验方案：先以 0.1 MPa/s 的速率施加围压至预定值；再以 0.5 kN/s（载荷控制）的速率加轴压至峰值强度前某值；然后保持轴压恒定的同时慢慢降低围压至试样失稳破坏，围压降低的速率控制在 0.05 MPa/s。试验中考虑了 10 MPa、15 MPa、20 MPa、25 MPa、30 MPa、35 MPa、40 MPa 7 种初始围压情况。

## 4.2.2 破坏特征

### 1. 常规三轴加载试验

常规三轴加载试验由于围压的作用，试样发生的破坏主要是剪切破坏，根据裂纹形式，主要有单剪破坏和共轭剪切破坏（李宏国 等，2016）。

1）单剪破坏

对于 $\phi$50 mm×100 mm 的试样，其对角截面倾角为 63.43°。为了说明试样剪切破坏的特点，根据剪切面倾角大小分两种情况：小于 63.43° 的倾角认为是缓倾角；等于或大于 63.43° 的倾角认为是陡倾角。当然，试样实际破坏时的剪切面通常并非一个平整的平面，这里只是考虑其总体的走势。

从常规三轴加载试验结果看，存在两种情况。

（1）缓倾角的剪切破坏，裂纹面从端面延伸至圆柱体侧面。这是常规三轴加载试验最主要的破坏形式，大部分试样均为此种情况，10～40 MPa 围压水平下均如此。图 4.2（a）给出了一些不同围压下典型的常规三轴试样破裂后的照片。

（2）陡倾角剪切破坏，裂纹面起止于圆柱体上下两个端面。这在常规三轴加载试验中出现概率较小，该组试验中有 2 例是这种情况，主要在中、低围压情况下出现。图 4.2（b）所示分别为围压 5 MPa 和 15 MPa 条件下试样的破裂情况。

| 围压 10 MPa | 围压 20 MPa | 围压 30 MPa | 围压 40 MPa |

（a）缓倾角剪切破坏

围压 5 MPa　　　　　围压 15 MPa　　　　　围压 25 MPa

（b）陡倾角剪切破坏　　　　　　　　（c）共轭剪切破坏

图 4.2　大理岩常规三轴加载试验破坏照片

### 2）共轭剪切破坏

这种情况较少出现，试验中只有 1 例出现此类型破坏，如图 4.2（c），裂纹相互交叉切错、方向相反，并且有多条滑移裂纹出现，试验时的围压为 25 MPa。

可以看出，由于有围压作用，大理岩常规三轴加载试验发生的破坏均为剪切破坏，破裂的力学机制单一，尽管试验中发现相同围压下不同试样之间的强度值离散性会很大。

### 2. 常规三轴卸荷试验

相对于常规三轴加载试验，卸荷试验的破坏形式呈现出多样化，如图 4.3 所示，可以分为以下几种情况（李宏国 等，2016）。

（1）单剪破坏。单剪破坏也分为缓倾角剪切破坏和陡倾角剪切破坏两种情况。在所试验的 10 个试样中有 4 个试样为缓倾角剪切破坏，且在不同的围压情况下均有出现，如图 4.3（a）所示。陡倾角在卸荷试验条件下出现概率增大，10 个试样中有 3 个试样出现此种破坏形式。一般出现这种破坏形式时，其破坏时刻的围压在中低等水平，如试验中最高围压为 11.53 MPa，如图 4.3（b）所示。

（2）共轭剪切破坏。在卸荷试验中仅出现 1 例，破坏时的围压为 11.75 MPa，如图 4.3（c）所示。

（3）剪切和张拉组合破坏。试样破坏时既有剪切裂纹也有张拉裂纹，卸荷试验中出现 2 例，如图 4.3（d）所示。在中等围压下存在这种形式，破坏时围压分别为 13.28 MPa 和 25.54 MPa。

围压 7.78 MPa     围压 19.03 MPa     围压 16.42 MPa     围压 29.69 MPa

（a）缓倾角剪切破坏

围压 9.65 MPa     围压 8.02 MPa     围压 11.53 MPa

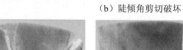

（b）陡倾角剪切破坏

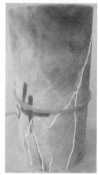

围压 11.75 MPa     围压 13.28 MPa     围压 25.54 MPa

（c）共轭剪切破坏         （d）剪切和张拉组合破坏

图 4.3 大理岩常规三轴卸荷破坏照片

## 4.2.3　变形和强度特征

图4.4给出了不同围压下大理岩常规三轴加载试验得到的典型岩样的应力-应变关系。可以看出，大理岩的变形特征随着围压的增大由脆性转化为延性。

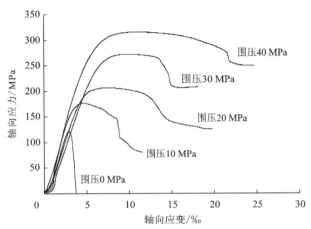

图 4.4　不同围压下大理岩常规三轴试验应力-应变曲线

图4.5给出了不同围压下大理岩卸荷试验得到的典型岩样的轴向应力-应变关系。试验中，卸荷至破坏点时，试样发生脆性破坏，突然失稳，这与加载过程中大理岩随着围压增大而表现出延性破坏有着显著的区别。

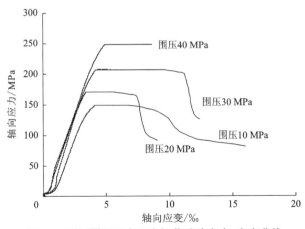

图 4.5　不同围压下大理岩卸荷试验应力-应变曲线

大理岩加载和卸荷破坏的轴压与围压的关系如图 4.6 所示。为了真实反映试验情况和岩石试样的性质，图中给出了每一个试样的试验结果，尽管这样会造成试验结果回归时相关系数降低。从图中可以看出，岩样强度的离散性较大。即使

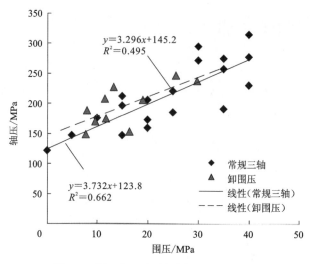

图 4.6　常温大理岩破坏围压与轴压关系

岩样处于相同的围压状态下，其强度也有较大差别，这主要与岩石内部存在的各种缺陷有关。

　　根据试验得到的轴压与围压的关系，可以计算出不同情况下岩石的强度参数。强度参数黏聚力 $c$、内摩擦角 $\varphi$ 的计算方法如下。

　　基于轴向应力 $\sigma_1$ 及侧向应力 $\sigma_3$，在 $\sigma_1 - \sigma_3$ 坐标上用最小二乘法绘制出最佳曲线，计算该直线的斜率 $m$ 和截距 $b$，根据式（4.3）和式（4.4）计算 $\varphi$ 和 $c$：

$$\varphi = \arcsin\frac{m-1}{m+1} \tag{4.3}$$

$$c = b\frac{1-\sin\varphi}{2\cos\varphi} \tag{4.4}$$

　　计算出的强度参数如表 4.1 所示，与常规三轴加载相比较，卸荷情况下岩石的黏聚力增大，而内摩擦角略有减小。但从图 4.7 可看出，由于岩样强度存在较大的离散性，卸荷对强度的影响并不显著。

表 4.1　强度参数试验结果

| 试验类型 | 黏聚力 $c$/MPa | 内摩擦角 $\varphi$/（°） |
| --- | --- | --- |
| 常规三轴加载 | 32.05 | 35.26 |
| 卸荷 | 40.01 | 32.31 |

# 4.3　片岩卸荷破裂特性

## 4.3.1　试验材料

试验样品为片岩，粒状、鳞片变晶结构，片状构造，经鉴定为长石二云钙质片岩，主要成分为：方解石（40%），长石（20%），石英（10%），黑云母（17%），绢云母（5%），绿泥石（2%），金红石（4%），金属矿物（2%）及微量电气石（图4.7）等。

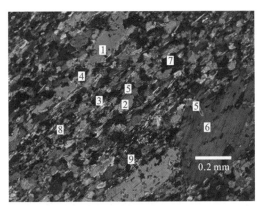

图 4.7　片岩矿物鉴定图片（单偏光）

1—黑云母；2—方解石；3—石英；4—长石；5—电气石；

6—绿泥石；7—金属矿物；8—绢云母；9—金红石

试验前依据岩石力学试验标准，在实验室将片岩加工成圆柱体试样，直径约为 50 mm，高度约为 100 mm，试样钻取方向平行于片理面。

## 4.3.2　单轴和常规三轴加载破坏特征

片岩常规三轴加载试验应力-应变曲线如图4.8所示。单轴压缩试验时，轴向应力达到峰值强度时试样发生突然崩溃，为典型的脆性破坏，无法得到残余强度。三轴加载条件下，岩石的变形特征随着围压增大而由脆性转化为延性（Yao et al.，2018）。

从破坏后的形式看，单轴压缩的破坏为剪切与张拉复合破坏，有一主破坏面贯穿整个试样，从一个端面延伸至另一个端面，与轴向夹角较大，除具有剪切特征外，还有劈裂特征。此外，试样还有张拉裂纹，端部还有崩落的碎块（图4.9）。常规三轴加载时，试样均为剪切破坏，宏观上只有单一的剪切面，破坏形式较简单，并且剪切破坏面倾角比单轴压缩试验的破坏面倾角小，如图4.9所示。

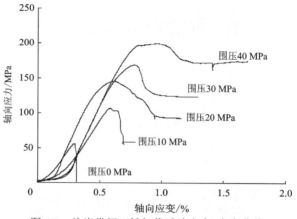

图 4.8　片岩常规三轴加载试验应力-应变曲线

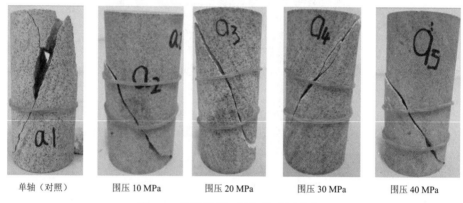

| 单轴（对照） | 围压 10 MPa | 围压 20 MPa | 围压 30 MPa | 围压 40 MPa |

图 4.9　片岩常规三轴加载破坏形式

## 4.3.3　卸荷破坏特征

卸荷方案为保持轴向压力恒定的同时降低围压，即先施加围压到预定的值（10 MPa、20 MPa、30 MPa、40 MPa），再加轴压至峰值强度前某压力值并保持轴向压力值不变，然后慢速降低围压，直至片岩试样最终破坏。若围压降低至 0 之后，片岩试样还未发生破坏，则继续增大轴向压力至试样破坏。

相对于常规三轴加载试验，片岩试样在卸荷条件下的破坏形式有很大区别。将不同破坏形式的片岩试样进行分类，卸荷试验的岩样最终破坏的形式按力学机制可分为以下几类（Yao et al.，2018）。

### 1. 剪切破坏

卸荷下片岩的剪切破坏一般只有一条明显的剪切裂纹，裂纹从试样贯穿端部和侧面，与常规三轴加载试验的破坏形式类似，如图 4.10 所示。

图 4.10　卸荷下片岩的剪切破坏

## 2. 拉剪复合破坏

一般在卸荷情况下，片岩试样失稳破坏时围压较低，试样破裂情况比剪切破坏复杂，从不同侧面能观察到不同的裂纹形态。可分为两种情况：一种是试样有一个倾斜的主破裂面，主破裂面起止于圆柱体上下端面，与轴向的夹角较小，同时也存在纵向的张拉裂纹，如图 4.11（a）所示；另一种则是在多个不同的张拉和剪切裂纹共同作用下使试样失稳破坏，如图 4.11（b）所示。

（a）倾斜的主破裂面　　　　　　　　　（b）多个拉剪裂纹

图 4.11　卸荷下片岩的拉剪复合破坏

## 3. 张拉破坏

卸荷下片岩的张拉破坏主要是由沿着轴向的张拉裂纹形成的。一般在圆柱体侧面都分布着大量的纵向裂纹，整个试样都比较破碎，如图 4.12 所示。这种情况下片岩试样失稳时围压接近或等于 0。

图 4.12　卸荷下片岩的张拉破坏

从以上结果能够看出，与常规三轴加载试验的破坏形式相比，片岩试样在卸荷条件下的破坏形式更为复杂多样。

## 4.3.4　卸荷强度特征

表 4.2 列出了卸荷下片岩试样的试验数据，包括试样在失稳破坏点的应力状态和相应的破坏形式。图 4.13 所示为片岩试样破坏时的围压及其对应的轴压。由图可知，卸荷试验得到的岩样强度值离散性比较大。以常规三轴加载试验的强度回归线作为参考，有部分卸荷试验的试样强度值在回归线附近，与常规三轴加载试验的强度水平相当；但同时也存在一部分卸荷试验的强度值在常规三轴加载试验拟合曲线的上方，强度高于常规三轴加载试验的强度。

表 4.2　片岩试样强度及对应的破坏形式

| 试样编号 | 初始围压/MPa | 破坏点应力状态/MPa | | 试验路径 | 破坏形式 |
| --- | --- | --- | --- | --- | --- |
| | | $\sigma_3$ | $\sigma_1$ | | |
| a1 | — | 0 | 55.17 | 单轴压缩 | 多剪切面破坏 |
| a2 | 10 | 10 | 106.09 | 常规三轴加载 | 单剪破坏 |
| a3 | 20 | 20 | 145.08 | 常规三轴加载 | 单剪破坏 |
| a4 | 30 | 30 | 169.17 | 常规三轴加载 | 单剪破坏 |
| a5 | 40 | 40 | 199.43 | 常规三轴加载 | 单剪破坏 |
| b1 | 10 | 0 | 92.79 | 卸荷 | 多裂纹张拉破坏 |
| b2 | 20 | 12.48 | 105.31 | 卸荷 | 单剪破坏 |
| b3 | 30 | 22.57 | 144.87 | 卸荷 | 单剪破坏 |
| b4 | 40 | 0.09 | 166.47 | 卸荷 | 多裂纹张拉破坏 |

续表

| 试样编号 | 初始围压/MPa | 破坏点应力状态/MPa | | 试验路径 | 破坏形式 |
|---|---|---|---|---|---|
| | | $\sigma_3$ | $\sigma_1$ | | |
| b5 | 10 | 8.38 | 83.49 | 卸荷 | 单剪破坏 |
| b8 | 40 | 6.20 | 166.43 | 卸荷 | 拉剪复合破坏 |
| b9 | 20 | 8.34 | 105.87 | 卸荷 | 单剪破坏 |
| b10 | 20 | 0 | 124.44 | 卸荷 | 多裂纹张拉破坏 |
| b11 | 20 | 15.39 | 105.50 | 卸荷 | 单剪破坏 |
| b12 | 20 | 0 | 112.21 | 卸荷 | 多裂纹张拉破坏 |
| b13 | 30 | 1.65 | 144.23 | 卸荷 | 拉剪复合破坏 |
| b14 | 30 | 2.32 | 145.13 | 卸荷 | 拉剪复合破坏 |
| b15 | 30 | 20.78 | 144.11 | 卸荷 | 单剪破坏 |
| b20 | 40 | 1.32 | 166.86 | 卸荷 | 多裂纹张拉破坏 |
| b21 | 30 | 4.75 | 143.84 | 卸荷 | 拉剪复合破坏 |
| b22 | 30 | 0 | 145.67 | 卸荷 | 张拉破坏 |

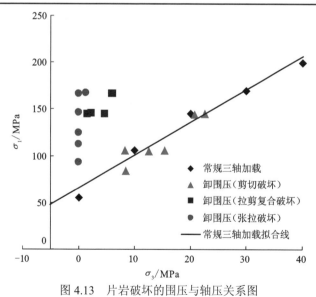

图 4.13　片岩破坏的围压与轴压关系图

将卸荷试验的试样按破坏形式分类，可以看到：试样的强度水平与其破坏形式密切相关。当试样发生剪切破坏时，其强度值在常规三轴加载试验的拟合线附近，表明其强度水平接近常规三轴加载试验的情况；当破坏形式为拉剪复合破坏或张拉破坏时，其强度值则在常规三轴加载试验结果的拟合线上方，表明其强度水平均高于常规三轴加载试验的情况。从破坏时的应力状态看：一般当破坏点围压较低时，试样发生拉剪复合破坏；而当围压接近0时试样发生张拉破坏。

关于岩石室内试验的破坏形式，有些学者也做了相关讨论。例如，尤明庆（2007）将单轴压缩试验中岩石的破坏形式分为5种类型，但没有详细讨论破坏形式与强度的关系。Szwedzicki（2007）曾提出一个假设，并结合试验结果做了相关讨论，他认为：岩石的极限抗压强度为岩石破坏形式的函数，张拉破坏的强度要高于拉剪复合破坏的强度，最低的是剪切型破坏的强度。但其结果均为加载条件下的，且考虑的为单轴压缩试验。

卸荷条件下，岩石强度与破坏形式之间的关系，在相关文献中讨论较少。例如李宏哲等（2007）在卸荷试验中发现单个宏观剪切破坏的试样应力水平低于共轭剪切破坏的试样，但并没有深入讨论其他破坏形式的情况。

通过上述卸荷试验结果看，试样强度与破坏形式之间存在一定的关联：围压条件相同时，卸荷路径下剪切破坏试样的强度水平与常规三轴加载试验没有显著差别；而拉剪复合破坏、张拉破坏的岩样强度水平高于常规三轴加载试验。试样的破坏形式不同反映了其破坏机制不同，强度差别也很大。因而，在讨论卸荷条件下的岩石力学特性时不能忽略对岩石破坏形式及力学机制的考量。

为进一步了解具有相同破坏形式的样品在不同加载路径下强度参数的变化，根据卸荷条件下剪切破坏样品的试验数据，应用莫尔-库仑剪切强度准则确定强度参数 $c$ 和 $\varphi$，如表4.3所示。结果表明，在卸荷条件下，黏聚力 $c$ 减小（从17.24 MPa减小到15.48 MPa），内摩擦角 $\varphi$ 略有增大（从33.85°增大到35.33°）。一般来说，这些变化在实际岩石工程中可以忽略。一些作者认为，卸荷试验中的岩石强度与常规加载试验中的岩石强度没有差异（张凯 等，2010；陈卫忠 等，2008）。根据本节试验的结果，如果两种情况下的失效模式相似，则上述观点可能是正确的。

**表4.3 剪切破坏试样的强度参数**

| 试验方法 | $c$/MPa | $\varphi$/（°） |
| --- | --- | --- |
| 常规三轴加载试验 | 17.24 | 33.85 |
| 卸荷试验（剪切破坏试样） | 15.48 | 35.33 |

## 4.3.5 关于破坏形式的讨论

不连续面的位置、方向、尺寸、密度和程度会导致不同的岩石破坏形式，进而影响岩石试样的力学参数（Szwedzicki et al.，1999）。试验岩样的轴向方向平行于片岩层理，在常规三轴加载试验中，因围压的作用，试样侧向变形受到限制，微裂纹难以形成贯通整个试样的纵向宏观张拉裂纹。最终结果是这些裂纹搭接贯通形成剪切带导致试样失稳[图 4.14 （a）]。

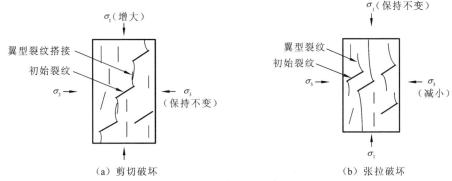

图 4.14　片岩破坏示意图

在卸围压试验中，围压的降低有助于轴向微裂纹的扩展。在扩展的过程中，可能出现不同的情况：一种是微裂纹形成剪切滑移带，最终形成剪切破坏，与常规三轴加载破坏类似；另一种是卸围压过程中，强烈的侧向变形导致轴向微裂纹贯通，从而形成宏观轴向裂纹，最终试样表现出张拉破坏，如图 4.14（b）所示；也可能这两种情况同时出现，最终试样表现为拉剪复合破坏。

当试样在卸荷条件下表现为剪切破坏时，其强度仍然满足剪切破坏的准则，此时其强度与常规加载条件下的强度没有显著的差别。对于张拉破坏，在围压降低至轴向微裂纹贯通逐渐形成宏观轴向裂纹的过程中，试样承载能力并不会马上降低，因为在宏观轴向裂纹形成初期，岩样相当于变成多个"压杆"（图 4.15），承载面积没有减少，在围压的作用下，这些"压杆"仍具备承载能力。只有当围压进一步降低，出现"压杆失稳"或部分材料被压碎时，试样才最终失去承载能力。当围压降低时，片岩的承载能力并没有立即降低，因此试样表现出更高的强度。对于一些张拉破坏的试样在破坏时，围压接近或等于 0。

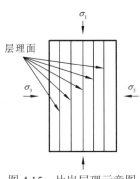

图 4.15　片岩层理示意图

# 参 考 文 献

陈卫忠, 刘豆豆, 杨建平, 等, 2008. 大理岩卸围压幂函数型 Mohr 强度特性研究. 岩石力学与工程学报, 27(11): 2214-2220.

陈卫忠, 郭小红, 吕森鹏, 2010. 脆性岩石卸荷试验与岩爆机理研究. 岩土工程学报, 32(6): 963-969.

哈秋舲, 李建林, 张永兴, 等, 1998. 节理岩体卸荷非线性岩体力学. 北京: 中国建筑工业出版社.

李宏国, 朱大勇, 姚华彦, 等, 2016. 温度作用后大理岩加-卸荷破裂特性试验研究. 合肥工业大学学报(自然科学版), 39(1): 109-114, 133.

李宏哲, 夏才初, 闫子舰, 等, 2007. 锦屏水电站大理岩在高应力条件下的卸荷力学特性研究. 岩石力学与工程学报, 26(10): 2104-2109.

李天斌, 王兰生, 1993. 卸荷应力状态下玄武岩变形破坏特征的试验研究. 岩石力学与工程学报, 12(4): 321-327.

牛双建, 靖洪文, 梁军起, 2011. 不同加载路径下砂岩破坏模式试验研究. 岩石力学与工程学报, 30(S2): 3966-3974.

邱士利, 冯夏庭, 张传庆, 等, 2010. 不同卸荷速率下深埋大理岩卸荷力学特性试验研究. 岩石力学与工程学报, 29(9): 1807-1817.

向天兵, 冯夏庭, 陈炳瑞, 等, 2009. 三向应力状态下单结构面岩石试样破坏机制与真三轴试验研究. 岩土力学, 30(10): 2908-2916.

尤明庆, 2002. 岩样三轴压缩的破坏形式和 Coulomb 强度准则. 地质力学学报, 8(2): 179-185.

尤明庆, 2007. 岩石的力学性质. 北京: 地质出版社.

尤明庆, 华安增, 1998. 岩石试样的三轴卸荷试验. 岩石力学与工程学报, 17(1): 24-29.

张凯, 周辉, 潘鹏志, 2010. 不同卸荷速率下岩石强度特性研究. 岩土力学, 31(7): 2072-2078.

赵明阶, 吴德伦, 1999. 单轴加载条件下岩石声学参数与应力的关系研究. 岩石力学与工程学报, 18(1): 50-54.

Szwedzicki T, 2007. A hypothesis on modes of failure of rock samples tested in uniaxial compression. Rock Mechanics and Rock Engineering, 40(1): 97-104.

Szwedzicki T, Shamu W, 1999. The effect of material discontinuities on strength of rock samples. Australasian Institute of Mining and Metallurgy, 304(1): 23-28.

Yao H Y, Jia S P, Li H G, 2018. Experimental study on failure characteristics of schist under unloading condition. Geotechnical and Geological Engineering, 36: 905-913.

# 第 5 章 饱水对岩石力学特性的影响

水对岩石力学性质的影响,一直受到学者和工程界的重视。在含水的多孔岩石中,水的应力腐蚀作用会导致岩石中原有的微裂纹不断扩展、长大贯通及产生新裂纹,并促使裂纹加速扩展(Simpson et al.,2013)。目前水对岩体介质力学性质的影响已经成为岩石力学理论和试验研究的重点问题(冯夏庭 等,2010;席道瑛 等,2009;Abeele et al.,2002)。

随着越来越多深部地下硐室或高边坡的开挖建设,人们逐渐发现岩石的力学行为在不同的应力路径下表现出的显著差异,深入认识卸荷条件下的岩石变形破裂机理,才能做出更符合实际的工程稳定性评价(李建林,2003;尤明庆 等,1998)。考虑地下水的作用,岩石卸荷的强度和破坏特性均有较大变化(李志敬 等,2009)。工程实际中考虑水对岩石力学性质的弱化作用,也采用注水或喷水防治岩爆(王斌 等,2011;张镜剑 等,2008)。但目前,考虑地下水对岩体卸荷力学特性影响的研究并不充分。

本章首先研究化学溶液对灰岩力学性质的劣化规律,运用扫描电镜技术和计算机图像处理技术对试样微观结构参数进行定量分析,探讨水岩作用的微观机制。并通过对干燥和饱水两种状态下的砂岩进行加载和卸荷三轴试验,分析水对砂岩加载和卸荷力学特性的影响。

## 5.1 水溶液作用下灰岩力学特性
## 及微观结构损伤特征

### 5.1.1 试验材料和方法

本试验所采用的灰岩试样取自广东阳江,主要矿物为方解石(97%)、少量白云石及石英(3%)。试样微观结构如图 5.1 所示,可以看出该灰岩试样存在天然微裂隙,试样表面存在宽度不一的缝合线及不同时期的构造缝,缝合线中填充泥晶状方解石。对取回的岩块进行钻心，打磨制作成 $\phi 50\,mm \times 100\,mm$ 的标准灰岩试样（如图 5.2 所示）。

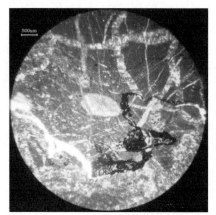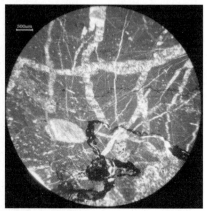

图 5.1　灰岩的显微结构照片（单偏光）

图 5.2　灰岩试样

为研究酸性溶液对灰岩力学性质的劣化机制，本试验采用 pH＝2 的盐酸溶液及蒸馏水分别对灰岩试样进行浸泡，每个试样采用 1 000 mL 溶液单独浸泡，浸泡过程保持密封，浸泡 80 天后对浸泡液中 $Ca^{2+}$、$Mg^{2+}$、$Cu^{2+}$、$K^+$、$Na^+$、$Al^{3+}$ 等离子的浓度进行检测。另准备一组原状试样作为对照组，不做处理，每组 4 个灰岩试样，共有灰岩试样 12 个。达到预定浸泡时间后，对三组试样开展单轴、三轴试验，并采用扫描电子显微镜对三组试样的微观结构进行观察，运用计算机图像处理技术计算三组试样的微观孔隙参数，研究其微观结构的演变。

## 5.1.2　变形和强度特征

浸泡 80 天后对浸泡后的灰岩试样及原状试样进行单轴及三轴压缩试验，其中三轴压缩试验施加 10 MPa 围压。试验完成后绘制试样的单轴、三轴压缩试验应力-应变曲线，如图 5.3 和图 5.4 所示，图中 X 轴负向为体应变，正向为轴向应变。计算两种试验条件下不同组别试样的峰值强度、弹性模量 $E$、泊松比 $\mu$，结果汇总于表 5.1。

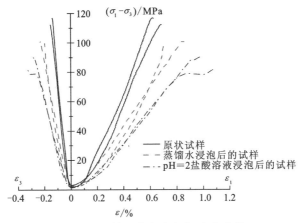

图 5.3　单轴压缩试验应力-应变曲线

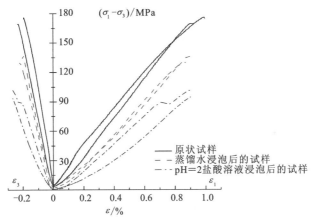

图 5.4　三轴压缩试验应力-应变曲线（$\sigma_3 = 10\,MPa$）

表 5.1　试验结果

| 组别 | 围压 $\sigma_3$/MPa | 峰值强度 $\sigma_1$/MPa | 泊松比 | 弹性模量 /GPa | 平均值 | | | | | |
|---|---|---|---|---|---|---|---|---|---|---|
| | | | | | 峰值强度 $\sigma_1$/MPa | $\dfrac{\sigma - \sigma_{1原}}{\sigma_{1原}} \times$ /100% | 泊松比 | $\dfrac{\mu - \mu_{原}}{\mu_{原}} \times$ 100/% | 弹性模量 /GPa | $\dfrac{E - E_{原}}{E_{原}} \times$ 100/% |
| 原状试样 | 0 | 116.80 | 0.22 | 14.86 | 114.50 | | 0.22 | | 14.53 | |
| | 0 | 112.15 | 0.22 | 14.21 | | | | | | |
| | 10 | 179.36 | 0.21 | 18.36 | 182.67 | | 0.20 | | 19.46 | |
| | 10 | 185.97 | 0.19 | 20.56 | | | | | | |

| 组别 | 围压 $\sigma_3$/MPa | 峰值强度 $\sigma_1$/MPa | 泊松比 | 弹性模量 /GPa | 平均值 | | | | | |
| --- | --- | --- | --- | --- | --- | --- | --- | --- | --- | --- |
| | | | | | 峰值强度 $\sigma_1$/MPa | $\dfrac{\sigma-\sigma_{1原}}{\sigma_{1原}}\times100/\%$ | 泊松比 | $\dfrac{\mu-\mu_{原}}{\mu_{原}}\times100/\%$ | 弹性模量 /GPa | $\dfrac{E-E_{原}}{E_{原}}\times100/\%$ |
| 蒸馏水浸泡后的试样 | 0 | 99.75 | 0.28 | 10.74 | 99.90 | −12.75 | 0.27 | 22.73 | 11.01 | −24.22 |
| | 0 | 100.05 | 0.27 | 11.27 | | | | | | |
| | 10 | 146.66 | 0.23 | 13.68 | 143.24 | −21.58 | 0.24 | 20 | 13.89 | −28.62 |
| | 10 | 139.81 | 0.25 | 14.10 | | | | | | |
| pH = 2 盐酸溶液浸泡后的试样 | 0 | 90.12 | 0.30 | 9.06 | 85.38 | −25.43 | 0.30 | 36.37 | 9.10 | −37.37 |
| | 0 | 80.63 | 0.30 | 9.13 | | | | | | |
| | 10 | 112.05 | 0.29 | 12.03 | 108.32 | −40.70 | 0.29 | 45 | 12.13 | −37.67 |
| | 10 | 104.58 | 0.30 | 12.22 | | | | | | |

单轴试验条件下，原状试样的峰值强度、弹性模量及泊松比分别为 114.50 MPa、14.53 GPa、0.22，蒸馏水浸泡后的试样相较于原状试样峰值强度、弹性模量分别降低了 12.75%、24.23%，泊松比则增加了 22.73%。同样，相较于原状试样，pH = 2 盐酸溶液浸泡后的试样峰值强度、弹性模量也降低，降幅分别为 25.43%、37.37%，而泊松比则增加了 36.37%。说明水溶液的浸泡导致岩石的力学性能劣化，相较于蒸馏水，pH = 2 盐酸溶液对岩石的损伤更加严重。

三轴压缩试验条件下岩石的力学性能的劣化趋势与单轴压缩试验相同，但围压的存在限制了试样的侧向变形，三轴试验条件下各组试样的峰值强度、弹性模量均比单轴试验有所升高，而泊松比有所降低。结合岩石的微观结构与已有试验成果分析可知，水溶液通过岩石的天然裂隙进入岩石内部并发生溶蚀反应，内部微裂隙增加、扩展导致岩石的力学性质降低。相较于蒸馏水，pH = 2 盐酸溶液对灰岩的溶蚀更加剧烈，在相同试验条件下，盐酸溶液浸泡后的试样力学性质劣化更显著。此外，由于围压对岩石有压密作用，并且限制岩石的侧向变形，在进行三轴压缩试验时试样内部裂隙扩展较单轴试验缓慢，所以三轴试验峰值强度高于单轴试验。

## 5.1.3 试样破裂特征

三组试样的典型破坏形式如图 5.5～图 5.7 所示（Yao et al.，2020），在单轴试验条件下原状试样呈现出剪切破坏［图 5.5（a）］，蒸馏水浸泡后的试样表现出张拉-剪切复合破坏形式，试样较为破碎[图 5.6（a）]，而 pH=2 盐酸溶液浸泡后的试样则表现为张拉破坏，试样破碎严重，被若干条纵向裂纹贯穿[图 5.7（a）]。

（a）原状试样（$\sigma_3$=0 MPa）　　　　　（b）原状试样（$\sigma_3$=10 MPa）

图 5.5　原状试样

（a）蒸馏水浸泡 80 天（$\sigma_3$=0 MPa）　　　（b）蒸馏水浸泡 80 天（$\sigma_3$=10 MPa）

图 5.6　蒸馏水浸泡后的试样

三轴试验条件下（$\sigma_3$=10 MPa），原状试样与蒸馏水浸泡后的试样表现为剪切破坏[图 5.5（b）和图 5.6（b）]，试样存在一些拉裂纹，但对破坏不起主导作用。pH=2 盐酸溶液浸泡后的试样表面纵向拉裂隙较多，但整体表现为剪切破坏[图 5.7（b）]。

（a）pH=2 盐酸溶液浸泡 80 天（$\sigma_3$=0 MPa）　　（b）pH=2 盐酸溶液浸泡 80 天（$\sigma_3$=10 MPa）

图 5.7　pH=2 盐酸溶液浸泡后的试样

## 5.1.4 微观结构特征

已有研究表明水溶液与岩石发生物理化学作用，导致岩石的孔隙增加，裂隙扩展，胶结矿物被溶出，岩石既有结构改变，在宏观上表现为力学性质劣化。本小节采用扫描电子显微镜与计算机图像处理技术相结合的方法对岩石微观结构进行研究。

### 1. 灰岩微观形貌分析

三组试样的典型微观形貌如图 5.8 所示，原状试样表面平滑，天然溶蚀孔隙较少，有少量碎屑附着[图 5.8（a）]。蒸馏水浸泡后的试样表面有明显的次生孔隙与裂纹，平整度较差，试样局部被溶蚀[图 5.8（b）]。pH=2 盐酸溶液浸泡后的试样表面破碎严重，分布有众多溶蚀孔隙，溶蚀碎屑散乱分布。从三组试样的微观结构图像可以看出，试样的微观结构改变明显，试样孔隙与裂隙大量增加。相较于原始试样，浸泡后的试样微观结构明显改变，次生裂隙与溶蚀孔数量显著增加，且 pH=2 盐酸溶液浸泡后的试样增加得最为明显。结合上述力学性质的劣化可知，水岩作用后灰岩的微观结构被破坏，裂隙与孔隙增加（压缩曲线上表现为压缩段延长），从而导致宏观物理力学性质的劣化（Yao et al., 2020）。

### 2. 试样表面元素分布

采用能谱仪对浸泡前后试样表面元素分布进行能量色散光谱分析（energy dispersive spectroscopy，EDS）测试，试验结果如图 5.9 所示，分析结果表明：试样表面的 Ca 和 O 质量分数分别为 41.3%和 58.7%。蒸馏水浸泡后的试样表面比原状试样的表面破碎，并且裂纹和孔的数量显著增加。蒸馏水浸泡后试样的 EDS 分析结果表明，Ca、O、Mg 和 Si 的质量分数分别为 51.9%、47.5%、0.4%和 0.2%。

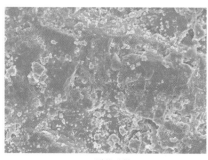
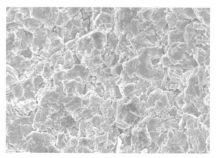

（a）原状试样　　　　　　　　　　　（b）蒸馏水浸泡 80 天后的试样

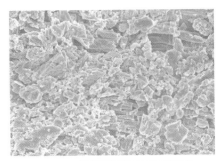

（c）pH=2 盐酸溶液浸泡 80 天后的试样

图 5.8　灰岩试样的微观结构图像

在 pH=2 的盐酸溶液中浸泡后，试样的表面溶蚀最严重，其溶蚀裂隙比蒸馏水浸泡后的试样的溶蚀裂隙更长，样品的 EDS 分析结果表明，O、Ca、Si、Mg 和 Al 表面元素的质量分数分别为 51.8%、46.9%、0.6%、0.4%和 0.3%。

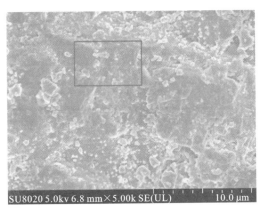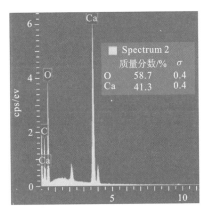

（a）原状试样

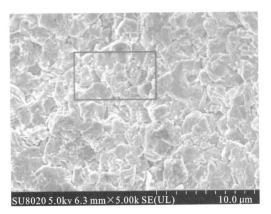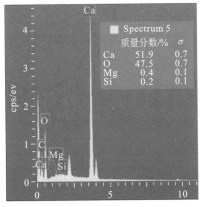

（b）蒸馏水浸泡后的试样

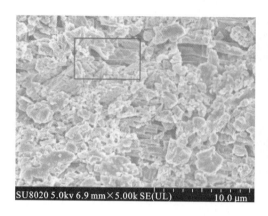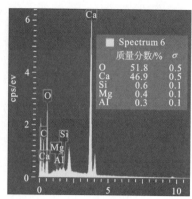

（c）pH=2 盐酸溶液浸泡后的试样

图 5.9　灰岩试样表面元素分布

比较三组试样的表面形貌照片和 EDS 分析结果，可以看出 pH=2 盐酸溶液和蒸馏水都会溶蚀灰岩，但 pH=2 盐酸溶液对灰岩的溶蚀作用比蒸馏水强。此外，EDS 分析结果表明，各组试样的表面元素分布有所差异。值得注意的是，浸泡后的试样表面可以检测到 Si 和 Mg 元素，而原状试样的 EDS 分析结果中不存在这两个元素。

这是因为 EDS 有其探测能力的下限，无法识别含量较低的元素。原状试样中钙和氧的含量很高，其他元素的质量分数太低，以致该设备无法识别出来。已有研究表明，含钙元素的方解石比其他矿物质更容易溶解。水溶液的浸泡导致样品中的方解石大量溶解于浸泡液中，水溶液中的钙离子浓度显著升高（离子浓度的测试结果可以证明）。浸泡后的灰岩样品中含有钙元素的矿物被溶解，而含有硅元素的矿物残留在试样表面，并随着溶蚀的进行，试样表面残留的含硅矿物越来越多，因此浸泡后的试样表面可以检测到 Si 和 Al 元素的存在，这表明不同的矿物在水溶液中的溶解速率不同，水溶液对岩石的溶解具有选择性，并且含 Ca 元素的矿物更易与水溶液反应。

### 3. 孔隙特征

前人已有研究结果对岩石微观结构的研究主要侧重于定性分析，而在定量分析方面涉及较少，未充分利用和挖掘试样的微观结构信息。因此本小节使用 Image Pro Plus（IPP）软件分析三组样品的微观结构图像。该软件最初用于生物医学领域，用于分析细胞面积、统计细胞数量和分布等参数，然后逐步开发和完善，并在工程领域得到广泛应用。采用图像处理技术对岩石微观结构定量分析主要涉及两个主要问题：①孔隙的识别；②孔隙参数的测量。所谓的孔隙识别是指将图像中的孔隙挑出，舍弃其余部分，即找出孔隙部分与其他部分的分界线。在图像处理领域中此分界线称为阈值。找到孔边缘的阈值，然后使用该阈值将图像转换为二进制图像（黑白图像），黑色部分表示孔，白色部分表示岩石骨架。本小节采用直接观察的方法来寻找阈值，在 IPP 软件中使用"perform segmentation"命令，调节图片的阈值，当大孔边缘被清晰地分割时，此时的阈值被认为是最佳阈值。如图 5.10 所示，采用"perform segmentation"命令查找最佳阈值并将图像转换为二进制图像。

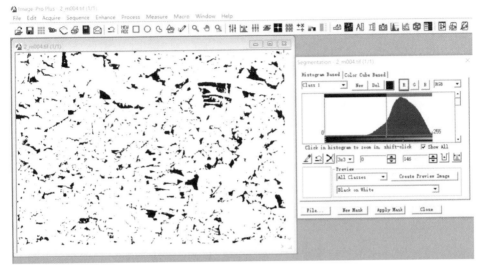

图 5.10　灰岩微观图像处理

IPP 软件可以准确测量孔隙的面积、周长、圆度等参数。测量方法简单，只需要根据孔隙识别结果使用"count and measure objects"命令并选择要测量的参数（如面积、周长、直径等），软件将自动对孔隙进行编号并计算出每个孔的相应参数。测量所定义的孔隙长度与宽度为孔隙外接矩形的长和宽，如图 5.11 所示，另外为了提高图像识别结果的可靠性并消除图像噪点的影响，分析时设置孔隙宽度的可识别最小值为 0.001 μm，孔隙面积的可识别最小值为 0.005 μm²，低于最小值时不计入，各参数均无识别上限。

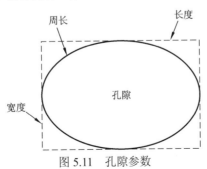

图 5.11　孔隙参数

对三组试样的微观结构图像进行了分析处理,结果如图 5.12 所示,其中图 5.12 (a)、(d)、(g) 是三组试样的孔隙二值图像,黑色部分代表孔隙,提取孔隙的边缘曲线则得到图 5.12 (b)、(e)、(h),能够清晰地反映出孔隙的边缘形态。对试样中的孔隙进行标记后,计算其孔隙面积、长度、宽度等参数即得到图 5.12 (c)、(f)、(i),图中红色为孔隙边缘,绿色为相应孔隙的编号。

图像处理技术能够提取图像中的信息,将定性的描述转变为更加具体的量化表达。根据前述方法对三组试样的微观孔隙参数进行计算,如图 5.13 所示。在 446.36 $\mu m^2$ 范围内,原状试样表面有 40 个孔隙,而蒸馏水浸泡后的试样表面有 77 个孔隙,pH=2 溶液浸泡的试样表面孔隙则进一步增加到 267 个。

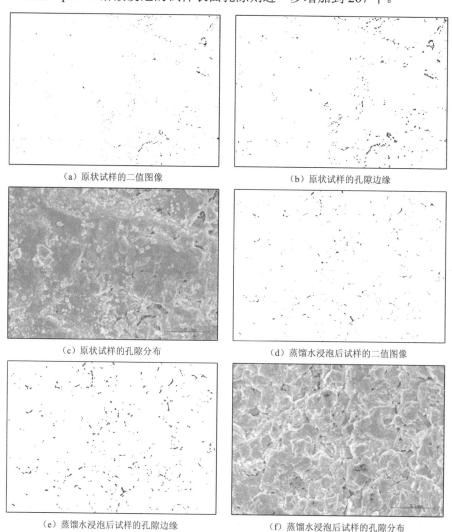

（a）原状试样的二值图像

（b）原状试样的孔隙边缘

（c）原状试样的孔隙分布

（d）蒸馏水浸泡后试样的二值图像

（e）蒸馏水浸泡后试样的孔隙边缘

（f）蒸馏水浸泡后试样的孔隙分布

（g）pH＝2 盐酸溶液浸泡后试样的二值图像　　　　（h）pH＝2 盐酸溶液浸泡后试样的孔隙边缘

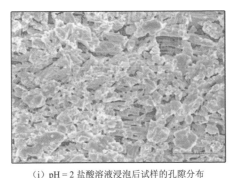

（i）pH＝2 盐酸溶液浸泡后试样的孔隙分布

图 5.12　灰岩试样图像处理结果

扫描封底二维码看彩图

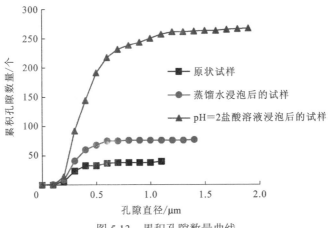

图 5.13　累积孔隙数量曲线

此外，各组试样的孔隙形状也有所差异，根据前述定义的孔隙长度与宽度，计算孔隙的长宽比，此参数越大则孔隙越狭长，比值越接近于 1 则孔隙越趋于圆形。三组试样孔隙长宽比计算结果见图 5.14，原状试样孔隙长宽比分布散乱无明显的聚集趋势，从 1.5～11 均有分布；蒸馏水浸泡后的试样孔隙长宽比表现出一定的聚集趋势，大部分试样的孔隙长宽比处于 1.5～8，而 pH=2 盐酸溶液浸泡后的试样孔隙聚集得更加明显，孔隙长宽比基本处于 2～8。总之，三组试样孔隙长宽比分析结果表明：浸泡后的试样孔隙形状有所改变，孔隙长宽比出现聚集效应。

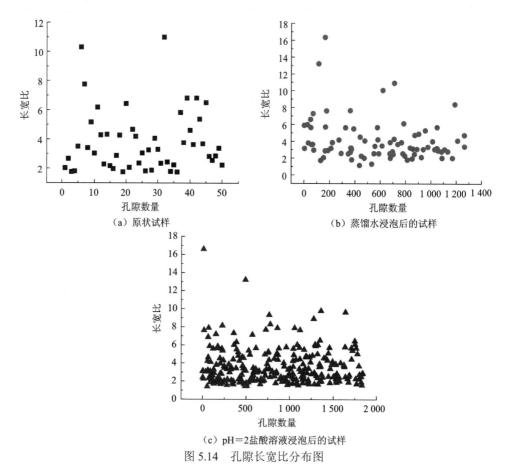

（a）原状试样　　　　　　　　（b）蒸馏水浸泡后的试样

（c）pH=2盐酸溶液浸泡后的试样

图 5.14　孔隙长宽比分布图

本章长宽比在 1.0～1.5 的孔被定义为圆形孔，在 1.5～3.0 的孔被称为椭圆孔，大于 3.0 的孔被称为狭长孔。如表 5.2 所示，浸泡前后的孔隙形状出现变化，蒸馏水浸泡后的试样狭长形孔隙数量增加明显，狭长形孔隙数量大于椭圆形孔隙。pH=2 盐酸溶液浸泡后的试样相较于原状试样，椭圆孔与狭长孔数量大幅增加，且两种孔隙数量较为接近，而圆形孔增加则较少，且数量远小于另两种孔隙。对比三组孔隙形状可知，孔隙形状及分布与溶液的性质相关。

表 5.2　孔隙长宽比分布区间

| 试样类别 | 长宽比 | | |
|---|---|---|---|
| | 1.0～1.5 | 1.5～3.0 | ＞3.0 |
| 原状试样 | 0 | 22 | 28 |
| 蒸馏水浸泡后的试样 | 2 | 28 | 53 |
| pH＝2 盐酸溶液浸泡后的试样 | 3 | 125 | 139 |

计算各组试样的孔隙面积，并绘制出累积孔隙面积曲线如图 5.15 所示，原状试样总孔隙面积为 1.65 μm²，蒸馏水浸泡后的试样总孔隙面积稍有上升至 1.88 μm²，而 pH＝2 盐酸溶液浸泡后的试样总孔隙面积大幅增加至 15.53 μm²。对各组孔隙面积进行分类统计，见表 5.3，原状试样孔隙面积主要分布在 0～0.2μm²，并且呈现出均匀分布，而蒸馏水浸泡后的试样孔隙面积几乎全部集中在 0～0.1 μm²，孔隙面积的分布发生了较大变化，而 pH＝2 盐酸溶液浸泡后的试样孔隙面积在 0～0.7 μm² 均有分布，但是大部分集中在 0～0.1 μm²。从上述结果可知，水溶液的侵蚀导致灰岩试样孔隙增加，但增加的孔隙以面积 0～0.1 μm² 的微小孔隙为主。

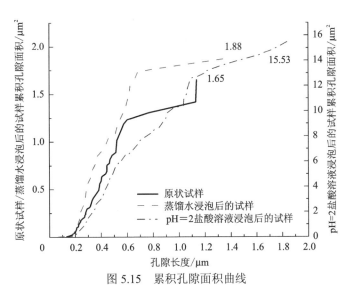

图 5.15　累积孔隙面积曲线

表 5.3  孔隙的面积分布

| 试样类别 | 孔隙面积/μm² | | | | | |
|---|---|---|---|---|---|---|
| | 0～0.1 | 0.1～0.2 | 0.2～0.3 | 0.3～0.4 | 0.4～0.5 | 0.6～0.7 |
| 原状试样 | 27 | 20 | 3 | — | — | — |
| 蒸馏水浸泡后的试样 | 81 | 2 | — | — | — | — |
| pH＝2 盐酸溶液浸泡后的试样 | 232 | 20 | 7 | 2 | 4 | 2 |

## 5.1.5  水溶液对灰岩劣化机制

本节试验所采用的灰岩试样微观结构照片如图 5.16 所示。岩石具有天然微裂隙，不同时期的缝合线相互交织，且沿缝合线富集黄铁矿及有机质。通常情况下，灰岩基质较为致密，水溶液难以进入岩石内部与其发生作用。但在成岩或地质运动过程中形成的缝合线构造或微裂纹，成为水溶液的运移通道。水溶液通过裂隙进入岩石体内部与裂缝中的沉积物、裂缝壁面发生作用，造成裂缝之间摩擦、黏结强度降低。如图 5.17 所示，灰岩基质在水溶液的浸泡作用下被软化，同时水溶液的润滑作用导致裂隙面间的摩擦减少。此外水溶液与灰岩裂隙壁面发生溶蚀反应，闭合裂隙在溶蚀作用下开启，已有的开启裂隙宽度进一步增加，闭合裂隙与开启裂隙联结贯通，岩石的损伤程度进一步增大（Yao et al.，2020）。

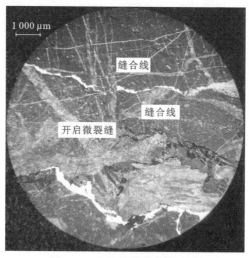

图 5.16  灰岩单偏光显微照片

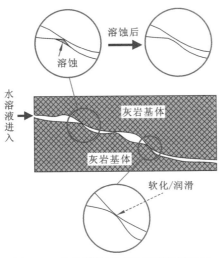

图 5.17　水化学溶液对岩石损伤示意图

对溶液中的 $K^+$、$Ca^{2+}$、$Na^+$、$Mg^{2+}$、$Fe^{2+}$（$Fe^{3+}$）离子浓度进行测定，仪器测试结果如表 5.4 所示，从表中可以看出，pH＝2 盐酸溶液中 $Ca^{2+}$、$Mg^{2+}$ 浓度远大于蒸馏水，这从另一个方面反映出 pH＝2 盐酸溶液对灰岩的溶蚀要强于蒸馏水。在化学溶液的溶蚀作用下试样中的矿物成分被溶蚀迁移至水溶液中，试样的原有结构被破坏，矿物的溶解导致试样的孔隙率升高，进而导致力学性质的劣化。这与岩石的单轴、三轴压缩试验的结果相对应。

表 5.4　浸泡液离子浓度

| 浸泡液 | 离子浓度/（mg/L） | | | | |
| --- | --- | --- | --- | --- | --- |
| | $K^+$ | $Ca^{2+}$ | $Na^+$ | $Mg^{2+}$ | $Fe^{2+}$($Fe^{3+}$) |
| 蒸馏水 | 0.870 | 25.430 | 1.650 | 0.962 | 0.327 |
| pH＝2 盐酸溶液 | 1.090 | 370.900 | 1.420 | 19.040 | 5.029 |

浸泡液中离子浓度的变化是水岩相互作用发生异相反应的结果，其作用过程包含固体物质的溶解和液体物质的运移。根据地球化学矿物溶解动力学方面的知识，可以分为三个阶段（钱海涛 等，2009），如图 5.18 所示。

（1）水溶液通过分子扩散运动到达岩石表面，如图 5.18 的阶段 1 所示。

（2）水溶液与易溶矿物溶解在岩石中，形成 $Ca^{2+}$、$Mg^{2+}$、$Na^+$ 等离子，如图 5.18 的阶段 2 所示。

根据前述样品成分的鉴定结果，本节试验所采用的灰岩主要含有方解石、白云石及硅质。

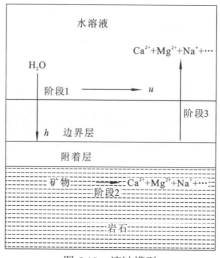

图 5.18　溶蚀模型

在酸性条件下灰岩中的方解石与溶液中的 $H^+$ 发生溶蚀反应:

$$CaCO_3 + 2H^+ \longrightarrow Ca^{2+} + H_2O + CO_2 \uparrow \tag{5.1}$$

白云石在酸溶液中溶解:

$$CaMg(CO_3)_2 + 4H^+ \longrightarrow Ca^{2+} + 2H_2O + 2CO_2 \uparrow \tag{5.2}$$

石英在水中发生微弱的水解反应:

$$SiO_2 + 2H_2O \longrightarrow H_4SiO_4 \tag{5.3}$$

（3）溶解的 $Ca^{2+}$、$Mg^{2+}$、$Na^+$ 等离子体通过扩散进入外部水溶液,如图 5.18 的阶段 3 所示。

另外,需要强调的是上述反应虽会同时发生,但反应速率却不尽相同,方解石的溶蚀反应发生得最快,白云石溶蚀速率次之,石英水解速率最慢。根据化学反应原理,当 $H^+$ 浓度增加时化学反应向正向进行,因此 pH=2 盐酸溶液与灰岩反应得最为迅速,溶蚀强度大于蒸馏水。

# 5.2　饱水条件下砂岩加载及卸荷力学特性

## 5.2.1　试验材料和方法

试验岩样为长石石英砂岩,细-中砂结构,层状构造,主要成分为:石英,粒径 0.1~0.26 mm,质量分数 41%;长石,以斜长石为主,粒径 0.12~0.28 mm,

质量分数 39%；岩屑，碎屑状，粒径 0.1~0.25 mm，质量分数 7%；胶结物，以硅质为主，少量铁质、泥质，质量分数 12%，接触-孔隙式胶结；少量磁铁矿。

岩样取回后加工成直径约为 50 mm、高度约为 100 mm 的圆柱形试样。试验分为 4 组：①干燥砂岩常规三轴加载试验；②饱水砂岩常规三轴加载试验；③干燥砂岩常规三轴卸荷试验；④饱水砂岩常规三轴卸荷试验。

其中饱水砂岩是将试样放在蒸馏水中自然浸泡至饱和来进行力学试验。干燥砂岩在 105 ℃温度下烘干 24 h，再冷却至室温之后进行力学试验。在常规三轴加载试验中，围压 $\sigma_3$ 设定 5 MPa、10 MPa、15 MPa、20 MPa 4 个水平，先以 0.5 MPa/s 加载速率达到预定围压，然后轴向 $\sigma_1$ 采用 0.01 mm/s 的位移加载速率加载至试样失稳破坏。

在常规三轴卸荷试验中，采用的是卸围压试验，初始的围压 $\sigma_3$ 设定为 10 MPa、15 MPa、20 MPa、25 MPa、30 MPa 5 个水平，先以 0.5 MPa/s 加载速率达到预定围压，然后轴向 $\sigma_1$ 采用 0.01 mm/s 的位移加载速率加载到峰值前，再保持轴压 $\sigma_1$ 恒定，以 0.5 MPa/s 加载速率降低围压 $\sigma_3$ 至试样失稳破坏。

## 5.2.2 强度特征

对各组试验结果进行计算整理，成果列于表 5.5 和表 5.6。无论是常规三轴加载试验还是常规三轴卸荷试验，峰值抗压强度的总体趋势都随着围压的增大而升高。饱水条件下砂岩强度相对于干燥条件下有显著的降低。

表 5.5 常规三轴加载试验结果

| 试样状态 | 试样编号 | 破坏点的应力/MPa | | 黏聚力 $c$ /MPa | 内摩擦角 $\varphi$/(°) |
| --- | --- | --- | --- | --- | --- |
| | | $\sigma_3$ | $\sigma_1$ | | |
| 干燥 | G1 | 5 | 99.76 | 14.46 | 44.48 |
| | G6 | 10 | 120.41 | | |
| | G3 | 15 | 157.54 | | |
| | G4 | 20 | 182.06 | | |
| 饱水 | S1 | 5 | 81.55 | 14.08 | 38.41 |
| | S2 | 10 | 94.19 | | |
| | S3 | 15 | 130.57 | | |
| | S4 | 20 | 140.76 | | |

表 5.6　常规三轴卸荷试验结果

| 试样状态 | 试样编号 | 卸荷点的初始围压 $\sigma_3$/MPa | 破坏点的应力/MPa | | 黏聚力 $c$ /MPa | 内摩擦角 $\varphi$/（°） |
|---|---|---|---|---|---|---|
| | | | $\sigma_3$ | $\sigma_1$ | | |
| 干燥 | G7 | 10 | 1.22 | 75.59 | 14.98 | 46.21 |
| | G8 | 15 | 5.75 | 100.50 | | |
| | G9 | 20 | 8.13 | 126.23 | | |
| | G12 | 10 | 2.17 | 80.26 | | |
| | G13 | 15 | 2.12 | 105.34 | | |
| | G14 | 20 | 8.01 | 131.42 | | |
| | G15 | 25 | 15.08 | 157.74 | | |
| | G16 | 30 | 16.40 | 183.79 | | |
| 饱水 | S6 | 10 | 3.50 | 67.90 | 13.46 | 40.43 |
| | S7 | 15 | 4.87 | 84.36 | | |
| | S8 | 20 | 8.71 | 102.52 | | |
| | S9 | 25 | 15.07 | 119.90 | | |
| | S10 | 30 | 14.98 | 146.84 | | |
| | S12 | 10 | 2.08 | 71.22 | | |
| | S13 | 15 | 8.59 | 90.59 | | |
| | S14 | 20 | 14.18 | 111.14 | | |
| | S15 | 25 | 12.18 | 126.88 | | |
| | S16 | 30 | 20.85 | 154.00 | | |

## 1. 饱水与干燥砂岩常规三轴加载强度

图 5.19 所示为常规三轴加载条件下砂岩峰值强度与围压的关系。可以看出无论是在干燥还是饱水条件下，随着围压的增大，其峰值强度都有明显的升高，干燥试样较饱水试样升高得更快。在相同的围压下，干燥试样的峰值强度均大于饱水试样。表明饱水条件下，砂岩的抗压强度显著降低。

依据莫尔-库仑强度准则对试验数据进行回归分析，峰值强度 $\sigma_1$ 和围压 $\sigma_3$ 基本上呈线性关系。

干燥砂岩：

$$\sigma_1 = 5.680\,6\sigma_3 + 68.935,\quad R^2 = 0.988\,7 \qquad （5.4）$$

饱水砂岩：

$$\sigma_1 = 4.280\,2\sigma_3 + 58.265,\quad R^2 = 0.947\,8 \qquad （5.5）$$

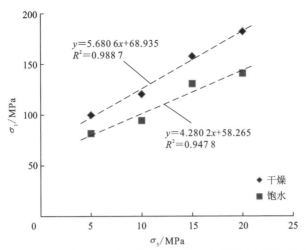

图 5.19　常规三轴加载条件下饱水与干燥砂岩的强度与围压的关系

　　计算得到饱水砂岩的 $c$ 值、$\varphi$ 值分别为 14.08 MPa、38.41°，而干燥砂岩的 $c$ 值和 $\varphi$ 值分别为 14.46 MPa、44.48°（表 5.5）。相较于干燥砂岩的参数，在饱水的条件下，岩样的 $c$ 值、$\varphi$ 值分别降低了 2.6%、13.65%。黏聚力 $c$ 值降低并不显著，内摩擦角 $\varphi$ 降低幅度较大。

**2. 饱水与干燥砂岩常规三轴卸荷强度**

　　常规三轴卸荷条件下砂岩峰值强度和围压的关系如图 5.20 所示。试验中强度的离散性比较大。整体趋势上峰值强度随着围压的增大而升高，相同围压条件下，饱水砂岩的峰值强度显著低于干燥砂岩，这与上述常规三轴试验的情况是类似的。依据莫尔-库仑强度准则对试验数据进行回归分析，计算表明常规三轴卸荷条件下砂岩的峰值强度与围压线性拟合的方差，较之上述常规三轴加载条件下的值低，说明卸荷条件下砂岩峰值强度数据较为离散。

干燥砂岩：

$$\sigma_1 = 6.190\,9\sigma_3 + 74.544 , \quad R^2 = 0.926\,1 \tag{5.6}$$

饱水砂岩：

$$\sigma_1 = 4.689\,9\sigma_3 + 58.287 , \quad R^2 = 0.889\,6 \tag{5.7}$$

　　卸荷状态下饱水岩样的强度参数也比干燥岩样有所降低。干燥岩样的抗剪强度参数 $c$ 值、$\varphi$ 值分别为 14.98 MPa、46.21°，饱水岩样分别为 13.46 MPa、40.43°，分别降低了 10.1%、12.5%。

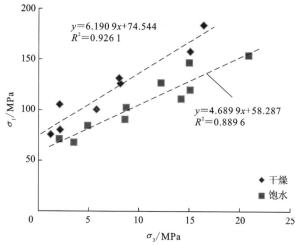

图 5.20  常规三轴卸荷条件下饱水与干燥砂岩强度与围压的关系

### 3. 干燥砂岩加载和卸荷强度

常规三轴加载和卸荷两种条件下干燥砂岩峰值强度与围压的关系如图 5.21 所示。卸荷条件下的峰值强度与围压关系的离散性较大。卸荷条件下的强度拟合线在常规三轴加载的强度拟合线之上，表明相同围压情况下，卸荷试验获得的岩石强度略高于常规三轴加载试验。从表 5.5 和表 5.6 可以看出，与常规三轴加载相比，卸荷情况下干燥砂岩黏聚力升高了 3.6%，而内摩擦角则增加了 3.9%，这可能与在进行卸围压开始之前，试样在三轴应力状态下的压密有关。总体来看，卸荷试验获得的强度参数升高幅度并不是很大，可以认为卸荷对这种岩石强度的影响不大。

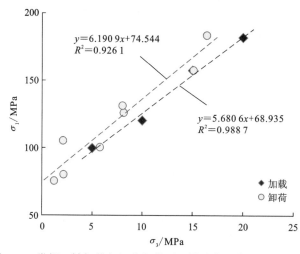

图 5.21  常规三轴加载与卸荷条件下干燥砂岩强度与围压的关系

**4. 饱水砂岩加载和卸荷强度**

加载和卸荷条件下饱水砂岩峰值强度与围压的关系如图 5.22 所示。与上述干燥岩样的试验结果相比，饱水岩样卸荷破坏时的峰值强度有部分位于三轴加载拟合曲线下方，也有部分位于三轴加载拟合曲线上方。从表 5.5 和表 5.6 可以看出，与常规三轴加载相比，卸荷情况下岩石黏聚力略有降低，由 14.08 MPa 降低至 13.46 MPa，而内摩擦角略有增大，从 38.41° 增大至 40.43°，总体上也可认为卸荷对强度影响不大。这与上述干燥砂岩情况类似。

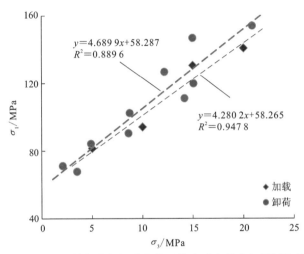

图 5.22　常规三轴加载与卸荷条件下饱水砂岩强度与围压的关系

## 5.2.3　破坏特征

在常规三轴加载试验中，干燥砂岩在较低围压下仍表现出脆性特征。图 5.23 （a）所示为 G1 试样在 5 MPa 围压条件下表现出张拉和剪切复合破坏形式。围压增大，则表现出剪切破坏。图 5.23（b）所示为 G4 试样在围压 20 MPa 条件下表现出典型的单剪切面破坏形式。

饱水砂岩破裂后更容易碎裂化。图 5.24（a）为 5 MPa 围压条件下饱水砂岩破裂图片，从破裂情况看是张拉和剪切复合破坏，但是岩样碎裂成多片。图 5.24 （b）为围压 20 MPa 条件下饱水岩样破坏图片，破坏形式是剪切破坏，也存在一些碎片和碎屑。

（a）G1 试样（围压 5 MPa）　　　　（b）G4 试样（围压 20 MPa）

图 5.23　常规三轴加载干燥试样典型破坏图

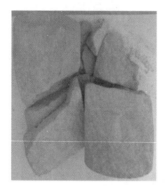

（a）S1 试样（围压 5 MPa）　　　　（b）S2 试样（围压 20 MPa）

图 5.24　常规三轴加载饱水试样典型破坏图

在常规三轴卸荷试验中，干燥砂岩有张拉破坏和剪切破坏两种破坏形式，如图 5.25 所示。图 5.25（a）中 G7 试样主要由几条贯穿试样的张拉裂纹导致试样失稳破裂。这种情况下其破坏的围压较小，如 G7 试样初始加载的围压为 10 MPa，在卸荷过程中，围压减小到 1.22 MPa 才失稳破坏；图 5.25（b）中 G8 试样表现为单一剪切破坏。这种情况一般是在围压较高条件下发生的，如 G8 试样初始加载的围压为 15 MPa，卸荷试验中围压减小到 5.75 MPa 发生破坏。

在常规三轴卸荷试验中，饱水砂岩主要是剪切破坏。但破裂形式表现也存在一些差别。如图 5.26（a）中 S6 试样和图 5.26（b）中 S12 试样为单一的剪切破坏模式，但 S12 试样的破裂面的倾角比 S6 试样的大，属于陡倾角破坏；两个试样初始的围压均为 10 MPa，但失稳破坏时 S12 试样的围压比 S6 试样低。图 5.26（b）中 S7 试样则为"Y"形剪切模式，且试样比较破碎，这与试样初始围压较高（15 MPa），但失稳破坏时围压（4.87 MPa）较低有关；图 5.26（d）中 S10 试样

张拉
裂纹

（a）G7 试样（围压 1.22 MPa）　　　（b）G8 试样（围压 5.75 MPa）

图 5.25　常规三轴卸荷干燥试样典型破坏图

也是"Y"形剪切模式，但破裂后的试样比 S7 试样完整，该试样破坏时围压为 14.98 MPa。这表明在卸荷条件下，饱水试样破坏均为剪切破坏，其最终破坏形式与初始围压、失稳破坏时的围压有关。

（a）S6 试样（围压 3.50 MPa）　　　（b）S12 试样（围压 2.08 MPa）

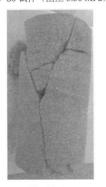

（c）S7 试样（围压 4.87 MPa）　　　（d）S10 试样（围压 14.98 MPa）

图 5.26　常规三轴卸荷饱水试样典型破坏图

## 5.2.4 饱水对砂岩强度的影响机理

水对岩石力学性能的影响主要与水-岩之间的物理化学和力学相互作用有关（Maruvanchery et al.，2019；Ciantia et al.，2015；Vásárhelyi et al.，2006）。水-岩物理化学作用的弱化效应主要是由亚临界裂纹扩展现象和摩擦系数降低引起的（Rabat et al.，2020；Duda et al.，2013）。

本小节中砂岩的主要矿物包括石英、方解石、长石、白云石等，其中石英质量分数超过 40%。在饱水过程中，水分子（$H_2O$）可以与石英（$SiO_2$）反应发生应力腐蚀（Michalske et al.，1982），其相互作用可以表示为式（5.8）（Atkinson，1984）。此外，一些矿物如方解石会与水发生如式（5.9）的溶解反应。裂纹尖端区域矿物的物理化学反应将导致岩石中原有的微裂纹继续扩展、生长和渗透，并出现新的裂纹（Baud et al.，2000；Dunning et al.，1994）。此外，一些矿物的溶解反应会导致矿物颗粒更光滑，并降低其摩擦性能，或削弱胶结成分的黏结性能。

$$H-O-H+[\equiv Si-O-Si\equiv]\rightleftharpoons[\equiv Si-OH\cdot HO-Si\equiv]$$
$$\rightleftharpoons 2[\equiv Si-OH] \tag{5.8}$$

$$CaCO_3+H_2O+CO_2\rightleftharpoons Ca^{2+}+2HCO_3^- \tag{5.9}$$

另外，加载过程中的孔隙压力是影响砂岩力学性能的主要因素之一。需要注意的是，本节试验是在不排水的条件下进行的。在常规三轴加载试验中，由于三轴应力状态下的压密可能导致局部孔隙水压力的增大而增强对岩石的损伤，诱发局部微裂纹的发展（Rabat et al.，2020；Baud et al.，2000）。本小节没有监测试验过程中的水压力变化，事实上水压力对岩石力学性能的影响还有待在孔隙水压力测试的基础上进一步研究。

关于卸荷对岩石强度的影响，不同的研究者获得的结论不一致。例如，与常规三轴加载条件相比，卸荷条件下砂岩的黏聚力增大，内摩擦角减小（Li et al.，2010）。Liu 等（2017）的研究结果表明，卸围压会显著降低煤的强度。相反，Wang 等（2019）对砂岩和泥岩进行的试验表明，卸围压试验获得的三轴抗压强度、内摩擦角等力学指标大于常规三轴压缩试验。也就是说，卸围压对岩石力学性能的影响规律存在显著差异。

在本章试验中，砂岩在卸荷条件下的强度总体上略高于常规三轴加载条件下的砂岩强度（图 5.21 和图 5.22）。这可能与砂岩试样在不同应力路径下的裂纹扩展模式有关。岩石的破坏是一个裂纹萌生、扩展、聚结的渐进过程，其演化过程和最终的破坏形式与应力状态有关（Bobet et al.，1998）。围压在裂纹扩展方向上起着重要作用。在常规三轴压缩试验中，试样的侧向变形受到围压的限制，裂纹难以沿轴向自由扩展，而是更容易以剪切模式贯通。

需要注意的是，在卸围压的条件下，试样的强度表现出较大的离散性，主要原因是不同的应力路径导致不同的破裂形式。不同破坏形式下岩石的宏观强度也不同（Yao et al.，2018；Szwedzicki，2007）。

# 参 考 文 献

冯夏庭, 丁梧秀, 姚华彦, 等, 2010. 岩石破裂过程的化学-应力耦合效应. 北京: 科学出版社.

李建林, 2003. 卸荷岩体力学. 北京: 中国水利水电出版社.

李志敬, 朱珍德, 施毅, 等, 2009. 高围压高水压条件下岩石卸荷强度特性试验研究. 河海大学学报, 37(2): 162-165.

钱海涛, 谭朝爽, 李守定, 等, 2009. 应力对岩盐溶蚀机制的影响分析. 岩石力学与工程学报, 29(4): 757-764.

王斌, 赵伏军, 尹土兵, 2011. 基于饱水岩石静动力学试验的水防治屈曲型岩爆分析. 岩土工程学报, 33(12): 1863-1869.

席道瑛, 杜赟, 易良坤, 等, 2009. 液体对岩石非线性弹性行为的影响. 岩石力学与工程学报, 28(4): 687-696.

姚华彦, 冯夏庭, 崔强, 等, 2009. 化学侵蚀下硬脆性灰岩变形和强度特性的试验研究. 岩土力学, 30(2): 54-60.

尤明庆, 华安增, 1998. 岩石试样的三轴卸围压试验. 岩石力学与工程学报, 17(1): 24-29.

张镜剑, 傅冰骏, 2008. 岩爆及其判据和防治. 岩石力学与工程学报, 27(10): 2034-2042.

Abeele E A V D, Carmeliet J, Johnson P A, et al., 2002. Influence of water saturation on the nonlinear elastic mesoscopic response in Earth materials and the implications to the mechanism of nonlinearity. Journal of Geophysical Research Solid Earth, 107(B6): 4-11.

Atkinson B K, 1984. Subcritical crack growth in geological materials. Journal of Geophysical Research: Solid Earth, 89(B6): 4077-4114.

Baud P, Zhu W, Wong T F, 2000. Failure mode and weakening effect of water on sandstone. Journal of Geophysical Research: Solid Earth, 105(B7): 16371-16389.

Bobet A, Einstein H H, 1998. Fracture Coalescence in Rock-type Materials under Uniaxial and Biaxial Compression. International Journal of Rock Mechanics and Mining Sciences, 35(7): 863-888.

Ciantia M O, Castellanza R, Prisco C D, 2015. Experimental study on the water-induced weakening of calcarenites. Rock Mechanics and Rock Engineering, 48(2): 441-461.

Duda M, Renner J, 2013. The weakening effect of water on the brittle failure strength of sandstone. Geophysical Journal International, 192(3): 1091-1108.

Dunning J, Douglas B, Miller M, et al., 1994. The role of the chemical environment in frictional deformation: Stress corrosion cracking and comminution. Pure and Applied Geophysics, 143(1-3): 151-178.

Li J, Wang L, Wang X, et al., 2010. Research on unloading nonlinear mechanical characteristics of jointed rock masses. Journal of Rock Mechanics and Geotechnical Engineering, 2(4):357-364.

Liu Q, Cheng Y, Jin K, et al., 2017. Effect of confining pressure unloading on strength reduction of soft coal in borehole stability analysis. Environment Earth Science, 76: 173.

Maruvanchery V, Kim E, 2019. Effects of water on rock fracture properties: Studies of mode I fracture toughness, crack propagation velocity, and consumed energy in calcite-cemented sandstone. Geomechanics and Engineering, 17(1): 57-67.

Michalske T A, Freiman S W, 1982. A molecular interpretation of stress corrosion in silica. Nature, 295: 511-512.

Rabat Á, Tomás R, Cano M, et al., 2020. Impact of water on peak and residual shear strength parameters and triaxial deformability of high-porosity building calcarenite stones: Interconnection with their physical and petrological characteristics. Construction and Building Materials, 262: 120789.

Simpson D W, Richards P G, 2013. Acoustic emission during stress corrosion cracking in rocks//Earthquake Prediction. American Geophysical Union:605-616.

Szwedzicki T, 2007. A hypothesis on models of failure of rock samples tasted in uniaxial compression. Rock Mechanics and Rock Engineering, 40(1): 97-104.

Vásárhelyi B, Ván P, 2006. Influence of water content on the strength of rock. Engineering Geology, 84: 70-74.

Wang J J, Liu M N, Jian F X, et al., 2019. Mechanical behaviors of a sandstone and mudstone under loading and unloading conditions. Environment Earth Science, 78: 30.

Yao H, Ma D, Xiong J, 2020. Study on the influence of different aqueous solutions on the mechanical properties and microstructure of limestone. Journal of Testing and Evaluation, 49(5): 3776-3794.

Yao H Y, Jia S P, Li H G, 2018. Experimental study on failure characteristics of schist under unloading condition. Geotechnical and Geological Engineering, 36(2): 905-913.

Zhou Z, Cai X, Ma D, et al., 2018. Effects of water content on fracture and mechanical behavior of sandstone with a low clay mineral content. Engineering Fracture Mechanics, 193: 47-65.

# 第6章 干湿（湿干）循环作用
# 对岩石力学特性的影响

由于降雨、河流水位升降等原因引起的地下水位的波动，岩体往往处于干湿循环状态。例如，三峡水库在运营过程中，库水位在 145～175 m 变化。在库水位上升和消落的重复循环中，这种干湿循环作用对岩土介质来说是一种"疲劳作用"，它对岩土介质的劣化作用通常比持续浸泡还要强（徐千军 等，2005）。这种作用是一种累积性发展的过程，即每一次的效应并不一定很显著，但多次重复发生，却可使效应累积性增大，直到灾变发生。

前述章节的研究结果表明，含水岩石的强度及弹性模量等均有不同程度的降低。同时，水对岩石的软化作用还具有时间效应。周翠英等（2005）、郭富利等（2007）研究了不同饱水时间下的岩石力学特性，结果表明岩石力学强度指标随着饱水时间的延长而逐渐降低。

考虑水对岩石的作用是一种复杂的应力腐蚀过程，水对岩石产生物理力学作用之外，还有化学作用，因而不少学者开展了一系列考虑水岩化损伤作用的试验研究（姚华彦，2009；Feucht et al.，1990）。上述研究成果表明，认识水对岩石损伤机制和规律方面在一步步推进。本章主要考虑干湿（湿干）循环作用对岩石力学特性的影响。

## 6.1 湿干循环作用下砂岩单轴力学特性

### 6.1.1 试验材料和方法

自然状态中岩石的含水率是动态变化的，岩石经常处于干（风干）湿（湿润）或湿干循环往复状态。在室内试验中模拟实际的干湿交替状态，风干、湿润两种状态的含水率如何确定尚没有统一标准；另外，试验中让不同的试样达到相同含水率，往往难以控制。为了更好地控制含水率状态，大部分学者都是采用目前现行规范中的试验标准，如《水利水电工程岩石试验规程》（SL/T 264—2007），其中"干"指试样达到干燥状态，"湿"指试样达到饱和状态。对于初始岩样，经历 1 次干—湿过程，定义为 1 次"干湿循环"；经历 1 次湿—干过程则定义为 1 次"湿干循环"，对于多个循环则以此类推。当试验定义为湿干循环时，完成最后一次循环后试样为干燥状态，无须处理即可进行力学试验。若为干湿循环试验，则试样在完成最后一次循环后为饱水状态，若要研究干燥状态下的岩石力学特性，需要再进行一次干燥过程。本节采用湿干循环处理砂岩试样（Ma et al.，2022）。

试验所采用的砂岩取自四川省自贡市荣县，矿物颗粒最大粒径为 0.75 mm，主要粒径为 0.25～0.50 mm，粒径粗细适中。磨圆度为次棱，有较多的棱角。试样中分布有若干孔隙，胶结类型表现为孔隙胶结，砂岩颗粒间以点-线胶结为主。砂岩试样成分分为陆源碎屑和填隙物两部分，其中陆源碎屑以石英为主，其体积分数为 41.2%；石英岩含量次之占 14.5%，另有少量的喷发岩、隐晶岩、变质砂岩等，含量介于 1%～2%。而填隙物中凝灰质占比最高达 16%，高岭石含量次之占 3.5%，有少量的菱铁矿和硅质。试样微观结构如图 6.1 所示。

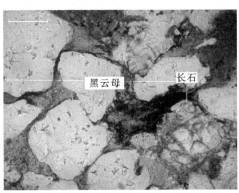

（a）放大4倍（单偏光）　　　　　　　　（b）放大10倍（单偏光）

图 6.1　砂岩显微图像

图 6.2　砂岩试样

将砂岩试块制作成直径 $\phi$=50 mm、高 $H$=100 mm 的标准尺寸试样，用于单轴压缩试验、波速测试等。制作直径 $\phi$=50 mm、高 $H$=20 mm 的砂岩试样 15 个，用于核磁共振试验、扫描电镜试验等。制作完成后的试样如图 6.2 所示。将制备好的试样平均分为 5 组，每组包含直径 $\phi$=50 mm、高 $H$=100 mm 的砂岩试样 5 个，直径 $\phi$=50 mm、高 $H$=20 mm 的砂岩试样 3 个。为排除试样内部缺陷对试验结果的影响，在试验前对制作好的所有试样进行波速测试，剔除了其中相差较大的试样。

　　一次完整的湿干循环试验包含饱水和干燥两个过程，饱水过程为：试样在加入蒸馏水的密封方形塑料容器中浸泡 48 h，浸泡时控制水-岩的质量比为 2∶1。干燥过程为：将试样置于烘箱中 105 ℃烘干 24 h，随后放入干燥器中自然降至室温（约 20 ℃）。在完成一次湿干循环后将浸泡液收集以备测量离子浓度，每次干湿循环后更换新的蒸馏水。设定湿干循环作用次数分别为 0 次、1 次、5 次、10 次、20 次，达到预定的循环次数后，采用保鲜膜将试样包裹，并用密封袋密封后放入干燥器中保存，等待开展其他试验。每次湿干循环完成后测量试样质量和弹性波速、浸泡液的离子浓度。

# 6.1.2　弹性波速

　　通常情况下，试样的密度越高、弹性模量越大、组成越均匀，则波在该试样中的传播速度越快，当试样中的裂纹、孔隙等增加时，试样的弹性波速会有一定程度的下降，因此弹性波的传播速度能够反映试样内部的损伤情况。

　　湿干循环试样的弹性波速测试结果如图 6.3 所示，可以看出原始的 1 号、2 号、3 号试样弹性波速分别为 3.16 km/s、3.23 km/s 和 3.27 km/s，湿干循环一次后三个试样的弹性波速降低为 2.88 km/s、3.02 km/s 和 3.06 km/s，降低幅度分别为 8.86%、6.50%和 6.42%，可见湿干循环对试样的弹性波速有显著影响。随着湿干循环的进行，试样的弹性波速的下降速率减缓，湿干循环 10 次后三个试样的弹性波速分别为 2.87 km/s、2.87 km/s、2.88 km/s，1～10 次湿干循环试样弹性波速降低的幅度显著小于第一次湿干循环。湿干循环 20 次后三个试样波速分别为 2.83 km/s、2.84 km/s、2.83 km/s，三个试样波速接近且有稳定的趋势。

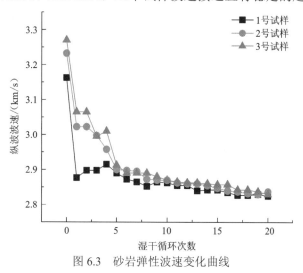

图 6.3　砂岩弹性波速变化曲线

可以看出，湿干循环作用后试样的弹性波速降低，但降低的速度随着湿干循环作用次数的增加而减小，波速测试结果表明湿干循环作用对砂岩试样的损伤不是匀速进行的，而是随着湿干循环作用次数的增加而减缓。

## 6.1.3  浸泡液离子浓度

湿干循环过程中试样中的矿物成分溶解于浸泡液，检测浸泡液中的离子浓度能够反映出每次浸泡对试样的溶蚀程度，从而反映出每次湿干循环对试样的损伤程度。湿干循环试验每进行一次循环更换一次浸泡液，试验结果如表 6.1 所示。从表中可以看出，第一次湿干循环试样中的离子浓度均处于较高的水平 $Na^+$、$Mg^{2+}$、$Al^{3+}$、$K^+$、$Ca^{2+}$、$Fe^{2+(3+)}$、$Cu^{2+}$ 离子浓度分别为 1 875.80 mg/L、1 479.80 mg/L、10.88 mg/L、729.20 mg/L、272.30 mg/L、24.90 mg/L、2.66 mg/L，第二次湿干循环后各离子浓度均有大幅下降，表明第一次湿干循环试样中的矿物被大量溶解，而后溶解速率逐渐变慢。

表 6.1  湿干循环试验离子浓度

| 湿干循环次数 | 离子浓度/（mg/L） | | | | | | |
|---|---|---|---|---|---|---|---|
| | $Na^+$ | $Mg^{2+}$ | $Al^{3+}$ | $K^+$ | $Ca^{2+}$ | $Fe^{2+(3+)}$ | $Cu^{2+}$ |
| 1 | 1 875.80 | 1 479.80 | 10.88 | 729.20 | 272.30 | 24.90 | 2.66 |
| 2 | 1 037.30 | 1 037.30 | 2.10 | 445.00 | 141.30 | 0.78 | 0.77 |
| 3 | 713.20 | 940.30 | 1.16 | 345.70 | 80.40 | 1.03 | 0.37 |
| 4 | 614.20 | 854.00 | 1.84 | 326.50 | 67.60 | 1.50 | 0.22 |
| 5 | 570.20 | 830.70 | 1.39 | 326.50 | 60.80 | 0.90 | 0.23 |
| 9 | 101.00 | 277.20 | 1.36 | 169.00 | 40.40 | 0.50 | 0.26 |
| 10 | 129.00 | 232.50 | 1.376 | 177.00 | 40.90 | 0.30 | 0.22 |
| 19 | 74.70 | 116.00 | 0.92 | 41.00 | 20.39 | 0.20 | 0.27 |
| 20 | 67.50 | 106.70 | 0.93 | 38.10 | 27.30 | 0.20 | 0.20 |

从图 6.4 可以看出，随着湿干循环作用次数的增加，溶液各离子浓度均下降，湿干循环 20 次后的浸泡液中各离子浓度不到第一次湿干循环溶液中的十分之一。此外，图 6.4 反映出随着湿干循环的进行溶液中离子浓度的变化曲线趋于平缓，说明随着湿干循环次数的增加试样中矿物溶出逐渐减少。离子浓度的变化也反映出第一次湿干循环对试样的损伤更为显著，随着湿干循环作用次数的增加，每次湿干循环对试样的损伤程度减弱。但是由于试样的损伤是一个积累的过程，总体来说，湿干循环作用次数的增加导致试样损伤加重，但损伤发展的速率减缓。

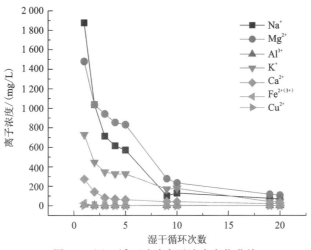

图 6.4　湿干循环试验离子浓度变化曲线

## 6.1.4　变形和强度特性

试样完成湿干循环后采用开展单轴压缩试验，试验采用位移控制加载方式，加载速率为 0.3 mm/min，应力-应变曲线如图 6.5 所示。根据《水利水电工程岩石试验规程》（SL/T 264—2020）对试样的弹性模量、峰值强度计算后汇总于表 6.2。

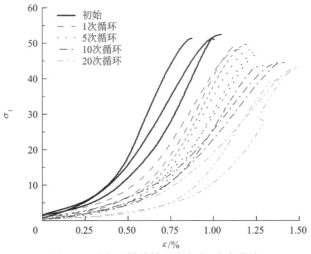

图 6.5　砂岩试样单轴压缩应力-应变曲线

表 6.2　砂岩试样力学参数表

| 湿干循环次数 | 峰值强度/MPa | 弹性模量/GPa | 平均峰值强度/MPa | 平均弹性模量/GPa |
|---|---|---|---|---|
| | 52.38 | 4.10 | | |
| 0 | 51.30 | 4.52 | 51.57 | 4.08 |
| | 51.03 | 3.64 | | |
| | 50.12 | 3.00 | | |
| 1 | 49.66 | 2.91 | 49.21 | 2.98 |
| | 47.84 | 3.04 | | |
| | 48.05 | 2.75 | | |
| 5 | 47.16 | 2.61 | 47.24 | 2.63 |
| | 46.50 | 2.54 | | |
| | 44.04 | 2.24 | | |
| 10 | 43.64 | 2.35 | 44.06 | 2.32 |
| | 44.50 | 2.36 | | |
| | 43.54 | 2.06 | | |
| 20 | 42.80 | 1.75 | 42.11 | 1.89 |
| | 39.97 | 1.87 | | |

　　结合图 6.5 和表 6.2 可知，随着湿干循环作用次数的增加，试样的峰值强度、弹性模量显著下降。湿干循环 1 次、5 次、10 次、20 次的试样峰值强度相较于原始试样分别降低 4.58%、8.40%、14.56%、18.34%，弹性模量则分别降低 26.96%、35.54%、43.14% 及 53.68%。湿干循环作用对砂岩的力学性质显著劣化。试样的压密阶段随着湿干循环作用次数的增加而延长，说明湿干循环过程中试样中的孔隙数量增加，原有的胶结结构被破坏。

　　单轴压缩条件下砂岩试样的破裂形态如图 6.6 所示，未经湿干循环作用的试样分布有一条贯穿试样顶面-底面的剪切破裂裂纹及若干纵向分布的张拉裂纹，张拉裂纹与剪切裂纹相交，试样总体表现为拉剪复合破坏形态。湿干循环 1～20 次的试样均为剪切破坏，但湿干循环作用次数对试样的破坏形式影响不明显。

　（a）湿干循环 0 次　（b）湿干循环 1 次　（c）湿干循环 5 次　（d）湿干循环 10 次　（e）湿干循环 20 次

图 6.6　部分破坏后的砂岩试样

## 6.1.5　微观结构

### 1. 孔隙特征

低场核磁共振技术对于分析岩石孔隙结构具有显著优势，其原理为：在外加磁场的作用下被测物体中的 H 原子核被磁化，H 原子核发生共振并吸收能量。外加磁场撤除后 H 原子核所吸收的能量释放，此部分能量被测试仪器上的线圈所探测。这种外加磁场与 H 原子核相互作用的现象可用来测量岩石中的孔隙特征（孔隙率、孔隙分布等）。在试验前，被测的岩石试样需充分饱和，使得孔隙中充满水分。试验时外加磁场与孔隙中的 H 原子核发生相互作用，并记录下弛豫时间。弛豫时间可分为纵向弛豫时间（$T_1$）和横向弛豫时间（$T_2$），由于横向弛豫时间的测量时间较短，多采用 $T_2$ 曲线的变化来表征岩石内部孔隙特征（褚夫蛟 等，2018）。通常情况下 $T_2$ 值与孔隙尺寸成正比，及 $T_2$ 值越小，孔隙尺寸越小，反之则越大，$T_2$ 曲线与横轴所围的面积则是被测试样的孔隙度。

测试前先将试样置于真空饱和仪中饱和 24 h，饱和压力 3 MPa，使得试样的孔隙中充满蒸馏水。到达预定的饱和时间后将试样取出，擦去上面多余的水分，置于核磁共振仪中进行测试。

图 6.7 是湿干循环 0 次、1 次、5 次、10 次、20 次的试样核磁共振 $T_2$ 曲线，根据核磁共振试验的测试原理，弛豫时间与孔隙大小成正比，弛豫时间越短孔隙越小。从图 6.7 中可以看出，原状砂岩试样的 $T_2$ 曲线有一个主峰，弛豫时间在 2 ms

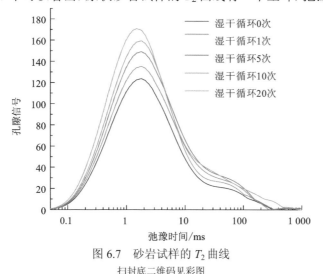

图 6.7　砂岩试样的 $T_2$ 曲线

扫封底二维码见彩图

附近，表明试样中以微小孔隙为主，其他尺寸孔隙较少。湿干循环 1 次后的试样主峰高度上升，表明试样中的微小孔隙数量增加，随着湿干循环作用次数的增加，主峰高度进一步上升，表明试样中的孔隙数量不断增加。图 6.8 所示为不同湿干循环作用次数后试样的孔隙率，从图中可以看出原始试样孔隙率为 10.22%，湿干循环 1 次后试样孔隙率升高至 10.81%，湿干循环 5 次、10 次、20 次后试样的孔隙率分别为 11.89%、12.12% 及 12.30%。总体来说，随着湿干循环的进行，试样的孔隙率增大，但增加的速率随着湿干循环的次数而减小。

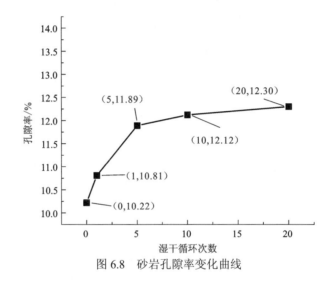

图 6.8　砂岩孔隙率变化曲线

## 2. 微观形貌

图 6.9 所示为湿干循环后的砂岩表面形貌，可以看出原始的砂岩试样表面平滑，无明显的裂隙与溶蚀孔，矿物之间胶结紧密，其上附着零星散布的碎屑。湿干循环 1 次后的试样表面分布有若干次生裂隙。在岩石表面可见到明显的溶蚀孔，如图 6.9（b）所示。湿干循环 5 次后试样表面溶蚀孔大量增加，如图 6.9（c）所示。湿干循环 10 次后试样表面遍布溶蚀孔，试样表面平整度差，且试样表面分散有许多颗粒状岩石碎屑，如图 6.9（d）所示。湿干循环 20 次后的试样表面分布有大量不同尺寸的溶蚀孔洞和岩石碎屑，且表面起伏大，矿物间的原有胶结结构被破坏，相互间的联结变得松散，岩石结构破坏严重，如图 6.9（e）所示。

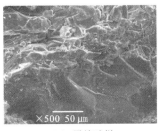
（a）原始试样

（b）湿干循环1次

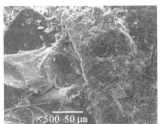
（c）湿干循环5次

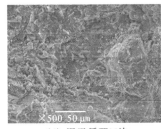
（d）湿干循环10次

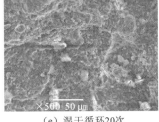
（e）湿干循环20次

图 6.9　砂岩微观结构

# 6.2　干湿循环作用下砂岩常规三轴力学特性

## 6.2.1　试验材料和方法

本节以红砂岩为研究对象，岩样取回后加工成直径约为 50 mm、高度约为 100 mm 的标准圆柱体试样。将加工好的试样放在 105 ℃烘箱中干燥 24 h 后冷却至室温，再抽真空用蒸馏水强制饱和 8 h，然后在蒸馏水中继续浸泡 24 h，以此作为 1 次干燥—饱水（干湿）循环作用过程。本节试验将试样分为 4 组，分别进行干燥及经过干燥—饱水循环作用 1 次、4 次和 8 次后的力学试验。每组试样有 4 个，分别进行单轴及围压分别为 5 MPa、10 MPa、15 MPa 的常规三轴压缩试验。试验在长江科学院 RMT 试验机上进行，加载过程中采用位移控制方式，位移速率为 0.02 mm/s。

## 6.2.2　变形特征

将各组试验结果记录整理如表 6.3 所示。各试样的应力-应变曲线如图 6.10 所示（姚华彦 等，2010）。对于干燥试样，可以看作经过 0 次干燥—饱水循环作用的情况，因此，下文的分析中提到的 0 次干湿循环作用，也指干燥状态。

表 6.3　砂岩试验结果

| 岩石状态 | 围压 $\sigma_3$ /MPa | 峰值强度 $\sigma_1$ /MPa | 弹性模量 $E$/GPa | $\dfrac{\sigma_{1干燥}-\sigma_1}{\sigma_{1干燥}}$ /% | $\dfrac{E_{干燥}-E}{E_{干燥}}$ /% | 黏聚力 $c$/MPa | 内摩擦角 $\varphi$/ (°) |
|---|---|---|---|---|---|---|---|
| 干燥—饱水循环 0 次（干燥） | 0 | 35.9 | 5.837 | | | | |
| | 5 | 73.7 | 8.178 | | | 8.32 | 45.6 |
| | 10 | 109 | 9.623 | | | | |
| | 15 | 124 | 10.597 | | | | |
| 干燥—饱水循环 1 次 | 0 | 7.5 | 1.406 | 79.1 | 75.9 | | |
| | 5 | 50.3 | 6.357 | 31.8 | 22.3 | 3.10 | 43.0 |
| | 10 | 68.7 | 7.527 | 37.0 | 21.8 | | |
| | 15 | 89.7 | 9.138 | 27.7 | 13.8 | | |
| 干燥—饱水循环 4 次 | 0 | 11.6 | 2.167 | 67.7 | 62.8 | | |
| | 5 | 39.9 | 4.847 | 45.9 | 40.7 | 3.06 | 40.3 |
| | 10 | 57.8 | 5.617 | 47.0 | 41.6 | | |
| | 15 | 83.2 | 8.763 | 32.9 | 17.3 | | |
| 干燥—饱水循环 8 次 | 0 | 6.07 | 0.875 | 83.1 | 85.0 | | |
| | 5 | 37.1 | 4.105 | 49.7 | 49.8 | 2.79 | 37.4 |
| | 10 | 57.3 | 5.243 | 47.4 | 45.5 | | |
| | 15 | 67.6 | 4.941 | 45.5 | 53.4 | | |

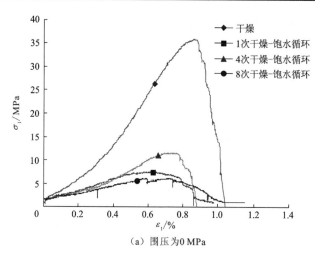

（a）围压为 0 MPa

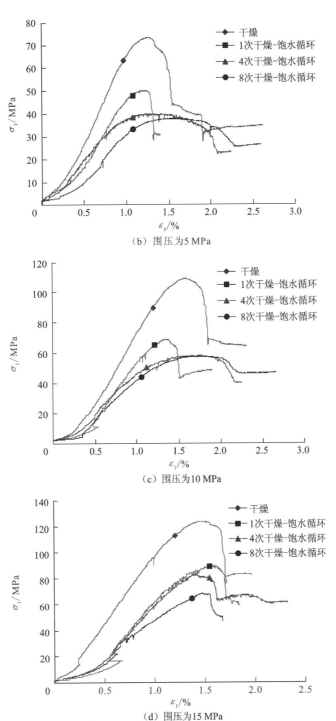

（b）围压为5 MPa

（c）围压为10 MPa

（d）围压为15 MPa

图 6.10　干燥-饱水循环作用下砂岩的应力-应变曲线

　　对于一般岩石，其典型全过程应力-应变曲线如图 6.11 所示，可分为 5 个主要阶段（周翠英 等，2004）。①微裂隙压密阶段（$OI$ 段），这是由细微裂隙受压闭合造成的。②弹性变形阶段（$IA$ 段），该阶段应力-应变曲线近似直线，岩石表现出明显的线弹性。③屈服阶段（$AB$ 段），进入该阶段后，岩石微裂隙及岩石微破裂不断发展、累积，直至试样完全破坏。$A$ 点是岩石从弹性转变为塑性的转折点，也就是所谓的屈服点。该阶段上界应力为峰值强度（$B$ 点）。④应变软化阶段（$BC$ 段），试样达到峰值强度之后，随着应变增加，应力下降，在该阶段，裂隙快速发展、交叉且相互联结形成宏观断裂面。⑤塑性流动阶段（$CD$ 段），试样破裂后，岩石的承载能力没有完全丧失，还具有一定的承载能力，强度降低到残余强度。

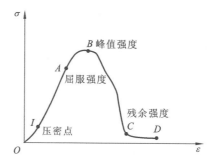

图 6.11　岩石的典型全过程应力-应变曲线

　　本小节参照图 6.11 对图 6.10 中试样的应力-应变曲线进行分析。

　　从单轴试验曲线[图 6.10（a）]中可以看到，试样的应力-应变曲线并不总是遵循上述 5 个发展阶段，主要是在单轴试验中，干燥和经过 4 次干燥-饱水循环作用的试样在到达峰值强度后很快破坏，应力跌落至 0，失去承载力，没有出现塑性流动阶段。

　　在三轴试验中，各试样基本都遵循上述 5 个典型发展阶段[图 6.10(b)~(d)]。从图 6.10（b）和（c）中可以看出，干燥试样和经过 1 次饱水的试样的应力-应变曲线形状比较类似，而经过 4 次和 8 次干燥-饱水循环的试样的应力-应变曲线则有较大的变化。经过 4 次和 8 次干燥-饱水的循环作用之后，砂岩的塑性性质明显增强，试样应力-应变曲线的直线段比较短，屈服阶段比较长，有明显的屈服平台。在峰值点之后，即进入应变软化阶段，在较大范围内，随着应变的增大，轴向应力只有很微小的降低，应力下降得比较平缓，岩样表现出很强的延展性，表明岩石试样的延性增强。而干燥试样和经过 1 次干燥-饱水的试样有明显的应力跌落，具有一定的脆性特征。

在图 6.10（d）中，各个试样的应力-应变曲线形状基本类似，这可能与围压较高有关。

从图 6.12 中还可以看出，在三轴情况下，随着干湿循环次数的增加，弹性模量也是逐渐降低的。对于单轴情况，弹性模量的变化有些不同，经过 1 次干湿循环作用的试样弹性模量比经过 4 次干湿循环作用的反而低，其原因也可能与岩石的离散性有关。尤其是在有水作用条件下，岩石中不同矿物在饱水条件下的力学弱化效应不一致，更影响其离散性。但总体来看，试样的弹性模量都是随干湿循环次数增加而降低的。

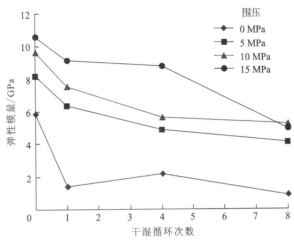

图 6.12　干湿循环作用下砂岩的弹性模量

## 6.2.3　强度特征

水对岩石力学特性影响的重要特征是对岩石强度的弱化。干燥状态砂岩试样未经过水的干湿循环作用，且试样中无水存在，可将其试验结果作为基准值，用以分析不同次数干湿循环作用后饱水砂岩的力学特性。

图 6.13 给出了不同围压条件下，不同干湿循环次数的砂岩峰值强度。从图中可以看出，在第 1 次饱水之后，岩石峰值强度有大幅度降低，最大降低了 79.1%。在常规三轴压缩试验中，相同围压条件下，经过多次干燥-饱水循环作用后，岩石的峰值强度随着循环作用次数的增加而逐渐降低，但降低的幅度比较小，以围压 15 MPa 的情况为例，干燥—饱水循环 1 次的试样峰值强度相对干燥试样下降达 27.7%；干燥—饱水循环 4 次相对于循环 1 次的试样峰值强度下降 7.2%，平均每

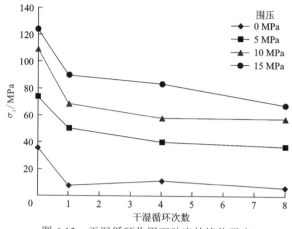

图 6.13　干湿循环作用下砂岩的峰值强度

次干湿循环作用下降 2.4%；干燥—饱水循环 8 次相对于循环 4 次的试样峰值强度下降 18.8%，平均每次干湿循环作用下降 4.7%。

　　单轴试验（围压为 0 MPa）条件下，出现了干燥—饱水循环 1 次试样的峰值强度小于循环 4 次试样的峰值强度，这可能与岩石试样的离散性有关。由于岩石试样中各种矿物排列的不均匀性，而各种矿物经饱水后的软化效应也不一样，所以经过饱水之后，岩样的离散性一般更强。

　　从试验结果看，不论是何种情况下岩石的峰值强度均随着围压的增大而增大（表 6.3 和图 6.13）。莫尔-库仑强度准则可以用来解释岩石强度特性，该准则在采用峰值强度 $\sigma_1$ 和围压 $\sigma_3$ 表示时可写成

$$\sigma_1 = M + N\sigma_3 \qquad (6.1)$$

式中：$M$、$N$ 为拟合系数。

　　式（6.2）表征一个给定试样能够承载的峰值强度 $\sigma_1$ 与围压 $\sigma_3$ 成线性关系。利用式（6.2）对试验结果进行拟合得

$$\begin{cases} \sigma_1 = 40.71 + 6.0\sigma_3, \ R^2 = 0.968\ 5, \ 干燥 \\ \sigma_1 = 14.30 + 5.3\sigma_3, \ R^2 = 0.957\ 7, \ 1次干湿循环 \\ \sigma_1 = 13.22 + 4.7\sigma_3, \ R^2 = 0.993\ 4, \ 4次干湿循环 \\ \sigma_1 = 11.30 + 4.1\sigma_3, \ R^2 = 0.951\ 2, \ 8次干湿循环 \end{cases} \qquad (6.2)$$

　　从拟合式（6.1）中可以看出，对于干燥试样，$N$ 值最大，随着干燥—饱水次数的增加，$N$ 也随之减小。也就是说，围压效应随干燥—饱水的干湿循环作用次数减少而逐渐减弱。

　　不同干湿循环次数条件下的砂岩的黏聚力和内摩擦角如图 6.14 和图 6.15 所示。从图中可以看出，黏聚力在第 1 次饱水之后就有较大幅度的下降。干湿循环

4 次和 8 次的试样的黏聚力与饱水 1 次相比只有微小的降低。内摩擦角也一直降低，随着饱水次数的增加，内摩擦角降低幅度也是在逐渐减小的。总体来看，饱水状态的岩石试样相对干燥试样其黏聚力劣化程度比内摩擦角显著；但对于饱水状态的岩石试样，干湿循环作用次数对内摩擦角的劣化比黏聚力显著。

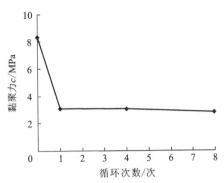

图 6.14　干湿循环作用下砂岩的黏聚力

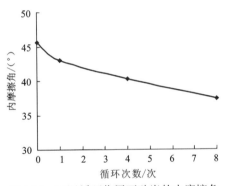

图 6.15　干湿循环作用下砂岩的内摩擦角

试验中所用的砂岩主要由石英与长石被水云母、方解石胶结组成，黏聚力主要取决于颗粒之间的胶结强度，遇水作用后，胶结作用迅速减弱。内摩擦角主要取决于颗粒排列、大小等，在干燥—饱水过程中，矿物颗粒的收缩膨胀等均对颗粒之间的摩擦特性产生影响。其宏观表现就是对岩石强度产生劣化作用。

# 6.3　湿干循环和长期浸泡砂岩抗拉力学特性

本节主要以砂岩为研究对象，开展湿干循环作用后处于干燥、饱水及长期浸泡三种状态下的岩石的抗拉试验研究，对比分析湿干循环和长期浸泡对砂岩抗拉强度影响的差异。

## 6.3.1　试验材料及过程

　　试验所用岩石鉴定为长英质细砂岩，泥质孔隙式胶结，胶结不致密。主要成分为：石英（73%）、长石（15%）、白云母（2%）、泥质胶结物（8%）、锆石（<1%）、方解石（<1%）、独居石（<1%）、磷灰石（<1%）、绿帘石（<1%）。石英为次棱角状粒屑；长石呈次棱角-次圆状，绢云母化、高岭石化；白云母呈片状多位于石英、长石边缘；锆石、独居石、磷灰石、绿帘石呈次棱角状-次圆状；方解石呈碎屑次棱角状。试验方法采用巴西圆盘劈裂法。试样加工为圆柱体，直径约为 36 mm，高度约为 20 mm。

　　将加工好的试样放在蒸馏水中自然吸水浸泡 48 h，然后在 45 ℃烘箱中干燥 24 h 后冷却至室温，以此作为 1 次湿干循环过程，对没有进行浸泡的岩样直接干燥，认为是初始天然状态岩样。为了研究湿干循环作用对岩石力学性质的影响，共进行三组不同情况的试验。

　　第一组：试样分别进行 1 次、2 次、4 次、6 次、10 次湿干循环作用，试验时岩石试样处于干燥状态；初始干燥状态的试样可以看作经过 0 次湿干循环作用的试样。

　　第二组：初始干燥的试样及分别经过 2 次、4 次、6 次、10 次湿干循环作用的试样，再饱和一次，试验时岩石试样处于饱和状态。

　　第三组：试样在水中分别浸泡 4 天、8 天及 72 天后，在饱水状态下进行劈裂试验。

## 6.3.2　湿干循环后饱水和干燥砂岩抗拉强度

　　试验中记录下破坏荷载，按式（2.1）计算岩石的抗拉强度。

　　将各组试验数据结果记录整理，如表 6.4 所示。

表 6.4　砂岩实验结果

| 试样分组 | 编号 | 试样直径/mm | 试样高度/mm | 试验时试样状态 | 破坏荷载/N | 抗拉强度/MPa | 抗拉强度平均值/MPa |
|---|---|---|---|---|---|---|---|
| 第一组 | 2# | 35.80 | 19.43 | 湿干循环 0 次（初始干燥状态） | 849.94 | 0.778 | 0.840 |
| | 15# | 36.50 | 20.29 | | 1049.07 | 0.902 | |
| | 3# | 36.00 | 19.78 | 湿干循环 1 次（最终处于干燥状态） | 799.59 | 0.715 | 0.702 |
| | 4# | 36.40 | 19.83 | | 781.27 | 0.689 | |
| | 5# | 36.04 | 19.80 | 湿干循环 2 次（最终处于干燥状态） | 723.29 | 0.645 | 0.668 |
| | 6# | 36.36 | 19.16 | | 755.33 | 0.690 | |

| 试样分组 | 编号 | 试样直径/mm | 试样高度/mm | 试验时试样状态 | 破坏荷载/N | 抗拉强度/MPa | 抗拉强度平均值/MPa |
|---|---|---|---|---|---|---|---|
| 第一组 | 7# | 36.10 | 20.27 | 湿干循环 4 次（最终处于干燥状态） | 700.39 | 0.609 | 0.531 |
| | 8# | 35.80 | 19.58 | | 497.45 | 0.452 | |
| | 9# | 36.28 | 19.56 | 湿干循环 6 次（最终处于干燥状态） | 460.83 | 0.413 | 0.510 |
| | 10# | 36.07 | 19.43 | | 666.83 | 0.606 | |
| | 13# | 35.80 | 19.88 | 湿干循环 10 次（最终处于干燥状态） | 313.96 | 0.281 | 0.396 |
| | 14# | 35.90 | 19.84 | | 571.84 | 0.511 | |
| 第二组 | B8 | 36.00 | 20.00 | 湿干循环 0 次（最终处于饱和状态） | 441.37 | 0.390 | 0.404 |
| | B9 | 36.28 | 20.30 | | 482.96 | 0.417 | |
| | B5 | 36.25 | 20.05 | 湿干循环 2 次（最终处于饱和状态） | 197.61 | 0.173 | 0.161 |
| | B6 | 36.78 | 20.20 | | 174.72 | 0.150 | |
| | G-9 | 36.41 | 20.09 | 湿干循环 4 次（最终处于饱和状态） | 170.52 | 0.148 | 0.141 |
| | G-8 | 36.75 | 20.47 | | 157.55 | 0.133 | |
| | G-6 | 36.35 | 20.18 | 湿干循环 6 次（最终处于饱和状态） | 157.93 | 0.137 | 0.119 |
| | G-4 | 36.34 | 20.24 | | 117.12 | 0.101 | |
| | G-3 | 36.33 | 19.75 | 湿干循环 10 次（最终处于饱和状态） | 144.96 | 0.129 | 0.129 |
| | G-2 | 36.61 | 20.36 | | 152.21 | 0.130 | |
| 第三组 | G-11 | 36.18 | 19.26 | 长期浸泡 4 天 | 388.73 | 0.355 | 0.333 |
| | G-10 | 36.18 | 20.36 | | 359.74 | 0.311 | |
| | C3 | 36.00 | 20.00 | 长期浸泡 8 天 | 186.93 | 0.165 | 0.182 |
| | C4 | 36.24 | 20.00 | | 224.31 | 0.198 | |
| | C1 | 36.40 | 20.20 | 长期浸泡 72 天 | 217.06 | 0.190 | 0.181 |
| | C2 | 36.42 | 20.00 | | 199.52 | 0.174 | |

　　从表 6.4 可以看出，试验数据具有一定的离散性，这是因为岩石介质本身具有非均质性特征。下面采用抗拉强度的平均值进行分析比较。图 6.16 所示为经过不同次数湿干循环作用后干燥与饱水砂岩的抗拉强度变化趋势（朱朝辉 等，2012）。

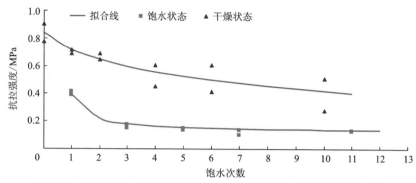

图 6.16　不同饱水—干燥循环次数作用后干燥与饱水砂岩的抗拉强度

从图 6.16 中可以看出，砂岩干燥状态的抗拉强度随湿干循环次数的增加而降低；且第 1 次湿干循环作用后，岩石的抗拉强度出现显著降低，相对于天然状态试样其强度下降 16.4%；随着循环次数的增加，其强度降低的幅度也逐渐减小，如第 2 次湿干循环作用后试样较第 1 次作用后试样其强度下降 4.8%；湿干循环作用 4 次、6 次、10 次的砂岩强度差别很小。总体上看，砂岩的抗拉强度随湿干循环次数的变化趋势近似呈对数形式变化。可采用下列关系式进行拟合：

$$\sigma_t = \sigma - A\ln(n+1) \tag{6.3}$$

拟合结果为

$$\sigma_t = 0.838 - 0.175\ln(n+1) \tag{6.4}$$

式中：$n$ 为试样饱水次数。

对于湿干循环后再饱水的试样，其抗拉强度的变化规律也类似。从表 6.4 的第二组数据及图 6.16 可以看出，饱水状态砂岩的抗拉强度也是随着湿干循环次数的增加而逐渐减小，例如：经过 2 次湿干循环的试样较天然状态（湿干循环 0 次）试样，其抗拉强度下降 60.1%；循环 4 次、6 次、10 次的饱水砂岩的抗拉强度较天然状态饱水砂岩的抗拉强度分别下降 65.1%、70.5%、68.1%；试验曲线近似指数形式变化可采用下列关系式进行拟合：

$$\sigma_t = 0.122\exp\left(\frac{1.175}{n+1}\right) \tag{6.5}$$

从上述试验结果可以看出：经过若干次的湿干过程后，无论砂岩处于干燥状态还是饱水状态，其抗拉强度均随着循环次数的增加而逐渐降低，并且其强度下降幅度也是逐渐降低。

图 6.17 所示为在干燥—饱水过程中不同状态砂岩抗拉强度。湿干循环作用过程中，岩石的强度也是在不断变化的，岩石饱水之后强度降低，而干燥之后强度有所"恢复"，但总体的趋势是在逐渐降低的。在经过相同的湿干循环次数后，再

进行饱水的砂岩较干燥状态砂岩，其抗拉强度出现明显的降低。例如初始饱水砂岩的抗拉强度较干燥状态砂岩下降 51.9%，第 2 次饱水后饱水砂岩抗拉强度相对干燥砂岩降低 75.9%，第 4 次饱水降低 73.4%，第 6 次饱水降低 76.7%，第 10 次饱水降低 67.4%。通常工程上将饱水岩石的强度与干燥岩石的抗拉强度的比值来评价水对岩石的软化作用，从试验结果看，水对岩石的软化作用也与水-岩作用历史相关。

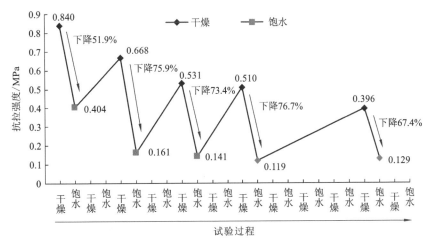

图 6.17　砂岩抗拉强度随饱水—干燥过程的变化

## 6.3.3　湿干循环与长期浸泡下砂岩抗拉强度

如图 6.18 所示，对于经过不同时间浸泡的砂岩，其强度相对于初始干燥的岩石也有不同程度的降低。饱水 2 天、4 天、8 天、72 天的砂岩，相对于初始干燥砂岩，其抗拉强度分别降低了 51.9%、60.4%、78.3%、78.5%；说明砂岩在饱水后抗拉强度有所下降，尤其是在浸泡初期，试样抗拉强度降低幅度很大，如浸泡 2 天和 4 天的岩样；随着浸泡时间的不断增加，其抗拉强度受浸泡时间影响逐渐减小，如浸泡 72 天和浸泡 8 天的砂岩，抗拉强度大体相当。从试验结果可以看出，饱水对砂岩的抗拉强度的影响也是有明显的时间效应，尤其是在初始时期，这与文献（Wang et al.，2016）的结果类似。试验曲线近似指数形式变化可采用下列关系式进行拟合。

$$\sigma_t = 0.162 \exp\left(\frac{1.924}{n}\right) \tag{6.6}$$

式中：$n$ 为饱水天数。

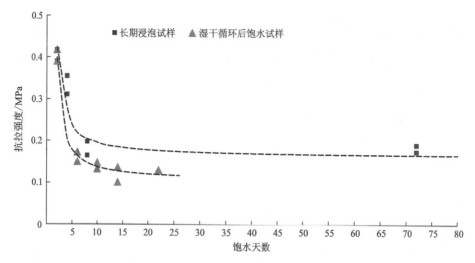

图 6.18　饱水—干燥循环后饱水砂岩与长期浸泡状态下的砂岩的抗拉强度

图6.18所示为湿干循环后饱水砂岩的抗拉强度随饱水天数的变化。可以看出，在相同的饱水天数情况下，经过湿干循环作用试样的抗拉强度明显低于长期浸泡的试样。这表明湿干循环作用较长期浸泡状态对砂岩抗拉强度的影响作用更大。

## 6.3.4　湿干循环和长期浸泡对砂岩强度影响机理

水与岩石之间的物理、化学作用是影响岩石力学特性的重要因素。本章中砂岩是主要由石英与长石被泥质胶结物胶结组成。其中长石是一种空间结构带负电荷的硅酸盐矿物，遇水时易发生水解，经水化学作用后可塑性和压缩性强、强度低。相应的化学反应式为

$$4NaAlSi_3O_8 + 6H_2O \longrightarrow Al_4(Si_4O_{10})(OH)_8 + 8SiO_2 + 4NaOH \quad (6.7)$$

$$4KAlSi_3O_8 + 6H_2O \longrightarrow Al_4(Si_4O_{10})(OH)_8 + 8SiO_2 + 4KOH \quad (6.8)$$

此外，泥质胶结物一般含有膨胀性黏土矿物，遇水作用后，胶结作用迅速减弱。因而饱和砂岩相对于干燥状态砂岩，其强度下降。同时，由于水对岩石矿物的作用具有时间依赖性，随着水-岩之间作用时间延长，砂岩的抗拉强度也逐渐降低。

岩石在饱水状态下强度降低，在干燥过程中强度有一定程度的"恢复"，但仍低于初始的强度。这是因为在湿干循环作用过程中，矿物颗粒及胶结物的膨胀-收缩等均对颗粒之间的胶结、摩擦特性产生了影响。其宏观表现就是对岩石强度产生劣化作用。这种循环往复的作用，包含多个物理化学作用过程，比岩石长期

浸泡在水中发生的物理化学作用的程度更大。因而，砂岩抗拉强度的降低在湿干循环条件下比长期浸泡条件下更为显著。

# 6.4　水压及湿干循环下砂岩抗拉力学特性

## 6.4.1　试验设备

为了较真实地模拟消落带湿干循环作用，考虑库水压力的作用是很有必要的，换言之，在进行试样湿干循环作用过程中的湿化过程模拟时，应采用有压的条件来进行岩石试样的浸泡；同时，在进行试样湿干循环作用过程中的干燥过程模拟时，应摒弃传统的高温烘干法，按真实的环境温度风干试样，这样更接近水库岸坡消落带岩石所经历的自然风干状态，避免以往试验中采取高温烘干措施对岩石矿物成分及其力学性质的影响。鉴于此，本书作者自主研制了能较真实地模拟岸坡消落带岩石所处的湿干变化环境的岩石抗拉强度测试系统（SGPL-2016），具体见图 6.19 和图 6.20。该试验系统与传统的巴西劈裂试验设备的区别在于，它不仅可以实现岩石劈裂抗拉强度的测试，还可以模拟消落带岩石所处的加压浸泡及自然风干等环境条件。该测试装置能科学合理地获取水库运行期岸坡消落带岩石在水压力及湿干循环共同作用下的抗拉强度。

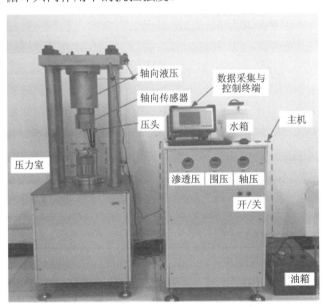

图 6.19　岩石抗拉强度测试系统（SGPL-2016）

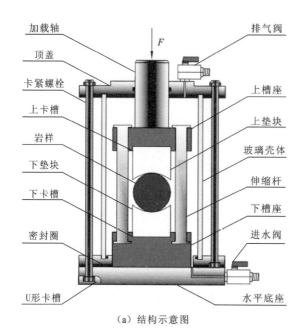

（a）结构示意图　　　　　　　　　　　（b）装置实物图

图 6.20　SGPL-2016 岩石抗拉强度测试系统的压力室

考虑湿干变化环境的岩石抗拉强度测试系统由压力室、轴向传感器、主机、数据采集与控制终端等主要部分组成（图 6.19）。其中，压力室主要由水平底座、玻璃壳体与顶盖等部分组成（图 6.20），可形成与外界进行水-气交换的半封闭空间，为消落带湿干循环环境模拟试验提供有效的容器。

利用该系统进行水库岸坡消落带岩石抗拉强度测试的过程概述如下。

（1）试样安装：首先打开压力室，并将试样安装在上下垫块之间，然后将上下垫块置于槽座卡槽内对试样进行固定，最后闭合压力室并调整压力室位置，使得轴向传感器的压头与压力室的加载轴对齐，以使试样受压均匀。

（2）湿化模拟：首先通过主机设定试验所需的水压力值，并利用数据采集与控制终端设定试验所需的浸泡时间，然后打开水箱及压力室上的进水孔和排气孔阀门，往压力室内注水，当水位上升至浸没试样且距离压力室顶部 5 cm 左右时，关闭排气孔阀门，最后通过主机内的水压加压稳压器加压至设定水压力值并进行稳压，在设定的试验时间内维持该水压力不变，直到达到试验所设定的浸泡时间，以模拟消落带内红砂岩的湿化过程。

（3）干燥模拟：首先通过主机卸除湿化过程模拟时的水压力，并打开压力室的排气孔与排水孔阀门，排出压力室内的水，然后在压力室的进气孔端接入可调控温度的风机，按照试验所需的风干温度与时间持续鼓入空气，直至达到试验所需的干燥时间，以模拟消落带内红砂岩的干燥过程。

（4）加载破坏：湿干循环环境模拟过程结束后，通过主机和轴向传感器沿轴向向红砂岩试样加载，直至试样破坏，加载过程中数据采集与控制终端会自动绘制试样在变形破坏过程中的应力-应变曲线。

（5）抗拉强度确定：将破坏荷载代入巴西圆盘劈裂试验测试岩石抗拉强度的计算公式，计算获得经历湿干循环作用后的红砂岩试样的抗拉强度。

## 6.4.2　试验材料和方法

试验所用红砂岩取自三峡库区秭归县马家沟滑坡，岩样呈紫红色，X 射线粉晶衍射结果（图 6.21）表明，岩样主要由 38.9% 的石英、23.8% 的长石、23.3% 的伊利石、5.5% 的绿泥石、3.2% 的高岭石及 5.3% 方解石等成分组成，其中黏土矿物占 32.0%。红砂岩典型薄片分析鉴定结果表明，其胶结类型为孔隙式胶结（图 6.22），伊利石、绿泥石、高岭石等黏土矿物作为胶结物质填充于石英与长石等碎屑颗粒的周围。

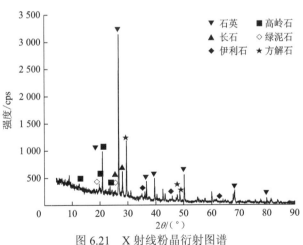

图 6.21　X 射线粉晶衍射图谱

试样的制备依据国际岩石力学学会（Zhou et al.，2012）推荐的标准进行。首先使用钻具在完整红砂岩块内钻取直径为 50 mm 的岩芯，然后通过切割和打磨制成直径为 50 mm、厚度为 25 mm 的标准试样（图 6.23），制样过程中严格控制试样两个端面的不平整度和不平行度，最大误差均不超过 0.05 mm。对于已制备好的红砂岩试样，利用非金属波速测试仪测试其超声波纵波波速和回弹值，选取纵波波速和回弹值均相近的试样作为试验用样（张振华 等，2017）。试验前所有试样均用保鲜膜包裹保存于室温干燥环境中。

 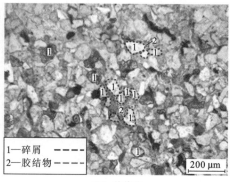

（a）正交偏光　　　　　　　　　　　　　　　（b）单偏光

图 6.22　红砂岩典型薄片微观结构图

扫描封底二维码见彩图

图 6.23　红砂岩劈裂试验标准试样

　　红砂岩的宏观抗拉强度与其微细观结构和黏土矿物成分及含量是密切相关的。为了研究水库运行期岸坡消落带红砂岩抗拉强度劣化机制，本节试验拟采用上文所述自主研发的能模拟岸坡消落带湿干循环作用的劈裂装置进行岩石在水压及湿干循环共同作用下的抗拉强度测试，并从宏观的角度获得红砂岩抗拉强度的劣化规律；通过扫描电子显微镜及吸水率测试试验获得红砂岩在不同次数湿干循环作用下的微细观结构的变化规律，通过 X 射线衍射试验获得红砂岩在不同次数湿干循环作用下的黏土矿物的组成及含量的变化规律，通过化学方法鉴定砂岩浸湿过程中的浸泡液离子浓度变化，进而从微细观的角度来揭示红砂岩抗拉强度的劣化机制。

　　考虑试验的可行性，采用浸泡饱和法浸泡试样 $m$ 小时，但浸泡时考虑水压力的作用采用有压浸泡，压力值取 0.2 MPa（对于消落带区域的岩石，水位从 145 m 上升至 175 m 过程中，其经历了从 0～0.3 MPa 的库水压力变化，取其中间值 0.2 MPa 作为试验水压），对浸泡后的试样在 26℃条件下风干 $n$ 小时（26℃为作者统计的三峡库区秭归县 2013～2016 年内 5～9 月的平均气温），以上即为试验设计的一次湿干循环作用过程。其中，浸泡时间 $m$ 和干燥时间 $n$ 严格按照前期预备试验的研究成果进行确定。

　　上述提到的预备试验分两部分进行，具体试验过程如下。

## 第 6 章　干湿（湿干）循环作用对岩石力学特性的影响

（1）在已制备好的试样中任取一个，用细线拴牢，上方吊挂于分析天平底部挂钩之上，下方悬于装有水的烧杯中，以使试样全部浸没为宜，每间隔 1 h 记录试样浸没于水中的浮质量(浮质量本指试样浸没于水中除去浮力以后的有效质量，本节用浮质量代指试样浸没于水中除去浮力以后的有效质量与试样孔隙中水的质量之和)，当试样浮质量不再变化时终止试验，记录试验所用的时间，该时间即可确定为试样的浸泡时间。

（2）另取一试样安装于试验装置中，在 0.2 MPa 水压力条件下按预备试验（1）中确定的试验时间进行浸泡之后，在 26℃ 条件下对浸泡后的试样进行恒温风干，每间隔 1 h 取出，用分析天平称量并记录试样的质量，称量以后继续放回试验装置进行恒温风干，当试样质量不再变化时终止试验，记录试验所用的时间，该时间即可确定为试样的干燥时间。

获取浸泡时间和干燥时间后，则开始正式试验。试验过程中，取 48 个样本，分成 16 组，并用数字 1～16 进行标记，每组包含三个样本进行重复测试以减少试验数据的离散性。各种试验的具体步骤如表 6.5 所示。

表 6.5　试验步骤表

| 组号 | 试验 | 步骤 |
|---|---|---|
| 1, 2, 3, 4, 5, 6, 7（0 MPa）<br>8, 9, 10, 11, 12, 13, 14（0.2 MPa） | 劈裂试验 | ①将试样放入压力室；<br>②通过进水阀向压力室中加水，对试样施加 0 MPa(1～7 组)和 0.2 MPa(8～14 组) 的水压(17 h)；<br>③从压力室排出水，然后用鼓风机对压力室通风，使试样在 26℃ 下干燥 8 h；<br>④在 0 次、1 次、2 次、4 次、6 次、8 次、12 次湿干循环后，对试样施加轴向荷载 |
| | 离子浓度测量 | ①在每次湿干循环结束后，分别收集用于对每组中的三个试样进行浸湿过程的浸泡液；<br>②从浸泡液中取出一部分，使用火焰光度计测量 $Na^+$ 和 $K^+$ 的含量；<br>③从浸泡液中另取出一部分，用滴定法测量 $Ca^{2+}$ 的含量 |
| 15（0 MPa）<br>16（0.2 MPa） | XRD | ①在每次湿干循环后，分别从第 15 组和第 16 组的 3 个样品中选出 3 个松散样品；<br>②将取出来的碎片粉碎成粒径小于 0.075 mm 的粉末；<br>③测试粉末的 X 射线衍射图；<br>④根据上一步骤的衍射图计算试样的黏土矿物含量 |
| | SEM | ①在每次湿干循环后，分别从第 15 组和第 16 组的 3 个样品中选出 3 个松散样品；<br>②用扫描电镜观察 3 个松散样品的微观结构 |
| | 孔隙率测试 | ①在每次湿干循环后，分别从第 15 组和 16 组的 3 个样品中取出一块松散的碎片；<br>②砂岩的孔隙率测试在松散的碎片上进行 |

### 6.4.3 抗拉强度

预备试验结果表明：在不考虑水压力作用的浸泡条件下，17 h 后红砂岩试样的浮质量不再发生变化（图 6.24，此时试样达到完全饱和；当考虑水压力作用时，水压力的存在会加速水渗入试样孔隙的过程，试样达到完全饱和所需的时间应小于不考虑水压力作用时所需的时间，因此采用该试验时间作为考虑水压力条件下红砂岩试样的浸泡时间是合理的，由此确定红砂岩湿化过程的浸泡时间为 17 h；在 26℃恒温风干条件下，8 h 后红砂岩试样的质量不再发生变化（图 6.24），此时试样的含水率基本趋于零，从而确定红砂岩干燥过程的干燥时间为 8 h。

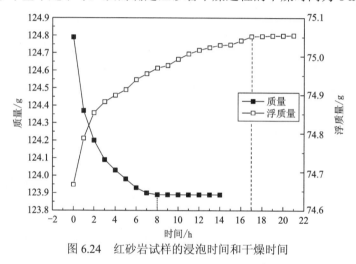

图 6.24  红砂岩试样的浸泡时间和干燥时间

根据预备试验所确定的浸泡时间和干燥时间，开展考虑水压力和湿干循环共同作用的环境模拟试验，环境模拟试验结束以后，对每次湿干循环作用后的试样进行劈裂试验，记录试样的全过程应力-应变曲线，根据式（2.1）计算获得红砂岩试样的抗拉强度。

图 6.25 所示为红砂岩试样在不同水压和湿干循环条件下的抗拉强度变化。0.2 MPa 水压下砂岩试样抗拉强度试验数据由前期研究（张振华 等，2017）获得。如图 6.29 所示，随着湿干循环次数的增加，砂岩试样的抗拉强度逐渐降低。具体而言，与原始干试样相比，砂岩试样的抗拉强度在第一次湿干循环后急剧下降，在 0 MPa 和 0.2 MPa 水压下分别下降了 13.78%和 23.63%。然而，随着湿干循环次数的增加，抗拉强度的变化率变慢，特别是从第 5 次到第 8 次湿干循环。在第 7 次湿干循环后，抗拉强度几乎不变。值得注意的是，第 12 次湿干循环后，砂岩试样在 0.2 MPa 水压下的抗拉强度衰减幅度大于在 0 MPa 水压下的衰减幅度。

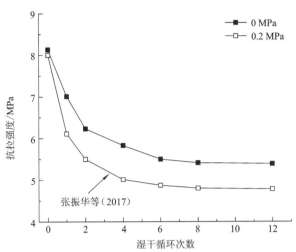

图 6.25　红砂岩试样抗拉强度随湿干循环次数的变化

## 6.4.4　浸泡液离子浓度

表 6.6 列出了在每个湿干循环中浸泡液离子浓度的测量结果。从表 6.6 可以看出，除 $Ca^{2+}$ 外，所有离子的浓度均接近于 0。相反，随着湿干循环次数从 0 次增加到 7 次，$Ca^{2+}$ 浓度急剧下降，尽管下降速度减慢随着湿干循环次数从 7 次增加到 12 次，离子浓度下降并最终接近零（图 6.26）。此外，0.2 MPa 水压下浸泡液中的 $Ca^{2+}$ 浓度大于 0 MPa 水压下的 $Ca^{2+}$ 浓度。

表 6.6　不同水压条件下湿干循环下的离子浓度

| 湿干循环次数 | 离子浓度/（mg/L） | | | | | |
|:---:|:---:|:---:|:---:|:---:|:---:|:---:|
| | $Na^+$ | | $K^+$ | | $Ca^{2+}$ | |
| | 0 MPa | 0.2 MPa | 0 MPa | 0.2 MPa | 0 MPa | 0.2 MPa |
| 1 | 0.039 | 0.047 | 0.018 | 0.022 | 0.282 | 0.345 |
| 2 | 0.035 | 0.038 | 0.015 | 0.015 | 0.206 | 0.242 |
| 3 | 0.033 | 0.039 | 0.015 | 0.014 | 0.139 | 0.187 |
| 4 | 0.031 | 0.037 | 0.014 | 0.016 | 0.113 | 0.142 |
| 5 | 0.029 | 0.032 | 0.013 | 0.013 | 0.081 | 0.110 |
| 6 | 0.028 | 0.031 | 0.012 | 0.012 | 0.066 | 0.117 |

续表

| 湿干循环次数 | 离子浓度/（mg/L） | | | | | |
| --- | --- | --- | --- | --- | --- | --- |
| | Na$^+$ | | K$^+$ | | Ca$^{2+}$ | |
| | 0 MPa | 0.2 MPa | 0 MPa | 0.2 MPa | 0 MPa | 0.2 MPa |
| 7 | 0.027 | 0.029 | 0.012 | 0.011 | 0.053 | 0.091 |
| 8 | 0.025 | 0.030 | 0.013 | 0.014 | 0.046 | 0.082 |
| 9 | 0.026 | 0.031 | 0.011 | 0.013 | 0.042 | 0.075 |
| 10 | 0.024 | 0.026 | 0.011 | 0.012 | 0.040 | 0.073 |
| 11 | 0.023 | 0.027 | 0.010 | 0.011 | 0.039 | 0.072 |
| 12 | 0.023 | 0.028 | 0.009 | 0.013 | 0.039 | 0.071 |

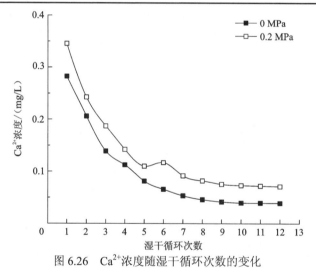

图 6.26　Ca$^{2+}$浓度随湿干循环次数的变化

## 6.4.5　黏土矿物含量

在每次湿干循环作用后的红砂岩试样上取一部分磨成粒径小于 0.075 mm 的粉末，分别进行 X 射线衍射测试。图 6.27 为每次湿干循环后砂岩样品中黏土矿物（即高岭石、伊利石和绿泥石）的衍射图，而图 6.28 显示了每次湿干循环后砂岩样品中不同黏土矿物的质量分数。具体而言，随着湿干循环次数从 0 次增加到 12 次，在 0 MPa 和 0.2 MPa 的水压下，伊利石的质量分数分别迅速下降 7.1% 和 9.1%。相比之下，高岭石和绿泥石的质量分数无论是否有水压，随着湿干循环次数的增加几乎没有变化。

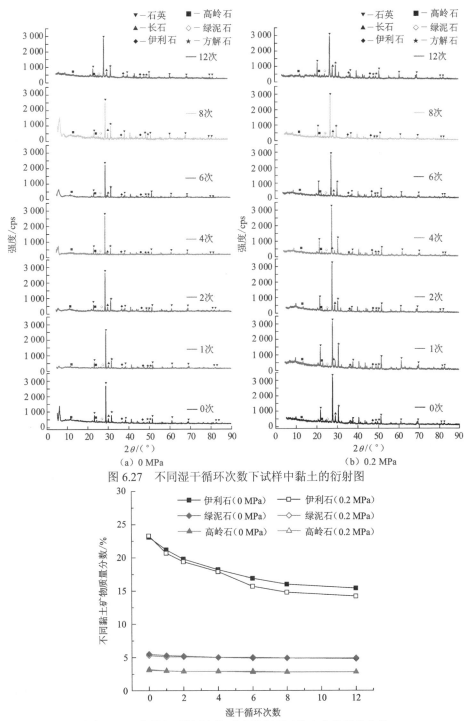

（a）0 MPa

（b）0.2 MPa

图 6.27　不同湿干循环次数下试样中黏土的衍射图

图 6.28　不同湿干循环次数下试样中不同黏土矿物质量分数

## 6.4.6　微观结构

　　如图 6.29 所示，无论是否有水压，试样表面在湿干循环条件下的微观结构都以类似的方式变化。具体而言，原始干燥试样表面光滑，微孔隙很少[图 6.29（a）]；

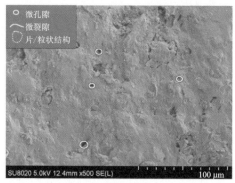

（a）0次循环

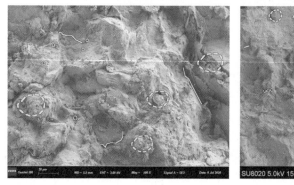

0 MPa　　　　　　　　　　　　　　2 MPa

（b）1次循环

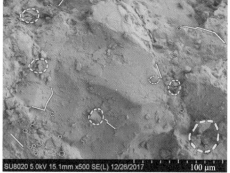

0 MPa　　　　　　　　　　　　　　2 MPa

（c）2次循环

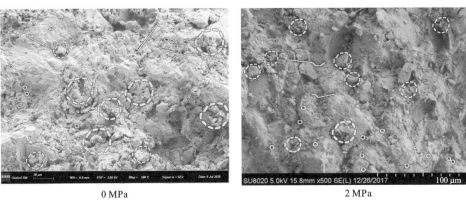

　　　　0 MPa　　　　　　　　　　　　　　　　2 MPa

（d）6次循环

　　　　0 MPa　　　　　　　　　　　　　　　　2 MPa

（e）12次循环

图 6.29　不同循环次数下试样表面的 SEM 显微照片

扫描封底二维码看彩图

逐渐地，在第 1 次湿干循环后，试样表面变得粗糙，具有更多的微孔隙［图 6.29(b)］；然后，在第 2 次湿干循环后，试样表面显示出一些片状薄片［图 6.29（c）］；在第 6 次湿干循环后，试样表面似乎更松散，片状更多［图 6.29（d）］；第 12 次湿干循环后，试样表面充满大量片状薄片［图 6.29（e）］。

## 6.4.7　孔隙率

　　如图 6.30 所示，随着湿干循环次数的增加，砂岩样品的孔隙率逐渐升高。然而，随着湿干循环次数的增加，孔隙率的变化速度变慢。与原始干燥试样相比，砂岩试样在 0 MPa 和 0.2 MPa 水压下经过第 12 次湿干循环后，孔隙率分别升高了 27.96% 和 38.90%。因此，可以推断水压对砂岩样品的孔隙率升高有显著影响。

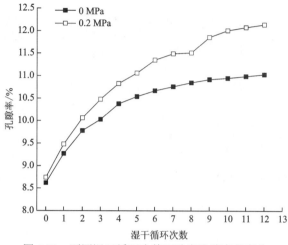

图 6.30 不同湿干循环次数下砂岩孔隙率的变化

## 6.4.8 分析与讨论

### 1. 水-岩相互作用对砂岩物质含量的影响

在每个湿干循环过程中，水岩相互作用对砂岩试样的矿物含量有显著影响。在浸泡过程中，砂岩试样与蒸馏水之间会发生矿物溶解和水化反应。试验所用砂岩主要由石英、长石、伊利石、绿泥石、高岭石、方解石等成分组成。对于石英和长石，当它们遇到去离子水时会发生以下反应（Yuan et al.，2017；Rimstidt，2015；Plummer et al，1982）：

$$SiO_2(qz) + 2H_2O \Longrightarrow H_4SiO_4(aq) \tag{6.9}$$

$$KAlSi_3O_8(\text{K-长石}) + 0.5H_2O + H^+ \Longrightarrow$$
$$0.5Al_2Si_2O_5(OH)_4(\text{高岭石}) + 2SiO_2(\text{石英}) + K^+ \tag{6.10}$$

$$NaAlSi_3O_8(\text{钠长石}) + 0.5H_2O + H^+ \Longrightarrow$$
$$0.5Al_2Si_2O_5(OH)_4(\text{高岭石}) + 2SiO_2(\text{石英}) + Na^+ \tag{6.11}$$

此外，方解石与水及溶于水的 $CO_2$ 发生反应（Matsuzawa et al.，2020；Pearce et al.，2019；Cui et al.，2017；Huq et al.，2015）：

$$CO_2 + H_2O \Longrightarrow HCO_3^- + H^+ \tag{6.12}$$

$$CaCO_3(s) + H^+ \Longrightarrow Ca^{2+} + HCO_3^- \tag{6.13}$$

石英和水之间的反应伴随着硅酸释放到溶液中，以及 Si—O 键的断裂。钾长石、钠长石和方解石在酸性溶液中的溶解伴随着 $Ca^{2+}$、$Na^+$ 和 $K^+$ 离子的生成。因此，可以通过测量浸泡液中各种离子的浓度来量化每个浸泡阶段的化学反应强度。

室温条件下，方解石在蒸馏水中的溶解速率远大于长石和石英的溶解速率（Wolff-Boenisch et al.，2016；Crundwell，2015，2014），因此浸泡溶液中方解石的溶解占主导地位。黏土矿物与水接触容易发生水化作用（Zhang et al.，2018），吸附水分子形成水化膜，使晶格层间距离增大发生膨胀。具体而言，随着试样吸水率的升高，黏土矿物的水化过程主要分为四个阶段。在第 1 阶段，水分子主要被黏土矿物表面的亲水基团（可交换阳离子、边缘阳离子和表面 OH 基团）吸附在黏土矿物表面（图 6.31），从而在黏土矿物表面形成水膜（López-Lilao et al.，2017）。在第 2 阶段，2~3 层水膜被吸附在孔壁或自由膨胀层或颗粒的表面（Revil et al.，2013；Prost et al.，1998）。第 3 阶段，由于孔隙和裂缝中的毛细管凝聚作用，一些未饱和的孔隙和裂缝逐渐被水填充。同时，随着更多孔隙饱和，黏土矿物的水化程度加深。在第 4 阶段，在水压力作用下越来越多的孔隙和裂缝被水填充，这导致黏土矿物的水化膨胀达到最大程度（图 6.32）。因此，黏土矿物在浸泡过程中由于 4 个水化阶段吸收水分子而发生不同程度的膨胀，并以崩解或剥落的形式造成黏土矿物流失（Zhang et al.，2018；王伟 等，2017）。由于伊利石比高岭石和绿泥石具有更强的水化能力（Grim，1968），随着湿干循环次数的增加，伊利石的含量比高岭石和绿泥石的含量下降得更多（图 6.28）。

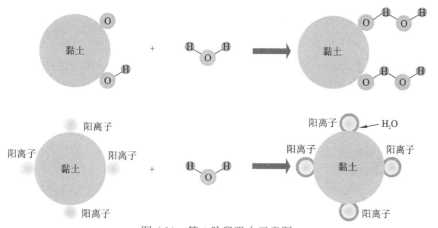

图 6.31　第 1 阶段吸水示意图

根据上述分析，颗粒（即石英和长石）之间胶结物质（即黏土矿物和方解石）的损失主要是由每个湿干循环的浸泡过程引起的（图 6.31）。以往的研究已经证明了水压会加速不连通裂缝发展（Tang et al.，2016a，2016b；Tang，2015；Eeckhout，1976），这为方解石溶解和黏土矿物水化提供了更多的空间。

试验结果表明，浸泡液中较高的水压（0.2 MPa）会使化学反应速率升高，导致较高的离子浓度（图 6.26）、黏土矿物含量下降（图 6.28）。此外，无论是否有

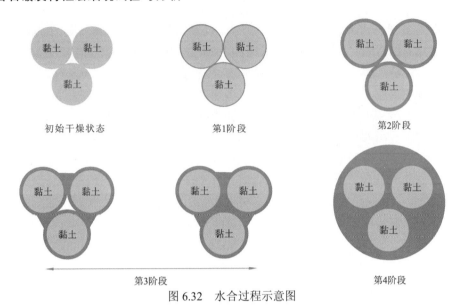

图 6.32　水合过程示意图

水压作用，随着湿干循环次数的增加化学反应速率逐渐降低，黏土矿物的损失变慢（图 6.28）。

### 2. 湿干循环和水压对砂岩微观结构的影响

浸泡过程中黏土矿物的膨胀和方解石的溶解伴随着新的微孔隙和裂隙的产生，以及原有微孔隙和裂隙的扩大[图 6.33（b）]。同时，黏土矿物在干燥过程中的收缩也会在黏土矿物与颗粒之间产生新的裂隙[图 6.34（Zhang et al.，2018；Gautam et al.，2013；Sebastián，2008）]。此外，在水压作用下，裂纹尖端的应力集中往往会加速不连通裂隙的发展（Tang et al.，2016a，2016b；Tang，2015；Eeckhout，1976），随着湿干循环次数的增加，会产生更多的微孔隙和裂隙[图 6.29（a）～（e）]。

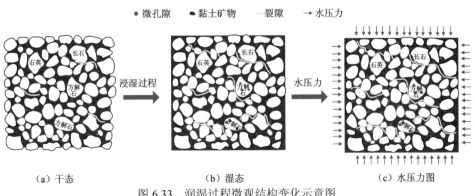

图 6.33　润湿过程微观结构变化示意图

扫封底二维码看彩图

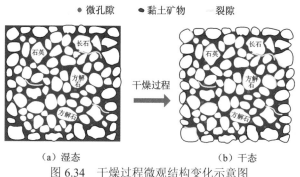

● 微孔隙　　● 黏土矿物　　　裂隙

（a）湿态　　　　　　　　　　　　（b）干态

图 6.34　干燥过程微观结构变化示意图

扫封底二维码看彩图

# 参 考 文 献

班力壬, 戚承志, 燕发源, 等, 2019. 岩石节理粗糙度新指标及新的 JRC 确定方法. 煤炭学报, 44(4): 1059-1065.

曹平, 宁果果, 范祥, 等, 2013. 不同温度的水岩作用对岩石节理表面形貌特征的影响. 中南大学学报(自然科学版), 44(4): 1510-1516.

褚夫蛟, 刘敦文, 陶明, 等, 2018. 基于核磁共振的不同含水状态砂岩动态损伤规律. 工程科学学报, 40(2): 144-151.

郭富利, 张顶立, 苏洁, 等, 2007. 地下水和围压对软岩力学性质影响的试验研究. 岩石力学与工程学报, 26(11): 2324-2332.

蒋宇静, 王刚, 李博, 等, 2007. 岩石节理剪切渗流耦合试验及分析. 岩石力学与工程学报, 26(11): 2253-2259.

王伟, 李雪浩, 朱其志, 等, 2017. 水化学腐蚀对砂板岩力学性能影响的试验研究. 岩土力学, 38(9): 2559-2566.

徐千军, 陆杨, 2005. 干湿交替对边坡长期安全性的影响. 地下空间与工程学报, 1(6): 1021-1024.

姚华彦, 冯夏庭, 崔强, 等, 2009. 化学侵蚀下硬脆性灰岩变形和强度特性的试验研究. 岩土力学, 30(2): 338-344.

张振华, 黄翔, 崔强, 2017. 水库运行期岸坡消落带红砂岩抗拉强度劣化机制. 岩石力学与工程学报, 36(11): 2731-2740.

周翠英, 邓毅梅, 谭祥韶, 等, 2004. 软岩在饱水过程中水溶液化学成分变化规律研究. 岩石力学与工程学报, 23(22): 3813-3817.

周翠英, 邓毅梅, 谭祥韶, 等, 2005. 饱水软岩力学性质软化的试验研究与应用. 岩石力学与工

程学报, 24(1): 33-38.

朱朝辉, 吴平, 姚华彦, 等, 2012. 饱水−干燥循环和长期饱水砂岩劈裂试验. 水电能源科学, 30(12): 58-60, 47.

Barton N, 1973. Review of a new shear strength criterion for rock joints. Engineering Geology, 7: 287-322.

Crundwell F K, 2014. The mechanism of dissolution of minerals in acidic and alkaline solutions: Part II. Application of a new theory to silicates, aluminosilicates and quartz. Hydrometallurgy, 149: 265-275.

Crundwell F K, 2015. The mechanism of dissolution of the feldspars: Part I. Dissolution at conditions far from equilibrium. Hydrometallurgy, 151: 151-162.

Cui G D, Zhang L, Tan C Y, et al., 2017. Injection of supercritical $CO_2$ for geothermal exploitation from sandstone and carbonate reservoirs: $CO_2$-water-rock interactions and their effects. Journal of $CO_2$ Utilization, 20: 113-128.

Eeckhout E M V, 1976. Mechanisms of strength reduction due to moisture in coal mine shales. International Journal of Rock Mechanics and Mining Sciences, 13(2): 61-67.

Feucht L J, Logan J M, 1990. Effects of chemically activesolutions on shearing behavior of a sandstone. Tectonophysics, 175: 159-176.

Gautam T P, Shakoor A, 2013. Slaking behavior of clay-bearing rocks during a one-year exposure to natural climatic conditions. Engineering Geology, 166(8): 17-25.

Grim R E, 1968. Clay mineralogy. New York: McGraw-Hill.

Huq F, Haderlein S B, Cirpka O A, et al., 2015. Flow-through experiments on water–rock interactions in a sandstone caused by $CO_2$ injection at pressures and temperatures mimicking reservoir conditions. Applied Geochemistry, 58: 136-146.

López-Lilao A, Gómez-Tena M P, Mallol G, et al., 2017. Clay hydration mechanisms and their effect on dustiness. Applied Clay Science, 144: 157-164.

Ma D, Yao H, Xiong J, et al., 2022. Experimental study on the deterioration mechanism of sandstone under the condition of wet-dry cycles. KSCE Journal Civil Engineering, 26: 2685-2694.

Matsuzawa M, Chigira M, 2020. Weathering mechanism of arenite sandstone with sparse calcite cement content. Catena, 187: 104367.

Pearce J K, Dawson G K W, Golab A, et al., 2019. A combined geochemical and μCT study on the $CO_2$ reactivity of Surat Basin reservoir and cap-rock cores: Porosity changes, mineral dissolution and fines migration. International Journal of Greenhouse Gas Control, 80: 10-24.

Plummer L N, Busenberg E, 1982. The solubilities of calcite, aragonite and vaterite in $CO_2$-$H_2O$ solutions between 0 and 90 ℃, and an evaluation of the aqueous model for the system

CaCO$_3$-CO$_2$-H$_2$O. Geochimica et Cosmochimica Acta, 46(6): 1011-1040.

Prost R, Koutit T, Benchara A, et al., 1998. State and location of water adsorbed on clay minerals: Consequences of the hydration and swelling–shrinkage phenomena. Clays and Clay Minerals, 46(2): 117-131.

Revil A, Lu N, 2013. Unified water isotherms for clayey porous materials. Water Resources Research, 49(9): 5685-5699.

Rimstidt J D, 2015. Rate equations for sodium catalyzed quartz dissolution. Geochimica et Cosmochimica Acta, 167: 195-204.

Sebastián E, Cultrone G, Benavente D, et al., 2008. Swelling damage in clay-rich sandstones used in the church of San Mateo in Tarifa (Spain). Journal of Cultural Heritage, 9(1): 66-76.

Tang S B, 2015. The effect of T-stress on the fracture of brittle rock under compression. International Journal of Rock Mechanics and Mining Sciences, 79: 86-98.

Tang S B, Bao C Y, Liu H Y, 2016a. Brittle fracture of rock under combined tensile and compressive loading conditions. Canadian Geotechnical Journal, 54: 88-101.

Tang S B, Zhang H, Tang C A, et al., 2016b. Numerical model for the cracking behavior of heterogeneous brittle solids subjected to thermal shock. International Journal of Solids and Structures, 80: 520-531.

Wang W, Liu T G, Shao J F, 2016. Effects of acid solution on the mechanical behavior of sandstone. Journal of Materials in Civil Engineering, 28(1): 04015089.

Wolff-Boenisch D, Galeczka I M, et al., 2016. A foray into false positive results in mineral dissolution and precipitation studies. Applied Geochemistry, 71: 9-19.

Yuan G, Cao Y, Gluyas J, et al., 2017. Reactive transport modeling of coupled feldspar dissolution and secondary mineral precipitation and its implication for diagenetic interaction in sandstones. Geochimica et Cosmochimica Acta, 207: 232-255.

Zhang Z H, Liu W, Han L, et al., 2018. Disintegration behavior of strongly weathered purple mudstone in drawdown area of Three Gorges Reservoir, China. Geomorphology, 315: 68-79.

Zhao Z H, Yang J, Zhang D F, et al., 2017. Effects of wetting and cyclic wetting–drying on tensile strength of sandstone with a low clay mineral content. Rock Mechanics and Rock Engineering, 50: 485-491.

Zhou Y X, Xia K, Li X B, et al., 2012. Suggested methods for determining the dynamic strength parameters and mode-I fracture toughness of rock materials. International Journal of Rock Mechanics and Mining Sciences, 49: 105-112.

Zhou Z L, Cai X, Chen L, et al., 2017. Influence of cyclic wetting and drying on physical and dynamic compressive properties of sandstone. Engineering Geology, 220: 1-12.

# 第 7 章　软岩崩解特性

崩解性岩石吸水后容易发生崩解破碎，诱发边坡滑塌等工程地质灾害，学者们针对岩石崩解特性开展了大量研究，分别从水对岩石力学特性的影响、岩石在水溶液中的崩解状态和耐崩解性与矿物组成的相关性、岩石遇水崩解软化微观机理等方面展开研究，并取得了大量有益的成果。

随着研究的深入，很多学者开始认识到水溶液性质对岩石遇水后的物理力学性质有着重要影响，也有一些学者开展了某些化学因素对其崩解性影响方面的研究：邓涛等（2014）对同一风化程度的泥质页岩进行了不同 pH 溶液中的静态崩解试验和耐崩解试验；Ghobadi 等（2014）研究了不同 pH 和含盐量对伊朗西南部阿加贾里地区砂岩构造的崩解性影响；梁冰等（2015）以阜新海州露天矿泥质岩为例，探讨了泥质岩在不同 pH 溶液中的崩解特性。这些研究为我们理解水溶液性质对岩石崩解性的影响提供了参考。岩石崩解过程是一个物理化学作用的过程，水化学作用既有物理方面也有化学方面的影响。

## 7.1　不同矿物组成软岩崩解特性

安徽省南部地区存在大量的红层软岩，遇水易软化、崩解，工程稳定性差。本节以安徽省宣城地区的 3 种红层软岩为例，开展室内湿干循环的崩解试验，并结合矿物鉴定、浸泡液的离子浓度分析和岩石 SEM 等试验，详细分析岩石的崩解性差异和作用机理。

### 7.1.1　试验材料

本节试验的三种不同岩石样品均取自安徽省宣城地区。通过粉晶 X 射线衍射试验得到三种岩样的主要矿物组成，如表 7.1 所示。

表 7.1　岩样的矿物质量分数　　　　　　　（单位：%）

| 岩样编号 | 石英 | 长石 | 白云母 | 蒙脱石 | 高岭石 | 方解石 | 菱铁矿 | 赤铁矿 | 绿脱石 | 绿锥石 |
|---|---|---|---|---|---|---|---|---|---|---|
| 1# | 58.82 | 8.42 | — | 5.69 | — | 26.11 | — | 1.64 | — | 2.32 |
| 2# | 31.01 | 6.28 | — | 8.37 | 32.33 | 20.13 | 1.24 | 0.64 | — | — |
| 3# | 39.13 | 7.28 | 4.37 | 7.53 | 19.37 | 17.96 | — | 1.78 | 2.58 | — |

三种岩样磨片在偏光显微镜下的照片如图 7.1 所示，岩样鉴定结果如下。

（a）1#岩样　　　　　　　　（b）2#岩样　　　　　　　　（c）3#岩样

图 7.1　岩样的偏光显微镜照片（单偏光）

　　1#岩样为岩屑砂岩，主要由碎屑颗粒和填隙物组成。碎屑以岩屑为主，此外还含有石英、长石等。含泥质纹层、条带或团块；含个别凝灰岩砾石，碎屑大小混杂；填隙物以杂基为主，并含部分泥质，填隙物成分由碳酸盐灰泥、粒径小于 0.03 mm 的杂基、黏土矿物及尘状氧化铁等组成。颗粒主要粒径介于 0.13～1.50 mm。胶结类型为孔隙式胶结。

　　2#岩样为砂质泥岩，主要由碎屑颗粒及填隙物组成。碎屑组分以石英为主，并含少量碳酸盐岩屑、长石、云母等其他碎屑；填隙物主要为泥质，并含少量方解石。泥质由黏土矿物、碳酸盐灰泥和尘状铁质等组成。碎屑多呈棱角状，大小混杂"漂浮"于泥质基质中。颗粒主要粒径介于 0.03～0.15 mm。胶结类型为基底式胶结。

　　3#岩样为钙质细砂岩，主要由碎屑颗粒及填隙物组成。碎屑以石英为主，并含有长石、岩屑等。填隙物以碳酸盐矿物为主，并含黏土矿物。碎屑颗粒普遍具有黏土膜。颗粒主要粒径介于 0.07～0.20 mm。胶结类型为薄膜-孔隙式胶结。

## 7.1.2　试验方法

　　在三组软岩样本中各挑选一块质量为 3～4 kg 的试样进行湿干循环试验研究，主要试验步骤如下。

（1）将岩样放入 105℃烘箱中恒温烘干 24 h，冷却至室温称重，以此为岩样的初试状态。

（2）将岩样放入玻璃缸中自然饱水浸泡 36 h，在此过程中观察岩样的崩解情况并拍照记录。其中浸泡用水的质量与试样的质量比保持恒定不变。

（3）饱水浸泡达到 36 h 之后，带水过筛（土工筛的筛孔直径分别为 5 mm、2 mm），进行崩解物的颗粒分析。

（4）将上述岩样崩解物放入 105℃烘箱中恒温烘干 24 h，冷却至室温称重。

以上步骤（2）～（4）为 1 次湿干循环试验。

（5）对浸泡液进行离子成分分析。测试仪器采用电感耦合等离子体质谱仪（ICP-MS），ICP-MS 是通过分析所测离子的质荷比来定性和定量测出离子的浓度。具有测试结果精度高，可以检测极低浓度离子成分，线性范围宽，可以同时对多种金属元素离子分析等优点。

（6）对筛分之后大于 2 mm 的岩石颗粒，重复开展以上步骤（2）～（5）的试验。

本节共开展了 16 次湿干循环试验。

## 7.1.3　试验结果与分析

### 1. 崩解现象

在湿干循环试验过程中，每次循环完成后将粒径大于 2 mm 的岩石颗粒再次进行浸水。图 7.2 为部分不同次数湿干循环之后岩样中粒径大于 2 mm 的颗粒照片。从图 7.2 可以看出，1#岩样在多次湿干循环后基本没有崩解，整体外观没有变化；2#岩样在第一次循环后即丧失整体性，崩解为碎块状，第 6 次循环后崩解为颗粒状，第 16 次循环后颗粒直径进一步减小；3#岩样在第 1 次循环后有少量颗粒崩落，第 6 次循环后有小颗粒继续剥落，第 16 次循环后裂解成大小不等的块体。

初始样　　　　　　　第 1 次循环　　　　　　　第 6 次循环　　　　　　　第 16 次循环

（a）1#岩屑砂岩

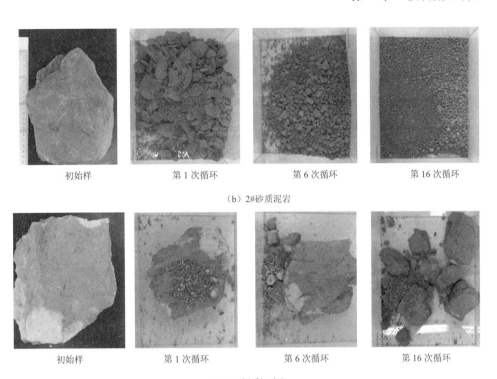

初始样　　　　　第 1 次循环　　　　　第 6 次循环　　　　　第 16 次循环

（b）2#砂质泥岩

初始样　　　　　第 1 次循环　　　　　第 6 次循环　　　　　第 16 次循环

（c）3#钙质细砂岩

图 7.2　三种岩样多次湿干循环后的崩解情况（>2 mm 颗粒）

## 2. 崩解物颗粒分析

为了进一步了解三种岩样的崩解颗粒变化情况，图 7.3 为三种岩样在不同粒径分布段内（$d<2$ mm，$2$ mm$<d<5$ mm，$d>5$ mm）的颗粒含量随湿干循环次数的变化图。从图中可以看出以下结论。

1#岩屑砂岩在整个循环过程中基本不崩解，$d>5$ mm 的部分颗粒始终占据主导地位。

2#砂质泥岩在湿干循环过程中，$d>5$ mm 的颗粒含量下降较快，在第 7 次湿干循环之后下降幅度减小；$2$ mm$<d<5$ mm 的颗粒含量在第 7 次湿干循环之前逐渐升高，在后期的循环中变化不大；$d<2$ mm 的颗粒含量随湿干循环次数快速升高。以上表明，该试样遇水后较易崩解。

3#钙质细砂岩在湿干循环过程中，$d>5$ mm 的颗粒含量缓慢下降；$2$ mm$<d<5$ mm 颗粒含量基本不变；$d<2$ mm 颗粒含量逐渐递增。该试样较 2#试样的崩解性弱。

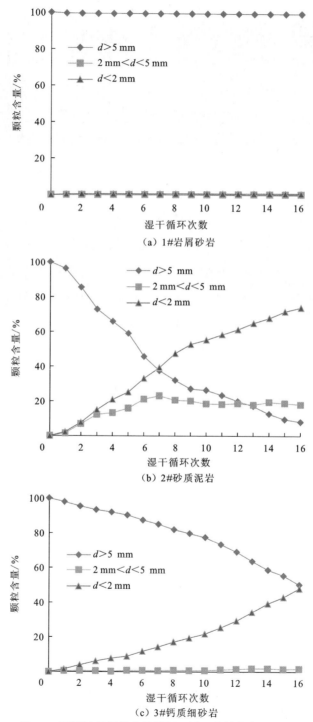

图 7.3  不同粒径颗粒含量随湿干循环次数的变化曲线

岩石力学中通常采用耐崩解指数 $I_{dn}$ 来评价岩石抵抗崩解的能力,其定义为第 $n$ 次湿干循环之后,岩石崩解物中粒径大于 2 mm 的颗粒质量与岩样原始质量的比值。可采用式(7.1)计算:

$$I_{dn} = \frac{m_{rn}}{m_0} \times 100\% \tag{7.1}$$

式中:$I_{dn}$ 为岩样第 $n$ 次湿干循环之后的耐崩解指数;$m_{rn}$ 为岩样第 $n$ 次湿干循环之后的粒径大于 2 mm 的颗粒的烘干质量;$m_0$ 原试样烘干质量。大多数规范以第 2 次湿干循环的耐崩解指数作为评定岩石耐崩解性的标准[《水利水电工程岩石试验规程》(SL/T 264—2020);《公路工程岩石试验规程》(JTG-E 41—2005)]。

为了深入认识湿干循环对岩石耐崩解性的影响,图 7.4 给出了耐崩解指数 $I_{dn}$ 与湿干循环次数的关系曲线。从图中可以看出,随着湿干循环次数的增加,1#岩屑砂岩在多次湿干循环后耐崩解指数几乎保持一条水平线,在第 16 次湿干循环之后仍接近 100%,说明岩石基本不崩解,耐崩解能力强;2#砂质泥岩和 3#钙质细砂岩的耐崩解指数都随着湿干循环次数增加而减小,砂质泥岩的耐崩解指数下降速率明显大于钙质细砂岩。三种岩石的耐崩解性强弱为:1#岩屑砂岩>3#钙质细砂岩>2#砂质泥岩。

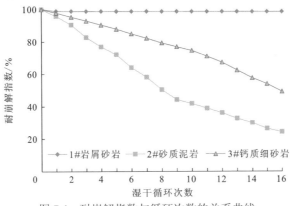

图 7.4　耐崩解指数与循环次数的关系曲线

此外,从图 7.4 中也可以看出 2#砂质泥岩和 3#钙质细砂岩的耐崩解指数变化并非一条直线,也即岩石的耐崩解指数的变化并不是匀速减小。2#砂质泥岩在第 9 次湿干循环之后,其耐崩解指数减小的速率趋于平缓;而 3#钙质细砂岩在第 10 次湿干循环之后,其耐崩解指数减小速率增大。这表明岩石耐崩解能力与其经历的湿干循环历史有关。

## 3. 浸泡液离子浓度

岩石在水中浸泡过程中,会与水发生不同形式的水-岩化学作用。为了分析该过程中的化学作用，选取第 1 次、第 4 次、第 7 次、第 10 次、第 13 次、第 16 次浸泡的水溶液，测试其主要离子浓度。测试结果如图 7.5 所示。试验中浸泡岩样的水是市场购买的纯净水，其中第 0 次表示所用该纯净水的初始离子浓度。

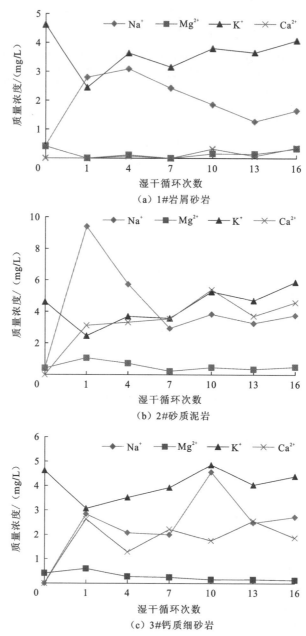

（a）1#岩屑砂岩

（b）2#砂质泥岩

（c）3#钙质细砂岩

图 7.5　浸泡液的离子浓度与湿干循环次数的关系曲线

从图 7.5 中可以看出，不同次数湿干循环之后的水溶液中离子浓度是不断变化的，这表明：虽然每次湿干循环过程中饱水的时间较短，但水-岩之间仍会发生各种形式的化学作用。这主要在于蒙脱石、高岭石、长石等矿物容易与水发生物理化学反应。1#岩屑砂岩的浸泡液中 $K^+$、$Mg^{2+}$、$Ca^{2+}$ 质量浓度在湿干循环过程中相对于初始浸泡液有一定的波动，但变化均不大。$Na^+$ 离子浓度相对初始溶液有大幅度升高，总体的变化过程也存在一定的波动。2#砂质泥岩和 3#钙质细砂岩的浸泡液中 $K^+$、$Mg^{2+}$ 质量浓度也有一定的波动，变化幅度不大，但 $Na^+$ 和 $Ca^{2+}$ 质量浓度相对初试溶液都有升高，尤其是 2#砂质泥岩的浸泡液中 $Na^+$ 和 $Ca^{2+}$ 浓度在多数情况下比相同循环次数的 3#钙质细砂岩的浓度高。结合上述的崩解情况可以看出，崩解越剧烈的岩样，浸泡液中离子浓度变化相对越大，水-岩之间的化学反应也相对剧烈。岩石的崩解是一个包含化学作用的过程，化学作用的剧烈程度与崩解性之间存在一定的对应关系（王晓强 等，2021）。

**4. 崩解物微观结构**

岩石试样在湿干循环过程中通常会引起微观结构的变化。对原始试样、经历了 7 次和 14 次湿干循环崩解后的碎块岩样进行干燥处理，在场发射扫描电子显微镜上进行微观形貌测试，试样的扫描电镜图片如图 7.6 所示。

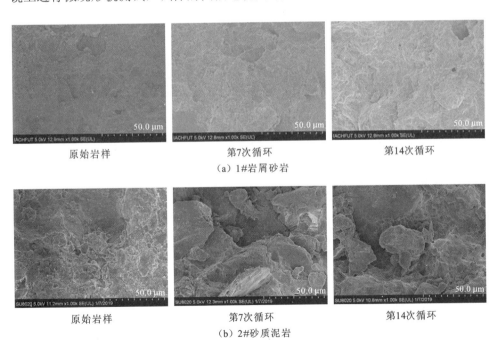

原始岩样　　　　　　　第7次循环　　　　　　　第14次循环

（a）1#岩屑砂岩

原始岩样　　　　　　　第7次循环　　　　　　　第14次循环

（b）2#砂质泥岩

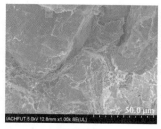 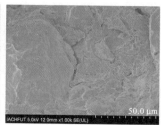 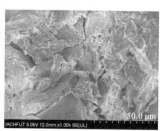

| 原始岩样 | 第7次循环 | 第14次循环 |

（c）3#钙质细砂岩

图 7.6　三种岩样扫描电镜图片

1#岩屑砂岩表面比较致密，在不同次数湿干循环之后，其形貌基本没有变化，这与该试样在湿干循环过程中没有明显崩解现象是一致的；2#砂质泥岩表面颗粒之间有大小不等的孔隙，经历 7 次和 14 次湿干循环崩解之后孔隙增大，其表面可明显看到有颗粒剥落；3#钙质细砂岩在经历 7 次湿干循环之后出现裂缝，在经历 14 次湿干循环之后，裂缝更明显，且表面出现小的碎屑。

在上述崩解试验中，2#砂质泥岩和 3#钙质细砂岩在湿干循环过程中均出现崩解，尤其是 2#砂质泥岩崩解剧烈。

# 7.1.4　不同岩石崩解差异分析

关于岩石崩解，通常是由于有水的介入，岩石中的黏土矿物与水之间发生物理化学作用（包括黏土矿物颗粒在水中的水化作用、吸附作用、溶解作用等），产生不均匀拉应力；同时水与岩石胶结矿物之间的溶解或软化会降低岩石的结构强度，当拉应力大于岩石颗粒间的胶结强度就会导致岩石的破裂解体（谭罗荣，2001）。王幼麟等（1990）认为产生这种拉应力的机制可分为两种：一种是由岩石中的黏土颗粒吸附水分子引起的双电层发展而产生粒间膨胀，或黏土矿物本身吸水引起的晶格膨胀（如蒙脱石等），这种情况导致的崩解为水化-膨胀性崩解；另一种是因为岩石内部的空隙具有较大的表面自由能，与水接触时吸附水分子产生较大的楔裂压力，这种情况导致的崩解为吸附-楔裂性崩解。通常这两种作用同时发生并相互促进。

从试验结果可以看出，三种岩石表现出截然不同的崩解性。岩石的崩解性差异一方面与岩石的矿物成分及其含量密切相关，另一方面与岩石的内部结构尤其是胶结物的结构特征有关（王晓强 等，2021）。

从表 7.1 可以看出，三种岩石主要含有蒙脱石和高岭石两种黏土矿物，这两种矿物均为层状结构硅酸盐矿物。蒙脱石在三种岩石中的含量均不高，其中 2#砂质泥岩的蒙脱石含量最高，但也仅为 8.37%，3#钙质细砂岩次之，1#岩屑砂岩中含量最低，但差距并不明显。值得注意的是，三种岩石总的黏土矿物含量有显著差别，2#砂质泥岩黏土矿物含量高达 40.7%，3#钙质细砂岩黏土矿物含量达 26.9%，1#岩屑砂岩中没有高岭石，黏土矿物总含量仅为 5.69%。从崩解试验结果看，2#砂质泥岩崩解最强，3#钙质细砂岩次之，1#岩屑砂岩不崩解。由此可见，岩石的崩解与岩石中黏土矿物含量密切相关。只有黏土矿物的含量达到一定的量值才可能发生崩解。此外值得注意的是，大部分学者的研究表明（谭罗荣 等，2006），易崩解的岩石中蒙脱石的含量都比较高。但本节试验的结果表明，蒙脱石含量并非是岩石崩解的决定因素，三种岩石中蒙脱石含量并不存在显著差别，高岭石含量的差别是黏土矿物总含量差别的原因，这表明高岭石为主的黏土矿物也会引起岩石的崩解。罗鸿禧等（1984）的研究结果也表明以高岭石和伊利石为主的黏土矿物同样会造成岩石的崩解，与本书结论类似。

对于崩解的 2#砂质泥岩和 3#钙质细砂岩，在湿干循环过程中，水-岩之间发生了一系列的物理化学作用。室内湿干循环试验分为饱水浸泡和脱水干燥两个阶段。在饱水浸泡阶段，水分子进入蒙脱石的晶层间引起矿物颗粒的晶格膨胀（吴曙光，2016；谭罗荣，1997）。对于高岭石类黏土矿物，水分子虽然不能进入矿物晶层间，但是吸附水分子在黏土矿物颗粒表面形成吸附水膜，引起了颗粒粒间膨胀；由于这种体积膨胀是不均匀的，岩块内部产生拉应力；此外，水分子进入岩石空隙中也会产生楔裂压力。同时岩块内里部分可溶性胶结物会被水溶解或软化，如图 7.7 所示，水中的部分离子浓度的升高与矿物的溶解有关，另外水分子进入胶结矿物的颗粒间也会削弱胶结矿物的粒间作用力，造成胶结强度的软化。胶结物的溶解和软化等作用严重削弱了岩石颗粒之间的联结，因而在拉应力的作用下岩块容易形成裂纹，最终导致碎裂崩解。如图 7.7 所示，2#砂质泥岩和 3#钙质细砂岩分别在第一次浸水 10 min 和 30 min 时产生明显的裂纹。

（a）2#砂质泥岩（浸水 10 min）　　　（b）3#钙质细砂岩（浸水 30 min）

图 7.7  岩样浸水产生裂纹图片

在干燥阶段，黏土颗粒失水而收缩，考虑岩块的不均质性及岩块表层和内部失水速率不一致，这种收缩也是不均匀的，因而产生拉应力。当拉应力大于岩石胶结物的胶结强度时，就会产生张拉裂纹。如图 7.6 所示，2#和3#岩样在多次湿干循环之后，都出现了裂纹和颗粒的剥落现象。裂纹的出现使得岩块的整体性降低，同时在下一次饱水浸泡中为水分子进入岩块内部提供通道，岩块内部的黏土矿物更容易吸水膨胀。

另外一个影响岩石崩解性差异的重要原因在于岩石内部结构特征的不同。1#岩屑砂岩颗粒主要粒径比较大，填隙物主要为杂基，胶结方式为孔隙式胶结，遇水之后相对稳定。2#砂质泥岩颗粒细小，浸水过程中水分子容易吸附在颗粒周围产生粒间膨胀，填隙物主要为泥质，胶结强度低，遇水极易软化。3#钙质细砂岩，颗粒主要粒径也较为细小，同样的水分子容易吸附在颗粒周围产生粒间膨胀；该岩样胶结方式为钙质胶结，理论上胶结强度较高，但是碎屑颗粒普遍具有黏土膜，黏土膜吸水膨胀造成胶结强度的降低，因而也容易崩解。

# 7.2　不同 pH 溶液中岩石崩解特性

随着研究的深入，很多学者开始认识到水溶液性质对岩石遇水后物理力学性质有着重要影响，也有一些学者开展了某些化学因素对其崩解性影响方面的研究，这些研究为理解水溶液性质对岩石崩解性的影响提供了参考。岩石崩解过程是一个物理化学作用的过程，水化学作用既有物理方面也有化学方面的影响。探讨岩石在不同 pH 溶液中崩解的物理和化学机理。

## 7.2.1　试验材料

本节试验的岩石样品取自安徽省霍山县的凝灰岩。基岩岩性为侏罗系毛坦厂组灰绿色凝灰角砾岩。现场地貌实景照片如图 7.8 所示，现场挖孔打桩照片如图 7.9 所示。

图 7.8　现场地貌实景照片

图 7.9　现场挖孔打桩照片

由于风化作用，不同深度的岩石通常具有不同的结构和成分。编号为 1# 和 2# 的岩样分别取自离现场地表 5.4 m 和 7.2 m 的深度（图 7.10）。利用 X 射线衍射分析得到的两种岩石矿物成分质量分数如表 7.2 所示。

表 7.2　岩石矿物成分质量分数　　　　　　　　　　　　　　（单位：%）

| 岩样编号 | 石英 | 钠长石 | 蒙脱石 | 沸石 |
|---|---|---|---|---|
| 1# | 3.30 | 58.60 | 38.10 | — |
| 2# | 24.02 | 33.79 | 31.40 | 10.80 |

（a）1#岩样　　　　　　　　　　　　　　（b）2#岩样

图 7.10　试验样品

岩样在偏光显微镜下照片如图 7.11 和图 7.12 所示。两种凝灰岩都是火山碎屑结构。1#岩样主要由火山角砾、凝灰质（包括石英晶屑、长石晶屑、刚性岩屑、火山尘等）组成。火山碎屑外形不规则，呈棱角状，分布杂乱。火山角砾岩屑被火山尘及细粒火山碎屑所胶结，火山尘普遍发生脱玻化，析出铁质或转变为蒙脱石等黏土矿物。岩石中蚀变火山尘多分布在火山碎屑粒间，遇水易发生膨胀。2#岩样主要含火山角砾、铁质、凝灰质（包括长石晶屑、刚性岩屑、火山尘等）。火山碎屑外形不规则，呈棱角状，分布杂乱，火山碎屑间由铁质为主胶结。与 1#岩样相比，2#岩样岩石破裂缝内未见明显火山碎屑及火山尘。

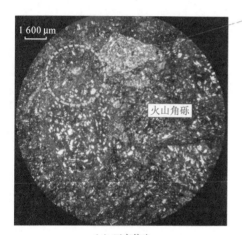
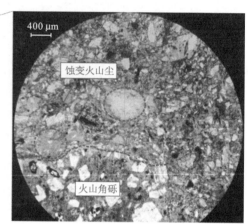

（a）正交偏光         （b）单偏光

图 7.11 1#岩样显微照片

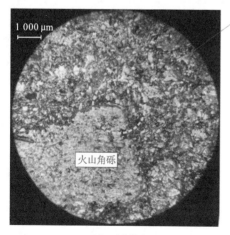
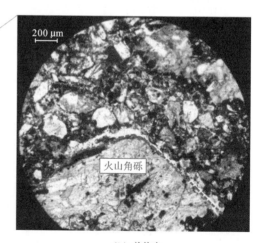

（a）正交偏光         （b）单偏光

图 7.12 2#岩样显微照片

## 7.2.2　试验方法

崩解试验方案具体步骤如下。

（1）取天然状态下两种岩石，使用切割机切割岩石成 50～100 g 块状岩样。

（2）将两种岩样分别分为三组，每组岩样取 9～12 块岩样共计约 1 kg，放入恒温 105 ℃烘箱里烘干 12 h 左右。

（3）取出烘干样冷却后分别放入三个盛水器中，分别注入预先配置的 pH=2、pH=7、pH=12 溶液，岩样与溶液的质量比为 1∶2；其中 pH=2 的溶液采用盐酸（HCl）溶液配置、pH=12 的溶液采用 NaOH 溶液配置。

（4）浸泡 24 h 后观察记录岩样崩解情况，并保存浸泡液测定 $K^+$、$Ca^{2+}$、$Mg^{2+}$、$SO_4^{2-}$ 浓度。

（5）带溶液过筛、风干崩解物 30 min，然后放入恒温 105 ℃烘箱里烘干 24 h。

（6）取出烘干崩解物放入干燥器内冷却至室温，称重记录后使用 5 mm、2 mm、0.5 mm 和 0.25 mm 标准筛对崩解物进行筛分试验，记为 1 次湿干循环试验。

（7）将每组粒径大于 0.25 mm 的崩解物再次浸入相同 pH 的水溶液中 24 h，观察记录岩石崩解情况，保存浸泡液测定溶液中 $K^+$、$Ca^{2+}$、$Mg^{2+}$、$SO_4^{2-}$ 浓度，取其崩解物烘干、筛分，进行颗粒分析；如此往复进行多次湿干循环试验直到岩样崩解稳定为止。其中，每次浸水崩解过程中，岩样与溶液的质量比均为 1∶2。

为了解岩石初次浸水崩解情况，在首次浸泡过程中，记录初崩时间及浸泡 10 min、30 min、10 h、24 h 时崩解特征。

## 7.2.3　试验结果与分析

### 1. 崩解现象

两种凝灰岩在不同 pH 溶液中的崩解现象存在差别，岩样达到预定干湿循环次数烘干后形态如图 7.13 和图 7.14 所示。

从两种岩石在同 pH=7 溶液中的崩解情况可以看出以下结论。

（1）经水溶液湿干循环后，两种岩样形态与初始形态有差别，1#岩样形态变化明显，2#岩样变化微弱。在湿干循环作用下，两种岩样崩解特性差别较大，1#岩样在水溶液中崩解剧烈，表现为强崩解特性；2#岩样则崩解缓慢，崩解性较弱，甚至不崩解。

（a）pH=2　　　　　　　（b）pH=7　　　　　　　（c）pH=12

图 7.13　1#岩样第 3 次循环烘干后形态

（a）pH=2　　　　　　　（b）pH=7　　　　　　　（c）pH=12

图 7.14　2#岩样第 6 次循环烘干后形态

（2）1#岩样浸水初崩时间为 59 s，经过 1 次湿干循环后均崩解，崩解性强；2#岩样在水溶液中经过 6 次湿干循环后仍未崩解完全，崩解性弱。

从两种岩石在不同 pH 溶液中的崩解情况可以看出以下结论。

（1）经不同 pH 溶液湿干循环后，两种岩样形态与初始形态有差别，1#岩样形态变化明显，2#岩样变化微弱。在湿干循环作用下，两种岩样崩解特性差别较大，1#岩样在不同 pH 溶液中均崩解剧烈，表现为强崩解特性；2#岩样则崩解缓慢，崩解性较弱，甚至不崩解。

（2）1#岩样在 pH=2 溶液中初崩时间为 40 s、pH=7 溶液中初崩时间为 59 s、pH=12 溶液中初崩时间为 647 s，经过 1 次湿干循环后均崩解，崩解性强；2#岩样在不同 pH 溶液中经过 6 次湿干循环后仍未崩解完全，崩解性弱。

（3）溶液的 pH 对岩石崩解特性有明显的影响，对 1#岩样影响较大，对 2#岩样则影响小。同一岩石在不同 pH 溶液中崩解速率不同，在 pH=2 溶液中崩解速率快，在 pH=7 溶液中崩解速率次之，在 pH=12 溶液中崩解速率慢。

**2. 崩解颗粒分析**

对两种岩样在不同 pH 溶液中的崩解物进行颗粒含量分析可以看出，随着湿干循环次数增加，每种岩石的三组崩解物颗粒含量不断变化。两种岩样在不同 pH 溶液中不同粒径颗粒含量与湿干循环次数的变化曲线，如图 7.15 和图 7.16 所示。

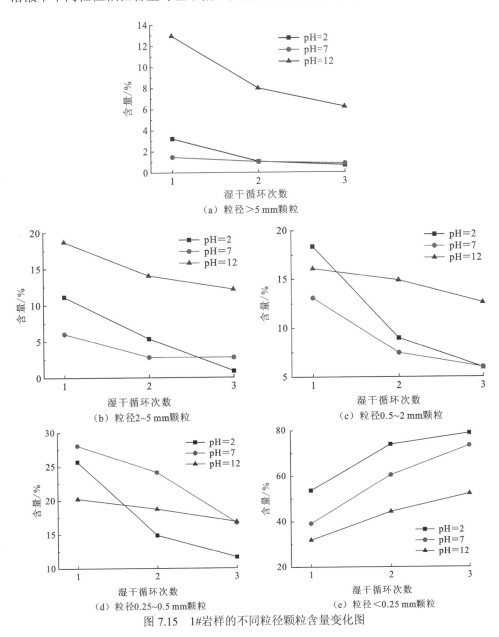

（a）粒径＞5 mm颗粒

（b）粒径2~5 mm颗粒

（c）粒径0.5~2 mm颗粒

（d）粒径0.25~0.5 mm颗粒

（e）粒径＜0.25 mm颗粒

图 7.15  1#岩样的不同粒径颗粒含量变化图

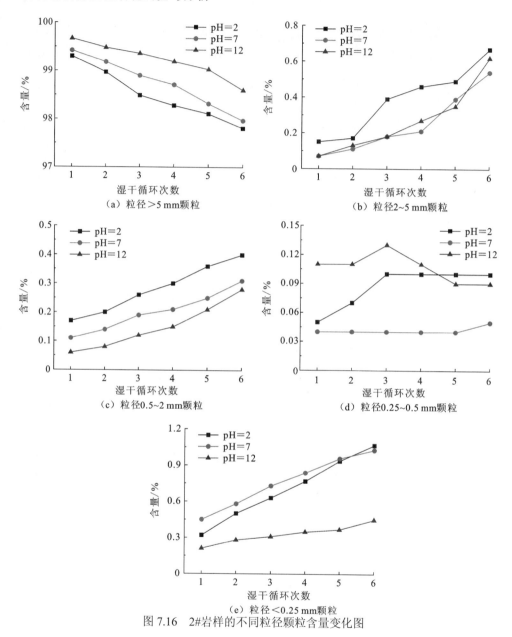

图 7.16  2#岩样的不同粒径颗粒含量变化图

由图 7.15 及图 7.16 可以看出以下几点。

（1）两种岩样在不同 pH 溶液中各粒径级配随湿干循环次数变化而变化，1#岩样变化剧烈，2#岩样变化缓慢。1#岩样在各 pH 溶液中首次循环后崩解物粒径小于 0.25 mm 的颗粒含量不断增加，增加速度快，逐渐处于主导地位；粒径大于 0.25 mm 的颗粒含量不断逐级降低，下降速度快。而 2#岩样粒径大于 5 mm 颗粒含量一直降低，下降速度极慢，一直处于主导地位，粒径小于 0.25 mm 颗粒含量一直增加，增加速度极慢。

（2）对于同一岩石在不同 pH 溶液中，各粒径颗粒含量随湿干循环次数变化而变化，且变化规律相似，而变化速率不同。pH=2 溶液中变化较快，pH=7 溶液中次之，pH=12 溶液中相对较慢，崩解速率先增大后减小，逐渐趋于稳定。随着湿干循环次数增加，崩解物粒径大于 5 mm、小于 0.25 mm 颗粒含量变化剧烈；pH=2 溶液中粒径大于 5 mm 颗粒含量下降最快最多，粒径小于 0.25 mm 颗粒含量增加最快。而 pH=12 溶液中粒径大于 5 mm 颗粒含量下降最慢，粒径小于 0.25 mm 颗粒含量增加最慢。

上述分析表明，溶液的 pH 对岩石崩解性有影响，对 1#岩样影响较大，对 2#岩样则影响较小，pH 越低，各粒径颗粒含量变化越明显，崩解越剧烈。

### 3. 浸泡液离子浓度

岩石在水溶液浸泡过程中，其矿物成分与水之间会发生不同形式的物理化学作用。为了深入探讨水岩作用规律，对浸泡岩石之后的水溶液进行化学成分检测，得到每次循环后水溶液中 3 种离子浓度变化情况，如表 7.3 和表 7.4 所示。

表 7.3　1#岩样崩解过程溶液离子浓度变化情况　　　　（单位：mg/L）

| 湿干循环次数 | $K^+$ | | | $Ca^{2+}$ | | | $Mg^{2+}$ | | |
|---|---|---|---|---|---|---|---|---|---|
| | pH=2 | pH=7 | pH=12 | pH=2 | pH=7 | pH=12 | pH=2 | pH=7 | pH=12 |
| 1 | 0.857 | 1.143 | 0 | 2705 | 85 | 187 | 624 | 41.5 | 0 |
| 2 | 3.2 | 0.571 | 0.286 | 3405 | 70 | 68 | 605 | 14 | 44.5 |
| 3 | 4 | 8.4 | 0.286 | 3565 | 105 | 108 | 775 | 11.5 | 57.5 |

表 7.4　2#岩样崩解过程溶液离子浓度变化情况　　　　（单位：mg/L）

| 湿干循环次数 | $K^+$ | | | $Ca^{2+}$ | | | $Mg^{2+}$ | | |
|---|---|---|---|---|---|---|---|---|---|
| | pH=2 | pH=7 | pH=12 | pH=2 | pH=7 | pH=12 | pH=2 | pH=7 | pH=12 |
| 1 | 1.077 | 0.462 | 0.154 | 120.5 | 0.5 | 1.65 | 35.445 | 0.335 | 0.165 |
| 2 | 1.846 | 5.273 | 0.308 | 116.15 | 0.85 | 1.65 | 22.825 | 0.5 | 0.165 |
| 3 | 1.692 | 23.889 | 0.308 | 95.2 | 0.65 | 3.15 | 23.295 | 0.165 | 0.165 |
| 4 | 1.692 | 7.818 | 0.616 | 79.85 | 0.35 | 1.85 | 24.625 | 0.335 | 0.165 |
| 5 | 1.846 | 6 | 0.462 | 72.4 | 0.65 | 1.85 | 22.13 | 0.165 | 0.165 |
| 6 | 5.636 | 6 | 0.462 | 103.15 | 0.5 | 1.5 | 24.46 | 0.165 | 0.165 |

可以看出，每次湿干循环后岩样在 pH=2 溶液中 $K^+$、$Ca^{2+}$、$Mg^{2+}$ 浓度增加最多最快；而在 pH=12 溶液中 $K^+$、$Ca^{2+}$、$Mg^{2+}$ 浓度增加最慢最少，其原因主要为岩石矿物成分与酸反应释放 $K^+$、$Ca^{2+}$、$Mg^{2+}$。岩样在不同 pH 溶液中离子浓度变化速率不同，pH=2 溶液中变化相对较快，pH=7 溶液中变化次之，pH=12 溶液中变化相对较慢。岩石崩解程度与溶液中溶出的离子浓度大小有一定对应关系。

## 7.2.4　不同 pH 下岩石崩解差异分析

试验结果表明，1#岩样表现强崩解特性，2#岩样表现弱崩解特性，两种岩样在相同的试验条件下表现出不同的崩解性，主要是因为岩石矿物成分、微观结构不同，矿物组成不同，崩解性不同（Yao et al.，2021）。

蒙脱石等亲水性极好的黏土矿物，往往对岩石水稳定性影响很大；钠长石化学性质不稳定，抗水性和抗风化能力差；石英化学性质稳定，水稳定性好，亲水性极弱；沸石具有较强的耐酸性与抗水性能力。从两种岩石矿物成分来看，两者矿物含量差别大，1#岩样含有极大量不稳定矿物，成分几乎由钠长石（58.6%）及蒙脱石（38.1%）组成，仅含极少量石英（3.3%）；而 2#岩样含有大量水稳定性好的矿物，石英占 24.02%、沸石占 10.8%，钠长石含量明显低于 1#岩样，蒙脱石含量略低于 1#岩样。因而，1#岩样表现的崩解性明显强于 2#岩样。

另外，结合岩矿鉴定可知，1#岩样风化程度大，结构构造大部分已破坏，钠长石风化成次生矿物，长石多已高岭化和绢云母化，亲水性变强；而 2#岩样结构较完整，呈凝灰结构、角砾状结构、块状构造，火山角砾具一定抗水性，故而 1#岩样表现强崩解特性，2#岩样表现弱崩解特性。

同一岩石在不同 pH 溶液中，亲水性黏土矿物可以与盐酸反应生成可溶性盐。例如，钠长石在酸性条件下向高岭石蚀变：

$$2NaAlSi_3O_8 + 2HCl + 9H_2O \longrightarrow Al_2O_3 \cdot 2SiO_2 \cdot 2H_2O + 2NaCl + 4H_4SiO_4 \quad (7.2)$$

蒙脱石理想晶体化学式为：$E_x(H_2O)_n\{M_2[T_4O_{10}](OH)_2\}$，E 为 $Ca^{2+}$、$K^+$ 等层间可交换性阳离子；$x$ 为层电荷数；M 为 $Al^{3+}$、$Mg^{2+}$、$Fe^{2+}$ 等八面体中阳离子；T 为 $Si^{4+}$、$Al^{3+}$ 等四面体中阳离子；$n$ 为层间水分子数。蒙脱石具有很强的阳离子交换性能和吸水性，在酸性溶液作用下容易发生物理和化学变化。

此外，蒙脱石有氧—氧键、氢键联结的单元晶层，这些化学键遇水溶液容易断开，其八面体上 $Al^{3+}$ 通常被低于三价阳离子所替换，表面呈负电性吸附阳离子，酸溶液能够提供更多 $H^+$ 及水中阳离子，导致单元晶体水分子层层间距增大，岩石膨胀或崩解；蒙脱石在 105 ℃烘干过程中，水分子层容易减少，使岩石收缩，产生裂缝；如此往复膨胀—收缩，导致岩石在酸性条件下崩解加快。对碱溶液而言，钠长石和蒙脱石等矿物在碱性条件下相对稳定，水-岩之间的物理化学作用不强烈，因而岩石崩解性也不如酸性条件下剧烈。总体而言，岩石遇水崩解特性受多种因素影响，包括岩石矿物组成、微观结构、风化程度、水溶液环境等。

# 参 考 文 献

邓涛, 詹金武, 黄明, 等, 2014. 酸碱环境下红层软岩: 泥质页岩的崩解特性试验研究. 工程地质学报, 22(2): 238-243.

梁冰, 谭晓引, 姜利国, 等, 2015. 泥质岩在不同pH值溶液中的崩解特性试验研究. 土木建筑与环境工程, 37(2): 23-27.

罗鸿禧, 徐昌伟, 1984. 石鼓煤矿泥岩的物理化学力学特性研究. 岩土力学, 5(2): 35-46.

谭罗荣, 1997. 蒙脱石晶体膨胀和收缩机理研究. 岩土力学, 18(3): 13-18.

谭罗荣, 2001. 关于黏土岩崩解、泥化机理的讨论. 岩土力学, 22(1): 1-5.

谭罗荣, 孔令伟, 2006. 特殊岩土工程土质学. 北京: 科学出版社.

王晓强, 姚华彦, 代领, 等, 2021. 皖南红层软岩崩解特性试验分析. 地下空间与工程学报, 17(3): 683-691.

王幼麟, 蒋顺清, 1990. 葛洲坝工程某些粉砂岩软化和崩解的微观特性. 岩石力学与工程学报, 9(1): 48-57.

吴曙光, 2016. 土力学. 重庆: 重庆大学出版社.

中华人民共和国交通部, 2005. 公路工程岩石试验规程: JTG-E41—2005. 北京: 人民交通出版社.

中华人民共和国水利部, 2020. 水利水电工程岩石试验规程: SL/T 264—2020. 北京: 中国水利水电出版社.

Ghobadi M H, Mousavi S, 2014. The effect of pH and salty solutions on durability of sandstones of the Aghajari Formation in Khouzestan province, southwest of Iran. Arabian Journal of Geosciences, 7(2): 641-653.

Yao H, Liu G, Zhang Z, et al., 2021. Slaking behavior of tuffs under cyclic wetting-drying conditions in aqueous solutions of different pH values. Arabian Journal of Geosciences, 14:2139.

# 第 8 章　温度作用对岩石力学特性的影响

岩石的力学性质往往受外界各种因素的影响。其中，温度是影响岩石力学特性的重要因素之一（Heuze，1983）。例如在核废料的地下储存中，因核废料发生衰变而导致的围岩温度上升；或者隧道火灾发生后围岩温度急剧升高导致力学特性的损伤劣化等。目前，国内外学者从不同的角度研究了高温下岩石的物理和力学性质。例如，一些学者（汪然 等，2013；左建平 等，2008a；许锡昌 等，2000；Wong，1982）开展了温度作用后岩石的变形和强度试验研究，获得了变形模量、泊松比及强度受温度影响的规律，温度作用后岩石破裂也受到关注（左建平 等，2010，2008b）。

岩石的宏观破坏形式对认识其强度特性和破坏机制具有重要意义（尤明庆，2002），同时也是各类岩石工程的稳定性评价与支护设计的重要依据（牛双建 等，2011）。为此，本章开展温度作用后大理岩的单轴试验、常规三轴试验、卸荷试验，重点考察温度作用后大理岩的破裂形式与强度特征，并初步探讨温度对岩石破裂特性的影响机理。近年来，采用微波加热以达到辅助破岩目的方面的研究成为热点，本章也开展了微波加热对砂岩力学特性和微观结构特征影响的初步试验。

## 8.1　温度作用后大理岩单轴和三轴力学特性

### 8.1.1　试验材料和方法

所用试验岩石样品鉴定为细晶大理岩，主要成分为方解石，粒状变晶结构，块状构造。依据岩石力学试验标准，岩样取回后加工成尺寸约为 $\phi50$ mm×100 mm 的圆柱体标准试样。

试验分常温和 200℃、800℃温度作用 3 种情况。其中需要加温的试样放置在烘箱中于 200℃、800℃保持 3 h，冷却至室温后开展试验。

试验仪器采用中国科学院武汉岩土力学研究所的 RMT-150C 岩石力学试验系统。单轴试验以 0.002 mm/s（载荷控制）的速率加轴压至试样失稳破坏。常规三轴加载试验方案为：先以 0.1 MPa/s 左右的速率施加轴向和围压至预定值（即 $\sigma_1 = \sigma_3$），再以 0.002 mm/s（载荷控制）的速率加轴压（$\sigma_1$）至试样失稳破坏。试验中考虑 5 MPa、10 MPa、15 MPa、20 MPa、25 MPa、30 MPa、35 MPa、40 MPa 8 种围压情况。

## 8.1.2　单轴压缩破坏特征

不同条件下的单轴试验破坏后的试样如图 8.1 所示。常温单轴压缩情况下试样发生剪切和张拉组合破坏。除一条贯穿整个试样的剪切裂纹外，还有平行于轴向的劈裂裂纹。200 ℃和 800 ℃温度作用后的大理岩表现出明显的张拉劈裂破坏特征，试样沿轴线有多条纵向裂纹。相比常温和 800 ℃温度作用后大理岩的单轴压缩破裂，200 ℃作用后的试样更破碎。

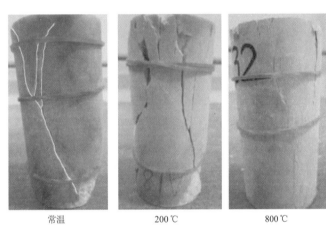

常温　　　　　　　　　200 ℃　　　　　　　　　800 ℃

图 8.1　不同温度作用单轴压缩试样的破坏图

## 8.1.3　常规三轴压缩破坏特征

### 1. 200 ℃作用后大理岩破坏形式

常温下大理岩常规三轴试验由于围压的作用，主要是剪切破坏，具体见 4.2 节，本小节不再赘述。本章主要介绍 200 ℃和 800 ℃作用后大理岩破坏情况。

图 8.2 为部分 200 ℃作用后的大理岩典型破坏后的照片，在常规三轴压缩条件下，其破坏形式主要有单剪破坏及剪切和张拉组合破坏（李宏国 等，2015）。

（1）单剪破坏。存在缓倾角和陡倾角破坏，大部分试样仍归属于缓倾角破坏，但只有 1 例是陡倾角破坏，其他均为缓倾角破坏，不过很多试样的裂纹面虽然不超过 63.43°，但却接近这个角度。

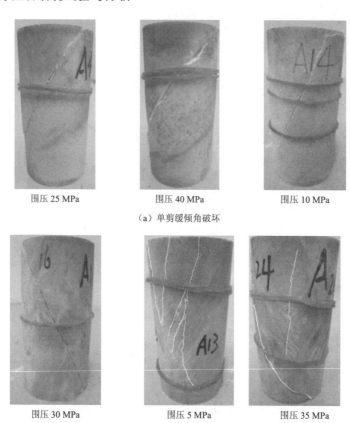

围压 25 MPa　　　　　　　围压 40 MPa　　　　　　　围压 10 MPa

（a）单剪缓倾角破坏

围压 30 MPa　　　　　　　围压 5 MPa　　　　　　　围压 35 MPa

（b）单剪陡倾角破坏　　　　　　（c）剪切和张拉组合破坏

图 8.2　200 ℃作用后大理岩常规三轴破坏照片

（2）剪切和张拉组合破坏。即除了有剪切裂纹，还有很多沿轴向的张拉裂纹。这在低围压（5 MPa）和较高围压（35 MPa）都有出现。

## 2. 800 ℃作用后大理岩破坏形式

图 8.3 为部分 800 ℃作用后的大理岩典型破坏后的照片，在常规三轴压缩条件下，其破坏形式主要有单剪破坏、剪切和张拉组合破坏及鼓胀破坏。

（1）单剪破坏。同上述两种条件下类似，仍然存在缓倾角和陡倾角破坏两种情况。并且有些试样即使归入缓倾角破坏，实际的剪切面倾角却很大。

（2）剪切和张拉组合破坏。围压为 10 MPa 和 20 MPa 时均有这种破坏形式。

（3）鼓胀破坏。这种破坏形式的特点是试样没有显著的剪切或者张拉裂纹，而中部鼓胀，试验中发现塑性变形很大而不出现失稳破坏。

围压 5 MPa　　　　　围压 30 MPa　　　　　围压 20 MPa

（a）单剪缓倾角破坏　　　　　　　（b）单剪陡倾角破坏

围压 10 MPa　　　　　　　　围压 40 MPa

（c）剪切和张拉组合破坏　　　　　　（d）鼓胀破坏

图 8.3　800 ℃作用后大理岩常规三轴破坏照片

　　综上所述，常规三轴加载试验由于有围压作用，常温下的大理岩均为剪切破坏，虽然可细分为缓倾角破坏和陡倾角破坏，但其破裂的力学机制单一；200 ℃温度作用后的试样除了出现单剪破坏，还存在部分试样有剪切和张拉组合破坏；而 800 ℃温度作用后的试样，则有单剪破坏、剪切和张拉组合破坏、鼓胀破坏三种形式。

## 8.1.4　强度特征

　　常温和高温作用下大理岩破坏时的轴压与围压的关系如图 8.4 所示。依据莫尔-库仑强度准则对不同条件下的试验数据进行回归分析。

　　常温：

$$\sigma_1 = 3.732\,6\sigma_3 + 123.86 , \quad R^2 = 0.662\,5 \tag{8.1}$$

200 ℃作用后：

$$\sigma_1 = 3.7081\sigma_3 + 135.15, \quad R^2 = 0.8441 \tag{8.2}$$

800 ℃作用后：

$$\sigma_1 = 4.5019 + 60.77, \quad R^2 = 0.7531 \tag{8.3}$$

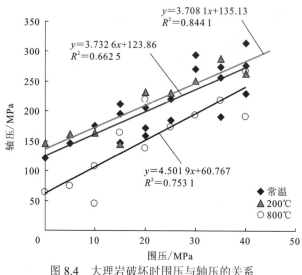

图 8.4　大理岩破坏时围压与轴压的关系

　　计算的强度参数 $c$、$\varphi$ 如表 8.1 所示。可以看出，常规三轴试验中，200 ℃温度作用后试样的内摩擦角基本没有变化，而黏聚力略有增大，由常温的 32.05 MPa 增大至 35.09 MPa；800 ℃温度作用后试样的内摩擦角增大，而黏聚力显著减小，由常温的 32.05 MPa 减小至 14.32 MPa。

表 8.1　强度参数试验结果

| 温度/℃ | 黏聚力 $c$/MPa | 内摩擦角 $\varphi$/（°） |
|---|---|---|
| 常温 | 32.05 | 35.26 |
| 200 | 35.09 | 35.12 |
| 800 | 14.32 | 39.53 |

　　这表明在 200 ℃条件下，温度对大理岩强度的影响并不明显，而 800 ℃条件下，大理岩的强度会发生显著性降低。这与其他学者研究的结论一致（夏小和 等，2004）。

　　从图 8.4 中可以看出，岩样强度有一定的离散性。即使是处于相同的围压状态下，其破坏时的峰值强度也有可能存在差别。这与岩石内部存在的各种缺陷有关，而且会造成岩样破坏形式的差别，不同破坏形式的强度也存在显著差别。根据莫尔-库仑强度准则回归的相关系数均较低。该准则简单实用，但不考虑中间主应力的作用，只考虑了最大剪应力面上的强度，在岩石发生形式的破坏时不能很好地回归其强度特性（尤明庆，2002）。

对复杂应力状态或破坏形式的岩石强度的分析，Mogi-Coulomb 强度准则优于莫尔-库仑强度准则（朱合华 等，2013；Hoke，1994）。该准则认为岩样破坏是因为其破坏面上的八面体剪应力 $\tau_{\mathrm{oct}}$ 达到了极限值，能考虑中间主应力对岩石破坏的影响。

采用该准则进行不同温度作用后大理岩的强度的回归分析，其 $\tau_{\mathrm{oct}} - \left(\dfrac{\sigma_1 + \sigma_3}{2}\right)$ 关系拟合曲线如图 8.5 所示，相应的强度参数如表 8.2 所示。

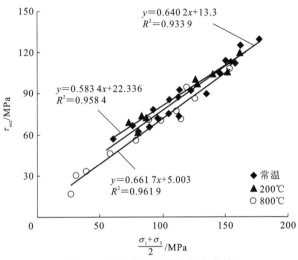

图 8.5　温度作用后强度拟合曲线

**表 8.2　Mogi-Coulomb 强度参数计算值**

| 温度/℃ | $a$/MPa | $b$ | $R^2$ |
|---|---|---|---|
| 常温 | 13.3 | 0.640 2 | 0.933 9 |
| 200 | 22.34 | 0.583 4 | 0.958 4 |
| 800 | 5.00 | 0.661 7 | 0.961 9 |

可以看出，Mogi-Coulomb 强度准则拟合曲线效果较好，相关系数均高于莫尔-库仑强度准则的拟合结果，表明 Mogi-Coulomb 强度准则能更准确地描述大理岩在不同条件下的破坏特性。

## 8.1.5 温度对大理岩的影响机理

温度对岩石主要有三个方面的影响：①由于高温，岩石矿物中的结合水蒸发，导致矿物结合强度更高；②不同热膨胀率引起岩石内部颗粒边界的热膨胀不协调，因结构热应力在岩石内部产生微裂隙或孔隙，或者岩石内部的原有孔隙加长加宽；③高温作用下岩石本身矿物成分发生改变。

图 8.6 给出不同温度条件下的大理岩偏光显微镜照片。试验样品主要成分为方解石（化学式 $CaCO_3$），在温度较低时性质较稳定。在 200℃条件下，温度对岩石的影响主要集中在上述前两个方面。由于岩石内部水分的蒸发，矿物结合强度更高，而岩石的黏聚力主要取决于矿物之间的胶结强度，所以以水分蒸发导致其黏聚力有所增大。但毕竟温度较低，温度作用引起的裂隙或孔隙的增长有限，也就是对岩石内部结构的影响不大，对黏聚力和内摩擦角的影响都有限。因此，总体而言，这种情况下温度对岩石的强度影响不是十分显著。但水分蒸发等原因造成岩石脆性特征更明显，因而其破裂形式更复杂，以致单轴压缩时试样为张拉破坏且更破碎，常规三轴试验中部分试样发生剪切和张拉组合破坏。

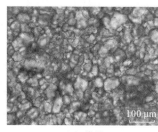 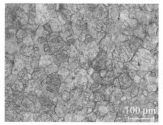 

（a）常温　　　　　　　　（b）200℃作用后　　　　　　　（c）800℃作用后

图 8.6　偏光显微镜照片（正交偏光）

800℃温度作用后，由于温度高，上述三个方面影响均起作用。尤其是温度引起的热开裂会造成岩石内部产生更多的微裂纹或孔隙，原有的微裂纹或孔隙的尺度也会进一步增大。这样就会造成岩石试样内部的结构或构造出现大的变化。这就导致大理岩的黏聚力大幅度降低。另外，在 800℃温度，也可能造成少量矿物分解，由于方解石（$CaCO_3$）分解，矿物本身性质发生改变，并且生成的 $CO_2$ 气体溢出岩石块体，也会产生新的孔隙。这些都会造成大理岩的强度降低。温度作用过程中内部微裂纹或孔隙的搭接贯通形成尺度较大的裂纹，也造成试样发生张拉破坏的可能，因而在试样破坏时也有部分试样是剪切和张拉组合破坏。当围压比较高时，由于围压的作用，裂纹不能够充分地扩展，最后形成鼓胀破坏。

# 8.2　温度作用后大理岩卸荷力学特性

## 8.2.1　试验方法

试验所用试样同上节。常规三轴卸荷方案为：先以 0.1 MPa/s 的速率施加围压至预定值；再以 0.5 kN/s（载荷控制）的速率加轴压至峰值强度前某值；然后保持轴压恒定的同时慢慢降低围压至试样失稳破坏，围压降低的速率控制在 0.05 MPa/s。初始围压考虑了 10 MPa、15 MPa、20 MPa、25 MPa、30 MPa、35 MPa、40 MPa 7 种情况。

## 8.2.2　破坏特征

200 ℃温度作用后大理岩在卸荷情况下破坏照片如图 8.7 所示，主要破坏形式如下（李宏国 等，2016）。

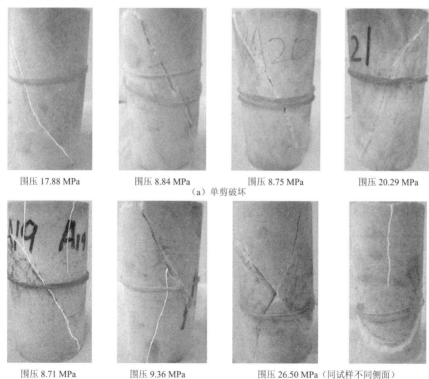

围压 17.88 MPa　　　围压 8.84 MPa　　　围压 8.75 MPa　　　围压 20.29 MPa

（a）单剪破坏

围压 8.71 MPa　　　围压 9.36 MPa　　　围压 26.50 MPa（同试样不同侧面）

（b）剪切和张拉组合破坏　　　　　（c）共轭剪切和张拉组合破坏

图 8.7　温度作用后大理岩卸荷试验破坏照片

**1. 单剪破坏**

从试验情况看，与常规三轴试验相比这种破坏形式的试样数量在该组试样中的比例有所降低。而且，大部分试样的裂纹面的倾角均较大。在围压较高的情况下，仍然可能发生陡倾角的破坏，如图 8.7（a）所示，破坏时最大围压为 20.29 MPa。

**2. 剪切和张拉组合破坏**

除有剪切裂纹外，还有沿轴向的张拉裂纹。这主要是在围压很低的情况下出现，图 8.7（b）所示试样破坏时的围压分别为 8.71 MPa 和 9.36 MPa。

**3. 共轭剪切和张拉组合破坏**

在卸荷试验中仅出现 1 例，如图 8.7（c）所示，破坏时的围压为 26.5 MPa。对试样失稳破坏起决定作用的应该是两交叉的剪切裂纹，但形成的剪切块体上有纵向的张拉裂纹，试验后的试样更破碎。

## 8.2.3　强度特征

200 ℃温度作用后大理岩常规三轴压缩与卸荷破坏的围压与轴压的关系如图 8.8 所示。

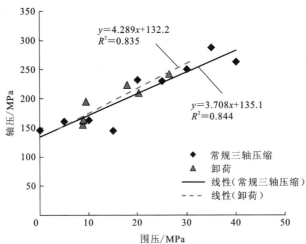

图 8.8　200 ℃温度作用后大理岩常规三轴压缩与卸荷破坏的围压与轴压的关系

依据莫尔-库仑强度准则对试验数据进行回归分析，并计算不同情况下岩石的强度参数，如表 8.3 所示。从表可以看出：常规三轴试验中，200 ℃温度作用后试样的内摩擦角基本没有变化，而黏聚力略有增大，由常温的 32.05 MPa 增大至 35.09 MPa；卸荷试验中，温度作用后试样的内摩擦角有所增大，而黏聚力则减小。

表 8.3　强度参数试验结果

| 温度/℃ | 试验方法 | 黏聚力 $c$/MPa | 内摩擦角 $\varphi$/(°) |
|---|---|---|---|
| 常温 | 常规三轴压缩 | 32.05 | 35.26 |
| | 卸荷 | 40.01 | 32.31 |
| 200 | 常规三轴压缩 | 35.09 | 35.12 |
| | 卸荷 | 31.89 | 38.46 |

图 8.9 和图 8.10 分别为常温和 200℃温度作用后的大理岩的 $\tau_{oct}-\left(\dfrac{\sigma_1+\sigma_3}{2}\right)$ 关系拟合曲线，相应的强度参数如表 8.4 所示。可以看出，Mogi-Coulomb 强度准则拟合曲线的相关系数均高于莫尔-库仑强度准则的拟合结果，并且都达到 0.9 以上。

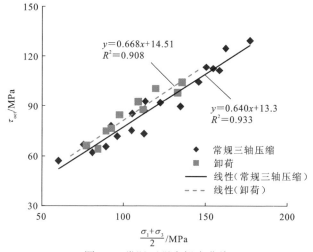

图 8.9　常温下强度拟合曲线

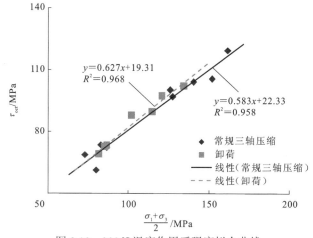

图 8.10　200℃温度作用后强度拟合曲线

表 8.4 大理岩强度参数计算值

| 温度/℃ | 试验 | $a$/MPa | $b$ | $R^2$ |
|---|---|---|---|---|
| 常温 | 常规三轴压缩 | 13.3 | 0.640 2 | 0.933 9 |
| | 卸荷 | 14.52 | 0.668 5 | 0.908 3 |
| 200 | 常规三轴压缩 | 22.34 | 0.583 4 | 0.958 4 |
| | 卸荷 | 19.31 | 0.627 1 | 0.968 3 |

由于岩石本身的非均质性，以及温度、应力路径的差异等，岩石破坏形式比较复杂，强度离散性较大。莫尔-库仑强度准则对具有复杂破坏形式的岩石强度的描述存在局限性。用 Mogi-Coulomb 强度准则对温度作用后的大理岩加、卸荷强度进行回归分析比莫尔-库仑强度准则更合理。

## 8.2.4 破坏形式与强度的讨论

影响岩石强度的因素很多。其中组成岩石的矿物成分的分布不均匀、不同矿物成分力学性质的差异是其主要因素之一。

此外，岩石内部还存在各种各样的微裂纹（或缺陷等），岩石的破坏是其内部微裂纹（或缺陷）扩展、搭接、贯通的过程，但受到岩石内部初始微裂纹的几何分布等各种因素的影响，将形成破裂形式的多样性。Szwedzicki（2007）根据单轴试验结果曾提出一个假设并给出了试验验证：岩石的极限抗压强度是其破坏形式的函数，不同的破坏形式将会影响岩石的强度。

破坏形式的差异反映了破坏机制的差别，也导致强度准则适用性不一致。从以上破坏形式的分析，可知温度作用后对岩石破裂形式会产生一些影响。由上文的分析可知，200 ℃温度作用后大理岩变脆，又由于卸荷的过程，更加剧了试样侧向的变形。因而，温度作用及卸荷应力状态使试样更趋向于发生张拉破坏。即使发生剪切破坏的情况，其破裂角也变大。对于比较单一的剪切破坏形式，莫尔-库仑强度准则能够较好地描述其强度并预测其破坏方位；但对于较复杂的破坏形式，如剪切和张拉组合破坏等，该准则就存在一定的局限性。

# 8.3 微波加热后砂岩力学特性

## 8.3.1 微波加热破岩概述

目前，钻爆法与机械破岩法依旧是最常用的破岩方法。其中机械破岩的刀具磨损是破碎岩石过程中面临的主要问题（卢高明 等，2016）。微波加热因具有选择性快速加热、整体加热等特点，能够显著降低岩石强度，被认为是一种非常有潜力的辅助破岩技术（Whittles et al.，2003；Haque，1999；Walkiewicz et al.，1991）。

　　近年来，国内外专家对微波加热破岩进行了大量的试验和理论研究。Peinsitt 等（2010）和 Hartlieb 等（2016）研究了微波加热下玄武岩、花岗岩和砂岩的热物理特性，探讨了干燥和饱水岩石在微波加热下单轴抗压强度和波速的变化规律。Lu 等（2019，2017）对 11 种常见主要造岩矿物进行了微波加热试验，并将矿物按微波吸收能力分为强、中等及弱微波吸收 3 类，可根据岩石的矿物成分判断岩石的微波敏感性，并探讨了不同微波加热路径下玄武岩的破裂损伤机制和升温特性。Hassani 等（2016）讨论了微波加热对岩石表面温度和穿透深度的影响。Wang 等（2016）从微观角度研究了微波加热对致密砂岩的影响，重点分析了砂岩孔隙率、渗透率及微观孔隙结构的变化。袁媛等（2020）基于热力学定律及相关断裂理论，建立微波照射下均匀脆性岩石裂纹扩展的力学模型，深入探究微波照射导致的岩石热致断裂机制。

　　不同类型岩石对微波敏感性存在较大差异，微波辐射对岩石损伤的过程和机制也不一致（姚华彦 等，2023）。本节以砂岩为研究对象，采用工业微波炉对其进行微波处理，通过微波加热条件下砂岩的温升规律及波速和单轴压缩力学性质的变化，研究微波加热对砂岩的物理力学性质的影响，并结合电镜扫描和热重等试验，分析微波作用对砂岩物理力学性质的影响机制。

## 8.3.2　试验材料和方法

　　砂岩试样呈灰色，中砂级碎屑结构，碎屑颗粒约占 90%，填隙物为黏土矿物，约占 10%。各矿物中石英占 65%、长石占 20%、白云母约占 5%，黏土矿物和不透明铁质矿物占 10%，其中黏土矿物为高岭石，其显微薄片照片如图 8.11 所示。

　　砂岩试样的制备标准按照国际岩石力学学会（ISRM）建议的实验室规范要求，通过切割、打磨加工成直径 50 mm、高度 100 mm 的圆柱试样。为避免试样含水率对试验的影响，试验前对各岩石试样在烘箱里以 110 ℃的温度烘干 24 h，并将试样置于干燥皿中冷却至室温再开展试验。

　　微波加热试验仪器采用 CM-06S 型多模谐振腔工业微波炉（图 8.12），微波频率为 2.45 GHz，功率为 0～6 kW 可调。采用手持红外测温仪对加热后的试样进行温度测量。

图 8.11　砂岩正交偏光显微镜照片（放大 50 倍）

1—石英；2—长石；3—白云母；4—燧石岩屑；5—石英岩岩屑

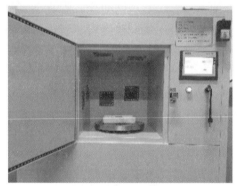

图 8.12　工业微波炉

　　微波加热前对所有试样进行波速测试，剔除波速差别较大的试样。本次试验分别以微波功率和时间作为变量，开展 2 组微波加热试验：第一组试样采用微波功率分别为 2 kW、4 kW、6 kW 加热 4 min；第 2 组试样采用 5 kW 功率分别加热 2 min、6 min、8 min。待试样自然冷却至室温后再对其分别进行波速测试，然后以 0.06 mm/min 的加载速率进行单轴压缩试验，直至试样破坏，记录应力、应变等相关试验数据。

　　为保证单位体积的岩石在相同时间内吸收同等的微波能量，每一次只加热一个圆柱试样。所有试样在微波加热后，立即用手持式红外测温仪测试试样表面最高温度。

　　此外，为了探讨微波作用对砂岩物理力学性质影响的微细观机制，还对砂岩样品进行热重测试，并开展 SEM 电镜扫描试验，观察微波作用对砂岩微观结构的影响。

## 8.3.3　试样温度及形貌变化

经过不同参数的微波加热后，通过手持红外测温仪测量试样表面最高温度，其结果如表 8.5 所示。可以看出，在微波作用下，砂岩试样的表面温度迅速上升，并且微波功率越大，升温速率越大，试样的表面温度越高。随着加热时间的增加，试样表面温度快速升高，随后加热速率逐渐降低。

表 8.5　微波加热前后砂岩温度变化

| 编号 | 微波功率参数 | 温度/℃ | 温度平均值/℃ |
|---|---|---|---|
| B-1 | | 256.8 | |
| B-2 | 2 kW，4 min | 244.5 | 250.4 |
| B-3 | | 249.8 | |
| C-1 | | 318.6 | |
| C-2 | 4 kW，4 min | 356.6 | 345.2 |
| C-3 | | 360.5 | |
| D-1 | | 429.7 | |
| D-2 | 6 kW，4 min | 436.5 | 438.8 |
| D-3 | | 450.3 | |
| E2-1 | 5 kW，2 min | 224.8 | 233.2 |
| E2-2 | | 241.5 | |
| E6-1 | 5 kW，6 min | 441.5 | 437.9 |
| E6-2 | | 434.3 | |
| E8-1 | 5 kW，8 min | 514.3 | 497.6 |
| E8-2 | | 480.9 | |

砂岩在微波加热后，其形貌发生明显变化,微波加热前后的砂岩试样如图 8.13 所示。未经微波加热的砂岩整体呈现灰白色，而经微波加热后，试样表面部分出现明显焦黑色，在 6 kW 加热 4 min 后，整个试样表面全部变成焦黑色；在 5 kW 加热 8 min 后，不仅岩样的颜色变黑，还出现宏观可见裂纹。砂岩微波过后颜色变黑，是由于砂岩是沉积岩，在形成的过程中会掺杂一些有机物质，在微波加热中，有机物会在升温过程中碳化，从而表现出黑色。在大功率长时间微波加热中，试样内各矿物成分由于不均匀热膨胀产生热应力，从而导致试样产生宏观裂纹。

（a）微波加热前　　　（b）4 kW，4 min　　　（c）6 kW，4 min　　　（d）5 kW，8 min

图 8.13　微波加热前后砂岩形貌变化

## 8.3.4　波速变化

超声波在岩石中的传播速率受到岩石类型、含水率及内部孔隙结构等多种因素的影响，对于同一个岩石试样，其纵波波速主要受岩样内部孔隙结构的影响。通过测试得到试样微波加热前后的波速，如表 8.6 所示。

表 8.6　微波加热前后砂岩试样波速变化

| 编号 | 微波功率参数 | 微波作用前岩样波速/（m/s） | 微波作用后岩样波速/（m/s） |
| --- | --- | --- | --- |
| A-1 | | 3 340 | — |
| A-2 | 0 kW，0 min | 3 360 | — |
| A-3 | | 3 370 | — |
| B-1 | | 3 370 | 3 050 |
| B-2 | 2 kW，4 min | 3 390 | 3 200 |
| B-3 | | 3 390 | 3 140 |
| C-1 | | 3 400 | 3 010 |
| C-2 | 4 kW，4 min | 3 410 | 2 880 |
| C-3 | | 3 410 | 2 850 |
| D-1 | | 3 440 | 2 940 |
| D-2 | 6 kW，4 min | 3 440 | 2 900 |
| D-3 | | 3 440 | 2 900 |

续表

| 编号 | 微波功率参数 | 微波作用前岩样波速/(m/s) | 微波作用后岩样波速/(m/s) |
|---|---|---|---|
| E2-1 | 5 kW，2 min | 3 200 | 3 040 |
| E2-2 | | 3 250 | 3 000 |
| E6-1 | 5 kW，6 min | 3 230 | 2 650 |
| E6-2 | | 3 300 | 2 690 |
| E8-1 | 5 kW，8 min | 3 310 | 1 770 |
| E8-2 | | 3 310 | 2 770 |

由表 8.6 可以发现，在相同的作用时间条件下，随着微波功率从 2 kW 增大至 4 kW，砂岩波速迅速降低；从 4 kW 增大至 6 kW，砂岩波速降低不明显。与未微波加热的试样波速均值比较，经历 2 kW、4 kW、6 kW 微波加热后试样纵波波速平均降幅依次为 7.49%、14.48% 和 15.31%。

在 5 kW 微波功率下，随着时间从 2 min 到 6 min，砂岩波速平均降幅从 6.35% 增长至 18.22%，初期增长迅速，而后逐渐趋于平缓。但在微波 8 min 后，试样出现宏观裂纹，波速急剧降低，平均降幅为 31.42%。

波速变化通常反映了岩石微观结构变化，上述结果表明微波加热导致砂岩产生了不同程度的结构变化，如形成微观裂纹、结合水蒸发形成新孔隙等。

## 8.3.5　力学参数变化

单轴压缩试验得到的原始试样及经历微波加热后的砂岩试样的力学参数如表 8.7 所示。砂岩单轴压缩强度与微波功率和微波时间的关系分别如图 8.14 和图 8.15 所示。

表 8.7　微波加热前后砂岩单轴压缩试验结果

| 编号 | 微波功率参数 | 峰值强度/MPa | 弹性模量/GPa |
|---|---|---|---|
| A-1 | 0 kW，0 min | 55.05 | 10.56 |
| A-2 | | 58.01 | 10.95 |
| A-3 | | 60.15 | 10.53 |
| B-1 | 2 kW，4 min | 61.78 | 10.99 |
| B-2 | | 60.96 | 10.82 |
| B-3 | | 66.62 | 11.02 |

续表

| 编号 | 微波功率参数 | 峰值强度/MPa | 弹性模量/GPa |
|------|-------------|-------------|-------------|
| C-1 |  | 66.67 | 12.07 |
| C-2 | 4 kW，4 min | 64.48 | 11.46 |
| C-3 |  | 67.38 | 11.33 |
| D-1 |  | 63.31 | 10.09 |
| D-2 | 6 kW，4 min | 63.51 | 10.47 |
| D-3 |  | 59.79 | 10.09 |
| E2-1 | 5 kW，2 min | 60.60 | 10.10 |
| E2-2 |  | 62.21 | 10.30 |
| E6-1 | 5 kW，6 min | 62.84 | 10.00 |
| E6-2 |  | 63.83 | 10.30 |
| E8-1 | 5 kW，8 min | 50.44 | 6.90 |
| E8-2 |  | 55.00 | 8.71 |

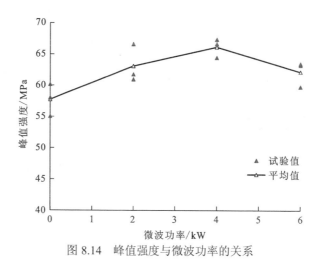

图 8.14　峰值强度与微波功率的关系

从图 8.14 与图 8.15 中可以看出，在不同微波功率和时间作用下，砂岩的单轴抗压强度呈现出相同的变化趋势，即强度先增加后降低。

由图 8.14 可知，在微波时间为 4 min 时，砂岩的峰值强度随着微波功率的增大先是出现上升趋势，并在 4 kW 功率时达到最大，之后出现下降趋势。与未微波加热试样的平均值相比，经历 2 kW、4 kW、6 kW 微波加热后，试样平均峰值强度增幅为 9.32%、14.61% 和 7.73%。6 kW 加热后的试样峰值强度虽然开始出现下降，但仍高于未加热试样的强度。

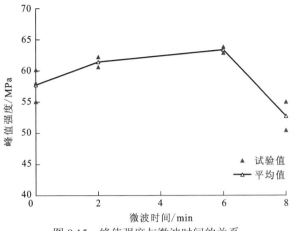

图 8.15　峰值强度与微波时间的关系

由图 8.15 可知，在微波功率为 5 kW 时，砂岩的峰值强度随着微波时间的增加先上升后下降。与未微波加热试样的平均值相比，经历 2 min、6 min 微波加热后，试样平均峰值强度增幅为 6.35% 和 9.69%，经过 8 min 加热后，试样表面出现宏观裂纹，强度与未加热试样相比降低了 8.69%。

已有的一些研究成果表明，微波作用通常会使岩石强度明显降低。如玄武岩（卢高明 等，2020；李元辉 等，2017）和花岗岩（戴俊 等，2019），微波在短时间的辐射之后即导致岩石显著损伤（如玄武岩在 5 kW 功率下加热 20 s 出现贯穿试样的裂纹），其抗压强度均表现为不同程度的降低。而本节试验的砂岩与上述玄武岩、花岗岩的情况存在明显差异，表现出不同的规律，即当加热时间一定时，随着加热功率的增大，岩样的单轴抗压强度先增大后减小；当微波功率一定时，随着加热时间的增加，岩样的单轴抗压强度也是先增大后减小。微波加热在功率较小或短时间内并不能对砂岩产生显著的损伤。相反地，还对砂岩的强度有增强作用，与高温对砂岩强度的影响规律基本类似（苏承东 等，2017；尤明庆 等，2008）。只有当功率较大且加热时间较长时，才会导致岩石强度相对原始状态显著降低（如图 8.13 中 5 kW 加热 8 min 的情况）。

产生这种现象的原因与本节试验所用砂岩特性和成分有关。砂岩是沉积岩，与现有其他文献的花岗岩、玄武岩的结晶联结不同，砂岩颗粒间为胶结联结。并且本节试验的砂岩主要矿物为石英、长石、白云母等，各矿物对微波敏感性较弱，在低功率短时间微波加热后，各矿物温度较低，不同矿物之间的温差不大，不会对岩样造成较大损伤；而组成砂岩的矿物颗粒的摩擦特性因内部结合水挥发而得以增强，胶结物也会结合水流失而强度增强，因此导致了抗压强度的增大。而当高功率长时间微波加热后，砂岩矿物颗粒间的热应力逐渐增大，不均匀膨胀使得岩石内部产生新的裂隙，从而导致砂岩的强度降低。

砂岩的弹性模量与微波功率和微波时间的关系见图8.16和图8.17。由图8.16可知，砂岩的弹性模量随微波功率的变化规律与峰值强度的变化规律类似，整体变化趋势为先上升后下降，并且都在4 kW功率下达到最大值。与未经微波加热试样的平均值相比，经历2 kW、4 kW、6 kW微波加热后，试样的平均弹性模量增幅为2.45%、8.78%和–3.74%。这与上述微波加热对单轴抗压强度的影响类似。

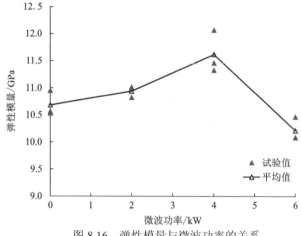

图8.16　弹性模量与微波功率的关系

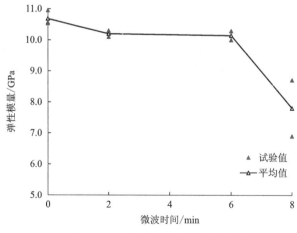

图8.17　弹性模量与微波时间的关系

由图8.17可以看出，在功率5 kW加热后，砂岩的弹性模量随着加热时间增加而降低。在短时间微波加热后弹性模量降低不明显，长时间微波加热后才出现显著降低。与未微波加热试样的平均值相比，经历2 min、6 min、8 min微波加热后，试样的平均弹性模量降低幅度为 4.49%、5.01%和 26.92%。

## 8.3.6　微波对砂岩的影响机理

微波作用下砂岩温度快速升高,微波对岩石造成的损伤主要是由温度引起的。为了研究微波对砂岩的热损伤机理,通过同步热分析仪对砂岩试样进行热重-热差测试,对微波前后的砂岩进行了扫描电镜试验分析。

砂岩试样微分热重（DTG）和质量变化曲线如图 8.18 所示。由图可以看出,在 25～800 ℃,砂岩的质量变化曲线整体呈下降趋势,其快速下降阶段位于 400～800 ℃,质量损失为 3.42%。前述矿物鉴定表明,本节试验所用砂岩主要矿物包括石英、长石、白云母、高岭石等。其中:石英在 573 ℃由 $\alpha$ 相逐渐向 $\beta$ 相转换（席道瑛,1994）;白云母在 750 ℃开始产生结构水损失（王凝秀 等,1994）;高岭石在 470 ℃开始先后脱去层间水和结构水,并随温度升高结构破坏,逐步形成偏高岭石（张智强 等,1993;高琼英 等,1989）;而长石通常较为稳定,当温度达到 1 000 ℃才发生熔融等变化（马鸿文 等,2007）。上述试验中砂岩试样的最高表面温度为 514.3 ℃,可初步判断在此次试验过程中,砂岩主要为高岭石脱去结构水,发生结构变化。

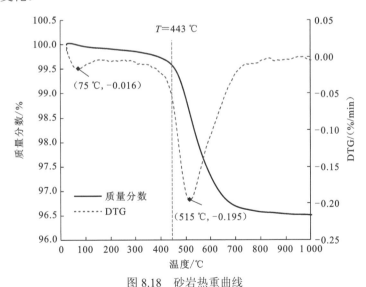

图 8.18　砂岩热重曲线

由扫描电镜试验可获得砂岩内部微观结构,如图 8.19 所示。由图可知,在高功率、长时间微波加热下,砂岩试样内部微裂纹相较于低功率、短时间微波加热下明显增多,表现为黏土矿物的失水收缩裂纹[图 8.19（c）]、沿颗粒边界裂纹[图 8.19（d）]和穿过颗粒裂纹[图 8.19（e）]。

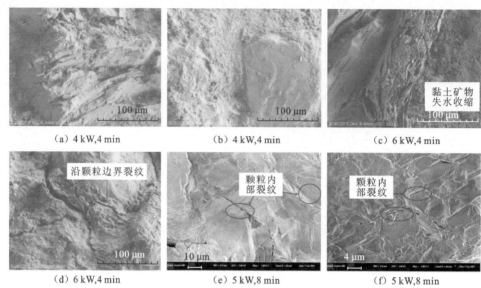

（a）4 kW,4 min  （b）4 kW,4 min  （c）6 kW,4 min

（d）6 kW,4 min  （e）5 kW,8 min  （f）5 kW,8 min

图 8.19　微波加热后砂岩微观结构图

本节试验中的砂岩颗粒主要成分有石英、长石和白云母等，填隙物为黏土矿物和不透明铁质矿物，黏土矿物主要为高岭石。微波快速加热时，黏土矿物在一定温度下会失去层间水和结合水，体积收缩形成裂纹。此外由于造岩矿物的介电特性和热膨胀系数各不相同，各矿物对微波的吸收能力不同，造成颗粒与颗粒之间、颗粒与填隙物之间变形不一致而容易形成裂纹。颗粒内部裂纹的产生主要与岩石颗粒内部矿物组成的非均质性及颗粒内的弱势面有关。由于各种矿物成分具有不同的介电系数和热膨胀系数，微波对砂岩试样中各造岩矿物进行选择性加热，造成岩样内各处升温速率不同，各成岩矿物发生非均匀膨胀而产生热应力，最终导致砂岩颗粒内部破坏而产生裂纹。

在低功率、短时间微波加热条件下，矿物颗粒的温度较低，其受热产生的不均匀膨胀变形较小，产生的不均匀应力较小，不容易生成新的裂纹，如图 8.19（a）和（b）所示在 4 kW 加热 4 min 之后，砂岩内部没有明显的裂纹。在微波加热过程中，组成砂岩的矿物颗粒摩擦特性因失水得以增强，胶结物强度也会因失水而增强，试样的承载能力得以强化。而当微波参数进一步增大后，达到 6 kW、4 min 和 5 kW、8 min 时，砂岩的温度进一步升高，试样温度已经超过 400℃。温度超过 400℃后砂岩进入失重阶段，尤其在 443℃之后快速失重，砂岩中的矿物成分可能因高温导致相变或结构的变化，使得试样内部产生大量新的显著的微裂隙[图 8.19（c）～（f）]，从而导致其峰值强度、弹性模量等开始有所下降。

本节只考虑了干燥砂岩，是特定条件下的一种讨论。在实际工程中，岩石都含有一定水分，其在微波加热下的响应规律还需要进一步开展试验分析和讨论。

# 参 考 文 献

戴俊, 王羽亮, 李涛, 2019. 微波照射下花岗岩尺寸效应试验研究. 中国科技论文, 14(10): 1045-1049, 1104.

高琼英, 张智强, 1989. 高岭石矿物高温相变过程及其火山灰活性. 硅酸盐学报, 17(6): 541-548.

李宏国, 朱大勇, 姚华彦, 等, 2015. 温度作用后大理岩破裂及强度特性试验研究. 四川大学学报(工程科学版), 47(S1): 53-58.

李宏国, 朱大勇, 姚华彦, 等, 2016. 温度作用后大理岩加-卸荷破裂特性试验研究. 合肥工业大学学报(自然科学版), 39(1): 109-114, 133.

李元辉, 卢高明, 冯夏庭, 等, 2017. 微波加热路径对硬岩破碎效果影响试验研究. 岩石力学与工程学报, 36(6): 1460-1468.

卢高明, 冯夏庭, 李元辉, 等, 2020. 多模谐振腔对赤峰玄武岩微波致裂效果研究. 岩土工程学报, 42(6): 1115-1124.

卢高明, 李元辉, HASSANI F, 等, 2016. 微波辅助机械破岩试验和理论研究进展. 岩土工程学报, 38(8): 1497-1506.

马鸿文, 苏双青, 王芳, 等, 2007. 钾长石分解反应热力学与过程评价. 现代地质, 21(2): 426-434.

牛双建, 靖洪文, 梁军起, 2011. 不同加载路径下砂岩破坏模式试验研究. 岩石力学与工程学报, 30(S2): 3966-3974.

苏承东, 韦四江, 秦本东, 等, 2017. 高温对细砂岩力学性质影响机制的试验研究. 岩土力学, 38(3): 623-630.

汪然, 朱大勇, 姚华彦, 等, 2013. 温度对大理岩力学性能的影响. 金属矿山(4): 49-53.

王凝秀, 雅菁, 1994. 云母晶格缺陷与电性能关系的研究. 绝缘材料通讯(2): 26-30.

席道瑛, 1994. 花岗岩中矿物相变的物性特征. 矿物学报, 14(3): 223-227.

夏小和, 王颖轶, 黄醒春, 等, 2004. 高温作用对大理岩强度及变形特性影响的实验研究. 上海交通大学学报, 38(4): 996-1002.

许锡昌, 刘泉声, 2000. 高温下花岗岩基本力学性能初步研究. 岩土工程学报, 22(3): 332-335.

姚华彦, 姚家李, 方琦, 等, 2023. 微波作用对砂岩物理力学性质影响的试验. 应用力学学报, 40(6): 1335-1342.

尤明庆, 2002. 岩样三轴压缩的破坏形式和 Coulomb 强度准则. 地质力学学报, 8(2): 179-185.

尤明庆, 苏承东, 李小双, 2008. 损伤岩石试样的力学特性与纵波速度关系研究. 岩石力学与工

程学报, 27(3): 458-467.

袁媛, 邵珠山, 2020. 微波照射下脆性岩石裂纹扩展临界条件及断裂过程研究. 应用力学学报, 37(5): 2112-2119, 2327-2328.

张智强, 袁润章, 1993. 高岭石脱(OH)过程及其结构变化的研究. 硅酸盐通报(6): 37-41.

朱合华, 张琦, 章连洋, 2013. Hoek-Brown 强度准则研究进展与应用综述. 岩石力学与工程学报, 32(10): 1945-1963.

左建平, 谢和平, 周宏伟, 等, 2008a. 温度影响下砂岩的细观破坏及变形场的DSCM表征. 力学学报, 40(6): 786-794.

左建平, 周宏伟, 刘瑜杰, 2010. 不同温度下砂岩三点弯曲破坏的特征参量研究. 岩石力学与工程学报, 29(4): 705-712.

左建平, 周宏伟, 谢和平, 2008b. 不同温度影响下砂岩的断裂特性研究. 工程力学, 25(5): 124-130.

Haque K E, 1999. Microwave energy for mineral treatment processes–a brief review. International Journal of Mineral Processing, 57(1): 1-24.

Hartlieb P, Toifl M, Kuchar F, et al., 2016. Thermo-physical properties of selected hard rocks and their relation to microwave-assisted comminution. Minerals Engineering, 91: 34-41.

Hassani F, Nekoovaght P M, Gharib N, 2016. The influence of microwave irradiation on rocks for microwave-assisted underground excavation. Journal of Rock Mechanics and Geotechnical Engineering, 8(1): 1-15.

Heuze F E, 1983. High-temperature mechanical, physical and thermal properties of granitic rocks-a review. International Journal of Rock Mechanics and Mining Sciences, 20(1): 3-10.

Hoke E, 1994. Strength of rock and rock masses. ISRM News Journal, 2(2): 4-16.

Lu G M, Feng X T, Li Y H, et al., 2019. Experimental investigation on the effects of microwave treatment on basalt heating, mechanical strength, and fragmentation, Rock Mechanical and Rock Engineering, 52(8): 2535-2549.

Lu G M, Li Y H, Hassani F, et al., 2017. The influence of microwave irradiation on thermal properties of main rock-forming minerals. Applied Thermal Engineering, 112: 1523-1532.

Peinsitt T, Kuchar F, Hartlieb P, et al., 2010. Microwave heating of dry and water saturated basalt, granite and sandstone. International Journal of Mining & Mineral Engineering, 2(1): 18-29.

Szwedzicki T, 2007. A hypothesis on models of failure of rock samples tested in uniaxial compression. Rock Mechanics and Rock Engineering, 40(1): 97-104.

Walkiewicz J W, Clark A E, Mcgill S L, 1991. Microwave-assisted grinding. Industry Applications IEEE Transactions, 27(2): 239-243.

Wang H C, Rezaee R, Saeedi A, 2016. Preliminary study of improving reservoir quality of tight gas sands in the near wellbore region by microwave heating. Journal of Natural Gas Science and Engineering, 32: 395-406.

Whittles D N, Kingman S M, Reddish D J, 2003. Application of numerical modelling for prediction of the influence of power density on microwave-assisted breakage. International Journal of Mineral Processing, 68(1-4): 71-91.

Wong T F, 1982. Effects of temperature and pressure on failure and post-failure behavior of Weasterly granite. Mechanics of Materials, 1(1): 3-17.

# 第 9 章　岩石颗粒结构细观分析及表征

从岩石的细观结构上来看，岩石是由多种矿物颗粒、胶结物质及孔隙充填物组成的集合体。由于孔隙、颗粒结构的分布不均，岩石的细观结构往往具有很强的非均质性。随着微米尺度观测技术的发展，数字图像处理技术已成为探测材料微观结构和矿物空间分布的有力工具。借助 CT 扫描、显微镜观测、X 射线衍射等手段获取岩石的细观组构和矿物含量等细观组构特征并不存在技术上的困难。正如图 9.1 所示，借助细观观测手段，可以清楚地看到大理岩和花岗岩的颗粒结构。随着数值建模技术的发展，对材料的精细化建模要求越来越高，也需要在数值建模中考虑这些颗粒结构的影响。

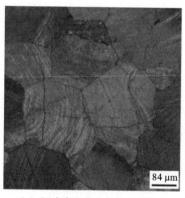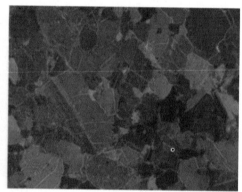

| (a) 河南大理岩的细观扫描图像 | (b) LdB 花岗岩的颗粒结构 |

图 9.1　岩石的细观颗粒结构

（a）图引自 Peng（2016）；（b）图引自 Åkesson（2008）

本章采用偏光显微镜对岩石的细观颗粒结构进行分析，采用非均质度指标对岩石的细观结构进行评价，并提出一种细观结构的识别与提取方法，同时提出不同细观结构图片的相似度评价方法。

## 9.1　岩石颗粒结构的观测

岩石的细观结构可采用透射偏光显微镜（transmitted polarized microscope，TPM）或扫描电子显微镜等微观观测设备进行观测，如图 9.2 所示。

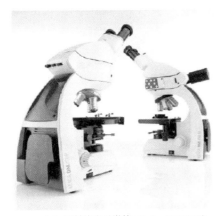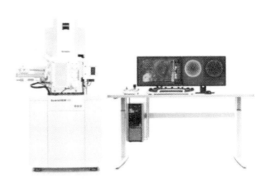

（a）透射偏光显微镜（Leica DM750P）　　　　　　（b）热场发射扫描电子显微镜

图 9.2　岩石颗粒结构观测设备

使用偏光显微镜观测前需要将待观测岩石进行磨片，将其制成切片（图 9.3）。采用扫描电子显微镜观测前，可将少量岩屑均匀摊开涂抹在贴有导电胶的试样桩上，用洗耳球吹掉试样表面未黏牢的多余粉末，镀膜后选择较薄较均匀的部分在扫描电子显微镜下观察。

图 9.3　红层软岩切片

图 9.4 为偏光显微镜下拍摄的 4 个红层软岩试样的细观颗粒结构图片。从图中可以看出，红层软岩的颗粒分布较为松散，离散性较强，受成岩的压力作用，矿物颗粒与胶结物间互相胶结，难以区分明显的边界。此外，岩石颗粒形状也并非均匀圆形，表现为大小不一的不规则多边形。虽然 4 个红层软岩试样来自同一个取样点，但其颗粒形状、颗粒大小、颗粒结构特征均不尽相同。正是这些细观颗粒结构层面的差异，造成了岩石宏观力学性能的离散性。

图9.4　4个红层软岩试样的细观颗粒结构图

　　岩石的矿物组成可采用XRD确定。XRD是通过对材料进行X射线衍射分析，分析其衍射图谱，获得材料的成分、材料内部原子或分子的结构或形态等信息的研究手段。从红层软岩的X射线衍射图谱（图9.5）可以看出，红层软岩的矿物以石英、方解石为主，含有少量长石。

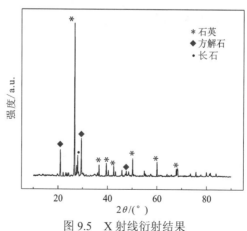

图9.5　X射线衍射结果

# 9.2　基于图像识别方法的岩石颗粒结构提取

　　粒度分析是岩石力学研究的一个重要方面。所谓粒度分析，即研究粒度大小和粒度的分布。要了解岩石的形成机制及成岩后岩体的变形特征，粒度分析必不可少。提取粒度信息是一项烦琐的工作，而使用图像识别法能够大大减少工作量。本节将介绍通过图像识别的方法来获取岩石颗粒的数据信息。现有的细观识别程序大多是对裂缝、孔隙的识别与提取（张吉群 等，2015），在对完整颗粒结构的提取上研究较少。本节将岩石颗粒结构转换成二值图像，采用边缘检测的理论来提取颗粒结构的边缘，并获取详细的颗粒信息数据，以便进行岩石的细观结构评价。

## 9.2.1　常用的边缘提取方法

　　图像的边缘指的是图像前景与背景间产生的灰度突变的区域(翟乃强，2012)，边缘检测在数字图像处理过程中占有基础性的地位。常规的细观结构的边缘提取流程，是将处理后的灰度图像转化为二值图像，随后采用边缘检测算法对颗粒边缘进行提取。常用的边缘检测方法主要有梯度算子、拉普拉斯（Laplacian）算子与坎尼（Canny）算子等。

### 1. 梯度算子

　　梯度算子的原理是，依次计算出图像中每个像素点在某个方向上的灰度变化值，随后与灰度变化值最大的点连接，依次进行连接，形成结构的边缘。常见的梯度算子主要有 Roberts（Roberts，1965）算子、Sobel（Sobel，1970）算子、Prewitt（Prewitt，1970）算子。

　　Roberts 算子是最常见的梯度算子，通过计算像素点上局部差分值来检测目标轮廓边缘（Roberts，1965）。

$$\begin{bmatrix} 1 & 0 \\ 0 & -1 \end{bmatrix} \quad \begin{bmatrix} 0 & -1 \\ 1 & 0 \end{bmatrix} \tag{9.1}$$

　　如式（9.1）所示，Roberts 算子利用像素邻域内 45° 对角线方向像素灰度差值进行计算。Roberts 算子对边缘的定位具有较高的准确度，但是在检测过程中很容易丢失部分边缘信息，造成边缘的不连续，并且由于在计算中没有进行平滑滤波处理，抗噪能力较差。

$$\begin{bmatrix} 1 & 2 & 1 \\ 0 & 0 & 0 \\ -1 & -2 & -1 \end{bmatrix} \quad \begin{bmatrix} 1 & 0 & -1 \\ 2 & 0 & -2 \\ 1 & 0 & -1 \end{bmatrix} \tag{9.2}$$

$$\begin{bmatrix} 1 & 1 & 1 \\ 0 & 0 & 0 \\ -1 & -1 & -1 \end{bmatrix} \quad \begin{bmatrix} 1 & 0 & -1 \\ 1 & 0 & -1 \\ 1 & 0 & -1 \end{bmatrix} \tag{9.3}$$

Sobel 算子（9.2）与 Prewitt 算子（9.3）相似，都是对图像进行加权的平滑滤波后再进行微分，二者都具备一定的抗噪性，但在检测后容易受到噪波的影响，出现虚假边缘（王海岚，2011）。

图 9.6 展示了上述三种常用的梯度算子的计算结果：（a）为经过裁剪的（去除左下角标尺影响）、经过中值滤波降噪处理及高斯滤波平滑处理的切片灰度图；（b）为 Roberts 算子检测结果；（c）为 Sobel 算子检测结果；（d）为 Prewitt 算子的检测结果。从图中可以看出，Roberts 算子在应对复杂图形的边缘检测时会出现大量的噪点，能够检测出大概的轮廓，但少见连续的边缘，有大量的边缘信息丢失。从原理上理解为，虽然局部差分算法能够相对准确地定位边缘，但同时丢失的大量信息使其无法形成完整的边缘轮廓。而 Sobel 算子与 Prewitt 算子在加权滤波后的微分运算使检测结果保留更多的边缘信息，检测结果可辨识更多的颗粒边缘，但与此同时，梯度算子的边缘缺失问题仍很严重，并且微分运算使未消除的噪声被加强，使得结果中存在大量噪声。

### 2. 拉普拉斯算子

拉普拉斯算子是常见的二阶导数微分算子（Rosenfeld et al.，1976），其常用的模板如下：

（a）切片的灰度图像　　　　　　　　　　（b）Roberts 算子检测结果

（c）Sobel 算子检测结果　　　　　　　　（d）Prewitt 算子检测结果

图 9.6　三种常用梯度算子的结果比较

$$\begin{bmatrix} 0 & -1 & 0 \\ -1 & 4 & -1 \\ 0 & -1 & 0 \end{bmatrix} \begin{bmatrix} -1 & -1 & -1 \\ -1 & 8 & -1 \\ -1 & -1 & -1 \end{bmatrix} \tag{9.4}$$

但其二阶微分会导致噪声增加，使检测结果出现强烈的噪声影响，改进的 Log 算子（Marr et al.，1980）能够去除一部分噪声，但会将图像边缘中一些较为强烈的点视作噪声去除，导致边缘不连续，Log 算子常用的边缘检测模板如下：

$$\begin{bmatrix} -1 & -2 & -1 \\ -2 & 12 & -2 \\ -1 & -2 & -1 \end{bmatrix} \tag{9.5}$$

图 9.7 展示了 Log 算子的检测结果，可以看出 Log 算子检测出了较为明显的颗粒结构，但大量虚假边缘的存在使图像呈现密集的噪声。

（a）偏光显微镜拍摄的红层软岩颗粒结构　　　（b）Log 算子检测到的颗粒结构

图 9.7　Log 算子检测结果

### 3. 坎尼算子

梯度算子是基于一阶微分的边缘检测方法，拉普拉斯算子是基于二阶微分的边缘检测方法，在进行微分计算的过程中会导致噪声的增加，因此这两种方法通常在图像中不含有噪声的时候才能适用。

在使用坎尼算子（Canny，1986）对图像边缘进行检测前，需要使用高斯滤波器对图像进行滤波处理：

$$H(x,y) = \exp\left(-\frac{x^2 + y^2}{2\sigma^2}\right) \tag{9.6}$$

$$G(x,y) = f(x,y)H(x,y) \tag{9.7}$$

式中：$H(x,y)$ 为高斯滤波函数；$f(x,y)$ 为图像数据。

$G(x,y)$ 的梯度幅值（即方向角）通过式（9.9）计算：

$$\varphi(x,y) = \sqrt{G_x^2 + G_y^2} \tag{9.8}$$

$$\theta_\varphi = \arctan\left(\frac{G_x}{G_y}\right) \tag{9.9}$$

随后，对梯度幅值进行非极大值抑制，将局部梯度最大的点保留，其他的点归零以获取边缘。坎尼算子通过分别设置大小两个阈值来实现精度的调整，其中大阈值用于过滤目标轮廓中的虚假边缘，小阈值用于将断裂的边缘连接。两个阈值通过人为的设置，依据灰度均衡来进行调整。

图 9.8 使用坎尼算子进行岩石颗粒结构检测，从图中可见颗粒结构得到最大程度的保留，可以识别出主要的颗粒结构，但由于颗粒边缘灰度变化并不是很激烈，颗粒内部也存在灰度变化使检测结果出现大量的虚假边缘。通过边缘检测算子，可以快速从岩石的细观结构图像中提取出颗粒结构图像。

 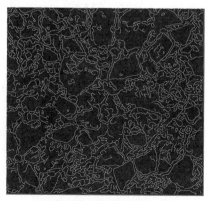

（a）偏光显微镜拍摄的红层软岩颗粒结构　　　（b）坎尼算子检测到的颗粒结构

图 9.8　坎尼算子检测结果

## 9.2.2　颗粒结构分析的形态学理论

形态学（mathematical morphology）是建立在集合论基础上的数字图形处理理论，适用于信号的几何形态分析和描述（李敏仪，2009）。形态学处理图像的核心在于结构元素的使用，通过结构元素在图像中的移动和变化，对相关像素点进行形态转换。

形态学的运算操作主要包括膨胀运算、腐蚀运算、开运算和闭运算等，以几何形式及集合论的思想对视觉信息进行处理分析。形态学运算的基本原理如图 9.9 所示。

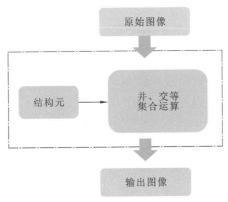

图 9.9　形态学运算的基本原理

在形态学中，膨胀是指一个集或对象从原有的形状扩大的过程，其扩大方式取决于结构元。结构元是一种使用选取的几何图形来作为形态学计算的特征，常见的结构元通常有矩形、圆形、六边形等。膨胀运算的基本过程为：将结构元（通常小于要进行膨胀运算的目标对象）从左到右、从上到下对目标图像遍历，在遍历的过程中寻找结构元与目标对象间重叠的元素（耿帅，2012），将此时结构元所在的中心位置的像素值设为 1。

设 $A$、$B$ 都是 $R^2$ 中的集合，$\Phi$ 为空集，其中 $A$ 为图像矩阵，$B$ 为结构元矩阵。则 $B$ 对 $A$ 的膨胀过程 $A \oplus B$ 用集合定义为（赖志国 等，2004）

$$A \oplus B = \{x \mid (\hat{B})_x \bigcap A \neq \Phi\} \tag{9.10}$$

$\hat{B}$ 表示集合 $B$ 的映像：

$$\hat{B} = \{x \mid x = b, b \in B\} \tag{9.11}$$

$(\hat{B})_x$ 表示集合 $\hat{B}$ 的平移：

$$(\hat{B})_x = \{c \mid c = \hat{b} + x, \hat{b} \in B\} \tag{9.12}$$

上式表明，膨胀过程首先进行结构元 $B$ 对原点的映像计算，随后将 $B$ 平移 $x$ 距离。$B$ 的映像 $\hat{B}$ 与集合 $A$ 存在公共的交集（即两者至少有一个重叠的像素点），满足此条件的 $x$ 所构成的集合组成了 $B$ 对 $A$ 的膨胀图像。

膨胀运算具有扩大图像的作用，可以将相邻但没有接触的图形粘连起来，如图 9.10 所示。腐蚀运算与膨胀相反，它起到使图像收缩的作用。与膨胀相同的是，腐蚀也采用一个结构元进行遍历，采用集合论的方法表示为

$$A \odot B = \{x \mid (B)_x \subseteq A\} \tag{9.13}$$

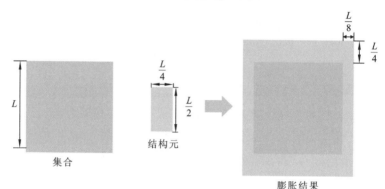

图 9.10　膨胀运算示意图

与膨胀运算的区别在于，腐蚀运算在遍历的过程中，检验结构元 $B$ 能否完全包含于 $A$ 中，即能否将 $B$ 完全包含的 $x$ 所构成的集合为 $B$ 对 $A$ 的腐蚀图像（图 9.11）。

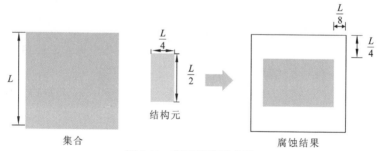

图 9.11　腐蚀运算示意图

二值运算中的开运算与闭运算是由腐蚀运算与膨胀运算复合而来的，开运算是先对图像进行腐蚀运算，然后进行膨胀运算。用集合论的概念来解释就是

$$A \circ B = (A \odot B) \oplus B \tag{9.14}$$

从实质上讲，开运算实际上是 $B$ 在 $A$ 内的平移所得到集合的并集。

开运算能够将图像中小于结构元的细小连接断开，同时对轮廓边界的粗糙区域有着良好的去噪效果，使图像轮廓变得更光滑（吴凯，2018）。

在图 9.12 中，结构元 $B$ 的外部轮廓始终紧贴 $A$ 进行移动，则 $B$ 的外部轮廓中能达到的最贴近 $A$ 的位置连接，就构成了开运算结果的外部边界。在这个过程中，开运算的计算结果受到结构元的大小及形状的直接影响。

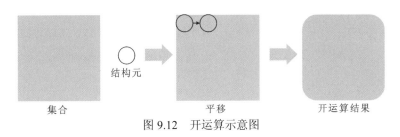

集合　　　　　结构元　　　　　平移　　　　　开运算结果

图 9.12　开运算示意图

与开运算的步骤相反，闭运算是先进行膨胀运算再进行腐蚀运算，记作 $A \cdot B$，采用集合论的式子表示为

$$A \cdot B = (A \oplus B) \ominus B \qquad (9.15)$$

与开运算相反，闭运算能够将宽度小于结构体大小的缝隙连接起来，起到填充孔洞、连接边缘的作用，同时能使图像边缘变得平滑。

由图 9.13 可知，闭运算是使结构元 $B$ 紧贴图形 $A$ 的外边界移动，膨胀边界由贴近 $A$ 的外部边界的 $B$ 的轮廓所围成。

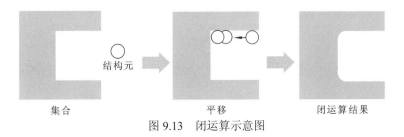

集合　　　　　结构元　　　　　平移　　　　　闭运算结果

图 9.13　闭运算示意图

开运算与闭运算是基于集合补集的对偶，这一点与腐蚀和膨胀运算的对应关系一致（于殿泓，2006）。在单纯的腐蚀与膨胀运算中，重复的腐蚀膨胀运算会导致图像的无限增大与缩小，小于结构元的图像会被消除，与此不同，开运算或闭运算的结果不会受到计算次数的影响，多次运算的结果仍与第一次运算结果一致。

本节使用加权平均法来获取红层软岩切片的灰度图像。在获得灰度图像后，需要用滤波过滤器对灰度图像进行平滑处理。由于大量杂质及显微镜拍摄下产生的椒盐噪波的存在（图 9.14），需要使用中值滤波来去除噪声。

中值滤波是将设定的矩阵大小对图像进行遍历，在遍历过程中，对于矩阵中的元素，矩阵中间点的值由矩阵中各元素的中值进行替换。中值滤波能够保留边缘特性、有效平滑图像并保存良好的颗粒结构，同时消除图像中的噪点。

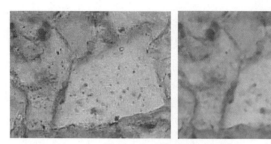

图 9.14　中值滤波平滑效果

　　随后，对图像的二值化使用全局阈值的方法。通过读取图像中颗粒边界的灰度值来确定二值化的阈值。由于岩石中的颗粒在成岩过程中经历了压实、胶结和结晶等作用，部分颗粒联结紧密，难以区分颗粒间的界限。通过二值图像实现对岩石颗粒的自动切割，通常会遇到很大困难（刘春 等，2018）。因此，在进行二值化之前，需要通过手动操作来分割胶结程度较强的颗粒。最后，针对获得的二值化图像，通过腐蚀、膨胀运算去除图像中孔洞与小颗粒。

　　从图 9.15 可以看出，在颗粒结构较为明显时，颗粒提取算法能够取得较好的效果，但对于颗粒较暗的情况，通过阈值进行二值化分割的算法会将其视为胶结物剔除。当颗粒之间胶结较强时，颗粒结构难以区分，需要通过人工划分来将它们分割开来。

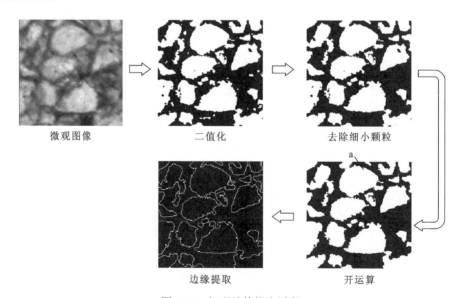

图 9.15　细观结构提取过程

# 9.3　岩石颗粒形状表征

从图 9.4 中可以看到，岩石颗粒结构中主要包含颗粒粒径、颗粒形状、颗粒非均质度等信息，本节将介绍颗粒形状的量化表征和描述方法。

## 9.3.1　球度

目前，对颗粒形状的量化主要有 3 种方法：①采用颗粒形状的相关参数描述；②基于分形理论计算颗粒的分形维数；③傅里叶分析方法。对于第一种方法，涂新斌等（2004）给出了二维颗粒参数的相关算法，孔亮等（2011）分析了颗粒受力变形的细观原因后认为可以采用式（9.16）计算二维颗粒的形状参数。

$$\begin{cases} F = \alpha F_1 + \beta F_2 \\ \alpha + \beta = 1 \end{cases} \tag{9.16}$$

式中：$F$ 为二维颗粒的形状参数；$F_1$ 为颗粒圆形度；$F_2$ 为凹凸度；$\alpha, \beta$ 为加权系数。

分形最早由 Mandelbrot（1967）提出，进一步地 Tyler 等（1992）提出了三维空间的体积分形模型。采用分形理论描述颗粒形状，需要对颗粒进行粒径分级，确定各区间的累积体积，然后进行曲线拟合。傅里叶方法实际上是一种轮廓描述方法，在颗粒的二维图像边界上取点，建立描述颗粒边界形状的函数。

本书主要研究三维颗粒的力学效应，结合前人对颗粒形状参数的研究，同时考虑方法的简便和可行性，定义球度作为颗粒的形状表征参数。

$$S = \frac{S_s}{S_p} \tag{9.17}$$

式中：$S_s$ 为与颗粒等体积的球体表面积；$S_p$ 为颗粒的表面积；$S$ 为颗粒的球度。将颗粒的体积 $V_p$ 代入式（9.17）可以得到

$$S = \frac{4\pi}{S_p}\left(\frac{3V_p}{4\pi}\right)^{\frac{2}{3}} \tag{9.18}$$

## 9.3.2　岩石颗粒形状量化实例

为验证上文定义的球度指标，采用 AutoCAD 生成 4 种颗粒（图 9.16），计算其体积和表面积。然后根据式（9.18）计算 4 种代表单元的形状参数，表 9.1 给出了以上 4 种代表单元的形状参数。

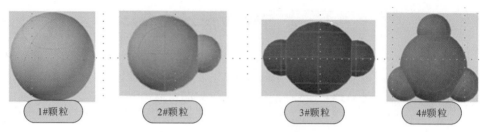

| 1#颗粒 | 2#颗粒 | 3#颗粒 | 4#颗粒 |

图 9.16　4 种颗粒形状

表 **9.1**　代表颗粒单元形状参数

| 代表颗粒单元 | 1#颗粒 | 2#颗粒 | 3#颗粒 | 4#颗粒 |
|---|---|---|---|---|
| 球度 | 1.000 | 0.959 | 0.924 | 0.892 |

从表 9.1 中可以看出，球度能够对颗粒形状接近球体的程度进行度量，颗粒形状越接近球体，其形状参数球度越接近 1。由于在相同的体积情况下，球体的表面积最小，球度为 0~1，当颗粒为球体时，球度达到最大值。

# 9.4　岩石颗粒结构非均质度表征

非均质性对岩石强度和变形破裂特征的影响已有广泛研究（Mahabadi et al.，2014；Lan et al.，2010；Tang et al.，2007，2000），这些研究表明岩石的强度一般随着非均质性的提高而降低。材料的非均质性容易造成局部区域应力集中，进而加速岩石的破坏过程（Blair et al.，1998）。国内学者唐春安等很早就开始了岩石非均质性的研究，他们通过岩石失效过程分析软件（RFPA 2D）模拟了不同均质度的岩样的失效模式和裂纹扩展过程，对揭示非均质性对岩石强度的影响机制具有重要作用（Tang et al.，2000）。

造成岩石几何非均质性的一个重要因素是粒径差异（Peng et al.，2017）。同一块岩石中的颗粒尺寸会有区别，导致了不均匀的局部变形；在不同岩石中，粒径的差异也是影响岩石强度指标的重要因素（Hu et al.，2008）。因此，在研究岩石的强度及破坏变形机制时，需要考虑由粒径差异所引起的非均质性。

## 9.4.1　非均质度

Peng 等（2017）提出一种基于不同组分的平均粒径来计算岩石的平均粒径的方法。当体积分数 $w_i$、每一种矿物 $i$ 的平均粒径 $\overline{d_i}$ 已知时，岩石的平均粒径 $\overline{d}$ 的

计算式为

$$\overline{d} = \sum_{i=1}^{m} w_i \overline{d_i} \tag{9.19}$$

式中：$m$ 为岩石中所含矿物的数量。

根据 Peng 等（2017）的公式，无量纲的非均质度指数 $H$ 可由以下公式计算：

$$H = \sqrt{\sum_{i=1}^{m} \left( \frac{\overline{d_i}}{\overline{d}} - 1 \right)^2} \tag{9.20}$$

$H$ 指数（Peng et al., 2017）能够较好地反映矿物粒度变化引起的材料非均质性。但是，即使是同一种岩石，其粒径也各不相同。上述公式中非均质度主要由岩石的平均粒径和矿物颗粒的平均粒径决定，因此粒径分布的区间宽度不会直接影响非均质度指数。当矿物粒径变化幅度较大，且平均粒径比较接近时，$H$ 指数的有效性会变差（Liu et al., 2018）。

一般来讲，在总颗粒数目 $n$ 和每个颗粒的粒径 $d_i$ 已知的情况下，标准的平均粒径 $d_{\text{new}}$ 可以采用下式进行计算：

$$d_{\text{new}} = \frac{1}{n} \sum_{i=1}^{n} d_i \tag{9.21}$$

式（9.21）对岩石平均粒径的估计是非常准确的，但这种估计需要岩石内部每个颗粒的粒径，这在岩石细观结构分析中是不现实的。因此，对该公式进行简化，通过有限的颗粒信息来获得较为准确的平均粒径。

通常岩石中包含多种矿物，Liu 等（2018）假设对于岩石中的某种矿物 $i$，它的平均粒径表示为 $\overline{d_i}$，这种矿物的颗粒数量为 $k_i$。那么这种矿物 $i$ 颗粒粒径求和可以表示为 $k_i \overline{d_i}$。这样，所有颗粒粒径的求和就可以转化为按照不同的矿物进行粒径求和，即

$$\sum_{i=1}^{n} d_i = \sum_{i}^{m} k_i \overline{d_i} \tag{9.22}$$

因此，将式（9.22）代入平均粒径 $d_{\text{new}}$ 的计算公式，可以通过各种矿物颗粒的数量 $k_i$ 和矿物颗粒平均粒径 $\overline{d_i}$ 计算岩石的平均粒径。

$$d_{\text{new}} = \frac{1}{n} \sum_{i=1}^{m} k_i \overline{d_i} \tag{9.23}$$

式中：$m$ 为岩石包含的矿物种类。式（9.23）将计算岩石的平均粒径转化为计算矿物颗粒的数量和矿物平均粒径。为了进一步简化计算，将三维空间中的岩石颗粒看作球体，并且认为岩石孔隙均匀分布于岩石试样中，岩石的孔隙率记为 $\phi$。那么矿物 $i$ 所占的体积 $V_i$ 和岩石试样的体积 $V_s$ 可以表示为

$$V_i = \frac{1}{6(1-\phi)}k_i\pi\overline{d}_i^3 \qquad (9.24)$$

$$V_s = \frac{1}{6(1-\phi)}n\pi d_{\text{new}}^3 \qquad (9.25)$$

式（9.23）可以表示为

$$d_{\text{new}} = \frac{1}{n}\sum_{i=1}^{m}k_i\overline{d}_i = \sum_{i=1}^{m}\frac{\dfrac{1}{6(1-\phi)}k_i\pi\overline{d}_i^3}{\dfrac{1}{6(1-\phi)}n\pi d_{\text{new}}^3}\frac{d_{\text{new}}^3}{d_i^2} \qquad (9.26)$$

联立式（9.24）～式（9.26），得到岩石平均粒径、矿物平均粒径和矿物体积分数 $w_i$ 之间的关系。

$$d_{\text{new}} = \sum_{i=1}^{m}\frac{V_i}{V_s}\frac{d_{\text{new}}^3}{\overline{d}_i^2} = \sum_{i=1}^{m}w_i\frac{d_{\text{new}}^3}{d_i^2} \qquad (9.27)$$

以 $d_{\text{new}}$ 为未知变量，求解式（9.27），可以得到矿物体积分数 $w_i$ 表示的岩石平均粒径。对岩石而言，获取各个矿物的含量及平均粒径相较获取每一个单个颗粒的大小更易实现，因此，岩石平均粒径可用式（9.28）计算（Liu et al.，2018）。

$$d_{\text{new}} = \frac{1}{\sqrt{\sum_{i=1}^{m}(w_i/\overline{d}_i)^2}} \qquad (9.28)$$

图 9.17 所示为对 A、B、C、D、E、F、G 7 个数值试样的平均颗粒粒径计算，其中黑色的点为 7 个试样的准确平均粒径。蓝色点为采用式（9.19）估算的试样平均粒径，红色点为采用式（9.28）估算的试样平均粒径。从图中可以看出，式（9.28）计算得到的平均粒径与真实的试样平均粒径更为接近。

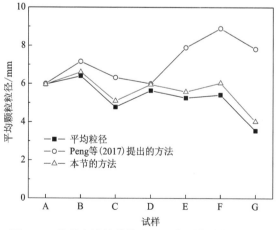

图 9.17　几种方法计算的岩石平均颗粒粒径的比较

扫封底二维码见彩图

Liu 等（2018）采用最小粒度、平均粒度和最大粒度来估计每种矿物的粒度差异，对所有矿物的粒度差进行相加和平均，从而定义新的无量纲非均质性指数 $H_{\text{new}}$。

$$H_{\text{new}} = \frac{1}{3m}\sum_{i=1}^{m}\sum_{j=1}^{3}\left|\frac{d_{ij}}{d_{\text{new}}}-1\right| \tag{9.29}$$

式中：$d_{i1}$、$d_{i2}$、$d_{i3}$ 分别为矿物 $i$ 的最小粒径、平均粒径、最大粒径；$m$ 为矿物的数量。

要使用式（9.29）计算岩石的非均质性指数，需要得到每种矿物的最大粒度、最小粒度和平均粒度。但是在大多数情况下，只有很少的试验能够提供如此详细的矿物信息（Liu et al.，2018）。通常来讲，岩石被认为是一种多矿物集合体，所指的最小粒径、最大粒径及平均粒径都是基于岩石的总颗粒，而不是单独的某种矿物。因此，当取 $m=1$ 时，式（9.29）可简化（Liu et al.，2018）为

$$H_{\text{new}} = \frac{1}{3}\sum_{i=1}^{3}\left|\frac{d_i}{d}-1\right| \tag{9.30}$$

式中：$d_1$、$d_2$、$d_3$ 分别为岩石的最小粒径、平均粒径、最大粒径。式（9.30）提供了一个相对简单的非均质度计算方法，根据该公式非均质度的计算只需要知道最小粒径、最大粒径及平均粒径，该式对大多数情况的岩石非均质度计算都是非常方便的。

在有的情况下，岩石的颗粒粒径信息是通过级配曲线给出的，因此需要研究在已知岩石颗粒级配曲线的情况下，如何进行颗粒结构非均质度的计算。

在已知岩石颗粒级配曲线的情况下，根据式（9.30）可知，岩石颗粒结构的非均质度计算关键是如何通过级配曲线确定岩石的最小粒径和最大粒径。级配曲线的绘制过程统计了相当数量的颗粒粒径信息，从理论上来说，从这里面找到最小和最大粒径并不困难。问题在于，作为一个统计变量，从有限数量颗粒绘制的级配曲线里直接得到的最小粒径和最大粒径是否具有代表性。随着统计数量的增加，完全有可能出现更大粒径的颗粒和更小粒径的颗粒，因此，如何合理地确定最大粒径和最小粒径是一个值得研究的问题，并让大部分（如 95%）颗粒都能落在这个粒径区间里面。

根据对岩石颗粒粒径数据的分析，对数正态分布函数能够较好地描述岩石的粒径分布（图 9.18），图中颗粒粒径分布来自一个大理岩岩石颗粒结构的统计结果。因此，假设颗粒粒径分布符合对数正态分布，可以采用 Matlab 软件的非线性回归功能对颗粒粒径分布进行拟合，得到用对数正态分布描述的颗粒粒径分布函数，即 $d-N_{\text{log}}(u,r^2)$。这里，$u$ 为对数正态分布的均值，$r$ 为对数正态分布的标准差。

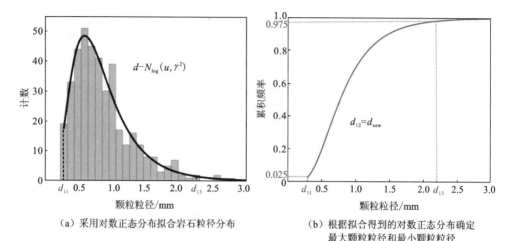

（a）采用对数正态分布拟合岩石粒径分布　　（b）根据拟合得到的对数正态分布确定
最大颗粒粒径和最小颗粒粒径

图 9.18　根据粒径级配曲线计算岩石非均质度指标

如图 9.18 所示，认为 95%的颗粒都落在最小颗粒粒径和最大颗粒粒径区间里面，最小、平均和最大颗粒粒径可用其累积分布概率密度函数的反函数 $f(P)$ 表示，最小粒径 $d_1$ 和最大粒径 $d_3$ 的概率 $P$ 分别为 0.025 和 0.975（Liu et al.，2022）。

$$\begin{cases} d_1 = f(0.025) \\ d_2 = \overline{d} \\ d_3 = f(0.975) \end{cases} \tag{9.31}$$

## 9.4.2　非均质度量化实例

本小节将展示使用非均质度指标进行颗粒结构非均质度评价的应用实例。采用上文定义的非均质度指标分析粗粒大理岩的偏光显微镜（图 9.19）下获得的颗粒结构。

岩石非均质度的评价首先需要统计岩石的颗粒粒径信息。而岩石的颗粒结构图片显示岩石颗粒呈现出非规则形状（既不是规则圆形，也不是规则的多边形）。因此，本小节先规定非规则的岩石颗粒粒径确定方法。如图 9.20 所示，对于不规则颗粒，将其水平方向的最大投影长度 $F_h$ 作为水平 Feret 直径，将其垂直方向的最大投影长度 $F_v$ 作为垂直 Feret 直径。非规则颗粒的粒径定义为水平 Feret 直径和垂直 Feret 直径的平均值。

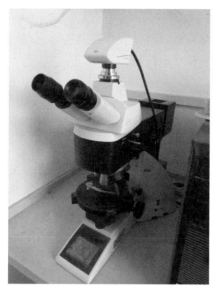

图 9.19　用于大理岩颗粒结构观测的偏光显微镜

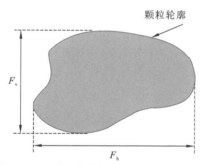

图 9.20　不规则颗粒的 Feret 直径示意图

　　根据上述非规则颗粒粒径的计算规则对粗粒大理岩细观结构图像进行统计。所使用的粗粒大理岩来自我国河南地区，孔隙度为 0.77%，该大理岩主要矿物为方解石（95%），其余矿物大约占 5%。采用偏光显微镜观察大理岩的颗粒结构，观察前先制作大理岩切片，切片厚度为 0.03 mm。

　　如图 9.21 所示，粗粒大理岩的颗粒结构由于颗粒粒径和分布不同，表现出不同的几何非均质性。整体上来说，粗粒大理岩的颗粒结构分布相对均匀，颗粒边界和颗粒形状都很清晰。根据 9.4.1 小节提到的非均质度计算方法，首先对颗粒粒径进行统计，然后采用对数正态分布曲线进行拟合，根据对数正态分布累积概率密度函数的反函数求最大粒径和最小粒径，最后代入式（9.30）计算岩石颗粒结构的非均质度。从图中的非均质度指标来看，图 9.21（e）中切片的非均质度指标最高。从图中来看，颗粒粒径分布越宽，其非均质度指标越高。图9.21（a）中切片的颗粒粒径分布宽度较窄，所以其非均质度也不高。总体来说，非均质度主要取决于粒径分布的宽度和平均粒径。

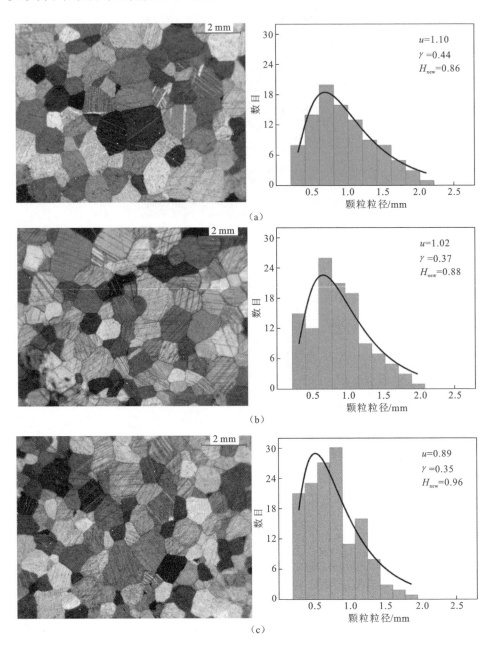

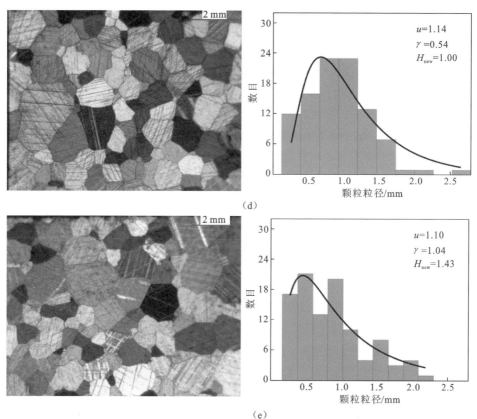

图 9.21　根据颗粒结构扫描图像得到的河南粗粒大理岩颗粒粒径分布

（a）～（e）左侧为大理岩切片的颗粒结构扫描图像；右侧的柱状图为根据颗粒结构图像统计的粒径分布图，黑色线为采用对数正态分布拟合的分布曲线。图中，$u$ 为拟合对数正态分布的粒径均值，$\gamma$ 为拟合对数正态分布的标准差，$H_{new}$ 为采用式（9.30）计算得到的非均质度

# 9.5　岩石颗粒结构的相似度评价

随着计算机技术的不断进步，图像识别技术也得到飞速发展，并被应用到各种领域。采用图像识别方法提取的颗粒结构在排除了大量的杂波干扰后，具有更纯粹的图形特征，可以对其进行更多方法的评价。图形的相似度特征对细观结构的整体分布具有一定的参考价值。本小节将采用结构相似指标测量（structure similarity index measure，SSIM）算法对不同切片细观结构的结构相似性进行评价。

SSIM 在图像评价中由于具有操作简单、运行高效、与主观评价关联性较强等优点，而被广泛应用于图像相似度的度量（卜丽静 等，2019）。它对原始图像和参考图像分别从亮度、对比度与结构三个方面进行相似度评价（Wang et al.，2004）。

在两幅图片 $x = \{x_i \mid i = 1, 2, \cdots, M\}, y = \{y_i \mid i = 1, 2, \cdots, M\}$ 之间的 SSIM 指标为（Wang et al.，2004）

$$SSIM(x, y) = [l(x, y)]^{\alpha}[c(x, y)]^{\beta}[s(x, y)]^{\gamma} \tag{9.32}$$

其中：

$$l(x, y) = \frac{2\mu_x\mu_y + C_1}{\mu_x^2 + \mu_y^2 + C_1} \tag{9.33}$$

$$c(x, y) = \frac{2\sigma_x\sigma_y + C_2}{\sigma_x^2 + \sigma_y^2 + C_2} \tag{9.34}$$

$$s(x, y) = \frac{\sigma_{xy} + C_3}{\sigma_x\sigma_y + C_3} \tag{9.35}$$

式中：$l(x, y)$、$c(x, y)$ 和 $s(x, y)$ 分别为亮度函数、对比度函数和结构相关函数；$\mu_x$、$\mu_y$ 分别为两幅图像的亮度均值；$\sigma_x$、$\sigma_y$ 为标准差；$\sigma_{xy}$ 为协方差；$C_1$、$C_2$、$C_3$ 为很小的整数，以防止分母为零或接近于零（杨春玲 等，2011）。$\alpha$、$\beta$、$\gamma$ 均为正数，用来调整亮度、对比度、结构相关度的权重。

通常情况下，$C_1 = (K_1L)^2, C_2 = (K_2L)^2$ 一般取 $K_1 = 0.01$，$K_2 = 0.03$，$L$ 为矩阵所有元素最大值与最小值的差值（Wang et al.，2004）。

当取 $\alpha = \beta = \gamma = 1$ 时，式子可以简化为

$$SSIM(x, y) = \frac{(2\mu_x\mu_y + C_1)(2\sigma_{xy} + C_2)}{(\mu_x^2 + \mu_y^2 + C_1)(\sigma_x^2 + \sigma_y^2 + C_2)} \tag{9.36}$$

式（9.36）为 SSIM 常用的简化形式，更换图片 $x$、$y$ 的排序不会对相似度的计算产生影响。SSIM 是一个大于 0 小于 1 的常数，两幅图片的相似度越高，表明它们具有越强的相似性。

以往对非均质性指标的研究（Liu et al.，2018）表明，岩石非均质度的不同往往伴随着结构的差异。因此，可以将 SSIM 指标应用于对岩石细微观结构的评价与分析中。但是，由于岩石结晶颗粒的成分复杂，而泥岩中存在的大量胶结物也会呈现出不同的颜色，表现在图像上就是存在亮度差异，所以在进行相似度的分析前，需要将图片灰度化或二值化，提取出岩石的颗粒结构。若导出的图片具有明显的边界，颗粒形状表现良好，用于结构相似的度量也能取得不错的效果。

对提取的两区域的颗粒结构图进行结构相似度的评价，如图 9.22 所示。

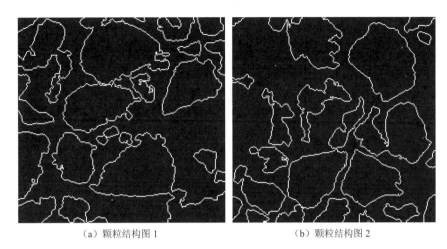

(a) 颗粒结构图 1　　　　　　　　　　(b) 颗粒结构图 2

图 9.22　相似度评价图片

　　将提取的两幅轮廓图片读取入程序中，得到需要的图像矩阵。对颗粒结构图形以 8×8 像素的窗口遍历，得到每个窗口的均值、方差等参数，计算获得各窗口的局部 SSIM 指标后对整体进行加权求均值，以获得最终的评价指标。

　　采用以上理论对选取的图片进行计算后，图 9.22 中（a）与（b）中颗粒结构相似度为 0.805。在结构相似度的控制参数中，由于在颗粒提取过程中获取了二值化的细观结构图像，所以对亮度均值的比较对采用的相似性指标并无影响。通过降低该指标的权重指数使其数值更接近于 1，以在评价结果的影响中占据更小的权重。

　　由于风化作用、天然岩体中结晶矿物的不规则形状、成分复杂的胶结物和生物碎屑及成岩过程中的物理化学作用的影响，各类岩石在细观层次上具有截然不同的颗粒结构。相似度指数可以作为细观结构评价的一个参考，整体图片的结构相似性能够反映出颗粒的分布情况。

# 参 考 文 献

卜丽静, 王涛, 2019. 基于 HVS 的 SSIM 超分辨率重建图像质量评价方法. 测绘与空间地理信息, 42(7): 14-18, 21.

耿帅, 2012. 基于数学形态学的图像去噪. 济南: 山东师范大学.

孔亮, 彭仁, 2011. 颗粒形状对类砂土力学性质影响的颗粒流模拟. 岩石力学与工程学报, 30(10): 2112-2118.

赖志国, 徐啸海, 2004. Matlab 图像处理与应用. 北京: 国防工业出版社.

李敏仪, 2009. 数学形态学在图像处理中的应用研究. 广州: 华南理工大学.

刘春, 许强, 2018. 岩石颗粒与孔隙系统数字图像识别方法及应用. 岩土工程学报, 40(5): 925-931.

涂新斌, 王思敬, 2004. 图像分析的颗粒形状参数描述. 岩土工程学报, 26(5): 659-662.

王海岚, 2011. 基于形态学理论的图像边缘检测方法研究. 长沙: 长沙理工大学.

吴凯, 2018. 基于数学形态学的焊接熔池图像边缘检测技术研究. 西安: 西安石油大学.

杨春玲, 徐小琳, 2011. 重视边缘区域的结构相似度图像质量评价. 中国图象图形学报, 16(12): 2133-2139.

于殿泓, 2006. 图像检测与处理技术. 西安: 西安电子科技大学出版社.

翟乃强, 2012. 应用颜色信息的图像分割研究. 电子设计工程, 20(1): 181-183.

张吉群, 胡长军, 和冬梅, 等, 2015. 孔隙结构图像分析方法及其在岩石图像中的应用. 测井技术, 39(5): 550-554.

Åkesson U, 2008. Characterization of micro cracks caused by core disking. Stockholm:Swedish Nuclear Fuel and Waste Manage Co.

Blair S, Cook N, 1998. Analysis of compressive fracture in rock using statistical techniques: Part II. Effect of microscale heterogeneity on macroscopic deformation. International Journal of Rock Mechanics and Mining Sciences, 35(7): 849-861.

Canny J A, 1986. computational approach to edge detection. IEEE Transactions on pattern analysis and machine intelligence(6): 679-698.

Hu X, Wilkinson D S, Jain M, et al., 2008. Modeling strain localization using a plane stress two-particle model and the influence of grain level matrix inhomogeneity. Journal of Engineering Materials and Technology, 130(2): 021002.

Lan H, Martin C D, Hu B, 2010. Effect of heterogeneity of brittle rock on micromechanical extensile behavior during compression loading. Journal of Geophysical Research: Solid Earth, 115(B1): B01202.

Liu G, Cai M, Huang M, 2018. Mechanical properties of brittle rock governed by micro-geometric heterogeneity. Computers and Geotechnics, 104: 358-372.

Liu G, Cai M, Yao H, et al., 2022. Strength estimation of granular rocks using a microstructure-based empirical model. Engineering Failure Analysis, 142: 106761.

Mahabadi O, Tatone B, Grasselli G, 2014. Influence of microscale heterogeneity and microstructure on the tensile behavior of crystalline rocks. Journal of Geophysical Research: Solid Earth, 119(7): 5324-5341.

Mandelbrot B B, 1967. How long is the coast of Britain. Science, 156(3775): 636-638.

Marr D, Hildreth E, 1980. Theory of edge detection. Proceedings of the Royal Society of London

Series B Biological Sciences, 207(1167): 187-217.

Peng J, Rong G, Cai M, et al., 2016. Comparison of mechanical properties of undamaged and thermal-damaged coarse marbles under triaxial compression. International Journal of Rock Mechanics and Mining Sciences, 83: 135-139.

Peng J, Wong L N Y, Teh C I, 2017. Influence of grain size heterogeneity on strength and microcracking behavior of crystalline rocks . Journal of Geophysical Research: Solid Earth, 122(2): 1054-1073.

Prewitt J, 1970. Object enhancement and extraction. Picture Processing and Psychopictorics, 10(1): 15-19.

Roberts L G, 1965. Machine perception of three-dimensional solids. Massachusetts Institute of Technology.

Rosenfeld A, Kak A C, 1976. Digital picture processing. Academic Press.

Sobel I E, 1970. Camera models and machine perception. Stanford University.

Tang C A, Liu H, Lee P K K, et al., 2000. Numerical studies of the influence of microstructure on rock failure in uniaxial compression-part I: Effect of heterogeneity. International Journal of Rock Mechanics and Mining Sciences, 37(4): 555-569.

Tang C A, Tham L G, Wang S H, et al., 2007. A numerical study of the influence of heterogeneity on the strength characterization of rock under uniaxial tension. Mechanics of Materials, 39(4): 326-339.

Tyler S W, Wheatcraft S W, 1992. Fractal scaling of soil particle‐size distributions: Analysis and limitations. Soil Science Society of America Journal, 56(2): 362-369.

Wang Z, Bovik A C, Sheikh H R, et al., 2004. Image quality assessment: from error visibility to structural similarity. IEEE Trans Image Process, 13(4): 600-612.

# 第 10 章 颗粒细观结构对岩石
# 宏观力学特性的影响

岩石作为矿物颗粒的集合体，其宏观力学特性必然受到细观颗粒结构的影响。在第 9 章中也提到，岩石颗粒结构扫描图片表现出不同的颗粒形状、颗粒非均质度。本章将采用离散元计算方法重点研究颗粒形状和颗粒非均质度对岩石宏观力学强度及变形特性的影响。

## 10.1　颗粒形状对岩石宏观力学特性的影响

本节建立 4 种代表颗粒形状用于模拟石英砂岩的矿物颗粒，并采用球度指标对矿物颗粒形状进行参数量化。通过石英砂岩的室内三轴试验校准颗粒流模型的细观参数，在此基础上进行 4 种矿物颗粒形状试样的岩石三轴力学模拟试验，得到不同围压下 4 种矿物颗粒形状试样的应力-应变曲线。具体探讨弹性模量、泊松比、启裂强度、损伤强度等岩石重要参数随着形状参数的变化，建立细观颗粒形状与宏观力学特性的内在联系。

### 10.1.1　建模过程及参数确定

自然界中矿物颗粒由于结晶形态的不同，形状各异。通常，构成岩石的矿物颗粒形状往往是多样、无规则的。Abou-Chakra 等（2004）对 7 种不同材料的颗粒形状进行了深入分析，在其进行的离散单元模拟中采用了 4 种代表颗粒单元，如图 10.1 所示。本小节模拟石英砂岩力学特性的矿物形状效应，结合碎屑岩颗粒的实际特征，生成 4 种代表颗粒单元，如图 10.2 所示。这些颗粒单元的主体部分是一个大球体，边上聚结着小球体，采用小球体来模拟颗粒的棱角，本章主要研究此类矿物颗粒形状的力学效应。

结合石英砂岩的矿物颗粒形态，生成图 10.2 中所示的 4 种代表颗粒单元。其中试样 1 至试样 4 分别由 4 种代表颗粒单元组成，用于研究不同颗粒形状的力学

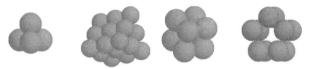

图 10.1　4 种代表颗粒单元形状

响应。试样 5 是由 1#～4#代表颗粒单元组合形成，用于模拟真实的石英砂岩试样。采用形状因子——球度对 1#～4#代表颗粒单元进行量化，1#～4#代表颗粒单元的球度分别为 1.000、0.959、0.924、0.892。

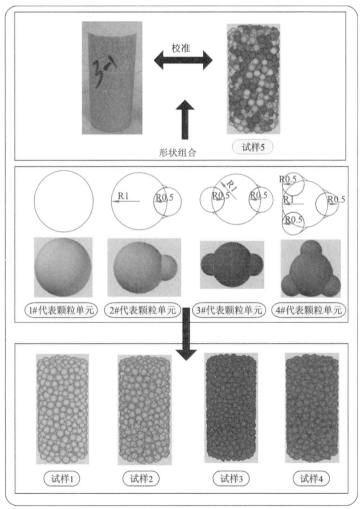

图 10.2　代表颗粒和试样形成

　　1#代表颗粒单元是球体，可以直接生成。2#～4#代表颗粒单元可以由 PFC3D 的"CLUMP"方法生成，史旦达等（2010，2008）将其译为"团颗粒"方法。在

PFC3D 中，"团颗粒"是由两个或两个以上的球体颗粒结合在一起形成的组合体，"团颗粒"内部相当于刚体，只在"团颗粒"之间的接触边界上有微小变形。

生成试样时，首先生成球体颗粒试样 1，然后将其中的球体颗粒替换为 2#～4#代表颗粒单元，这样就可以生成试样 2 至试样 4。替换过程中遵循"体积等效""定向随机""体积中心等效" 3 个原则（Itasca Consulting Group，2008）。

### 1. 体积等效原则

替换过程中保持代表颗粒单元和被替换的球体颗粒体积相等。需要计算比例因子 $\alpha$，通过比例因子对代表颗粒单元中各个球体颗粒的半径进行缩放。

$$\alpha = \left(\frac{V_b}{V_t}\right)^{\frac{1}{3}} \qquad (10.1)$$

式中：$V_b$ 为被替换的球体体积；$V_t$ 为代表颗粒单元的体积。体积等效原则保证试样 1 至试样 5 的孔隙度相同，研究 4 种试样的力学响应时便可排除孔隙比的影响。

### 2. 定向随机原则

球体颗粒的力学性质是各向同性的，而 2#～4#代表颗粒单元的力学性质沿不同方向是不同的，代表颗粒单元生成时初始放置方式如图 10.2 所示，替换时需要对其进行任意的旋转，确保它在空间的定向是随机。这样可以保证生成的试样在各个方向上的力学性质基本一致。

代表颗粒单元在空间中的定向通过旋转矩阵[式（10.2）]来控制，其中 $\theta_x$、$\theta_y$、$\theta_z$ 分别是绕 $x$、$y$、$z$ 轴转动的角度，它们是在 $0\sim 2\pi$ 随机取值的，这样可以保证代表颗粒单元的空间定向是随机的。$(x',y',z')$ 和 $(x,y,z)$ 分别为代表颗粒单元中球体颗粒旋转后和旋转前的圆心坐标。

$$(x',y',z')=(x,y,z)\boldsymbol{R}_x\boldsymbol{R}_y\boldsymbol{R}_z$$

$$\boldsymbol{R}_x=\begin{bmatrix}1&0&0\\0&\cos\theta_x&\sin\theta_x\\0&-\sin\theta_x&\cos\theta_x\end{bmatrix}$$
$$\boldsymbol{R}_y=\begin{bmatrix}\cos\theta_y&0&\sin\theta_y\\0&1&0\\-\sin\theta_y&0&\cos\theta_y\end{bmatrix} \qquad (10.2)$$
$$\boldsymbol{R}_z=\begin{bmatrix}\cos\theta_z&\sin\theta_z&0\\-\sin\theta_z&\cos\theta_z&0\\0&0&1\end{bmatrix}$$

**3. 体积中心等效原则**

替换过程中保持代表颗粒单元体积中心和圆球颗粒的体积中心一致，颗粒单元的体积中心通过式（10.3）计算。其中，$V_i$ 是颗粒单元中第 $i$ 个颗粒的体积，$x_i$ 是颗粒单元中第 $i$ 个颗粒的圆心坐标，$x_c$ 是体积中心坐标。由于密度是相同的，体积中心一致，其质量中心也是一致的。

$$x_c = \frac{\sum_n x_i V_i}{\sum_n V_i} \tag{10.3}$$

通过"团颗粒"的方法生成不同颗粒形状的试样，试样为标准圆柱体，直径为 4 cm，高度为 8 cm。开始生成圆球试样时，颗粒最小半径为 2.5 mm，最大粒径和最小粒径之比为 1.5。图 10.3 显示了数值模拟过程中试样和加载平面的位置关系。

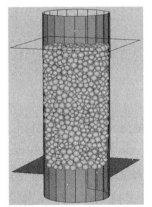

图 10.3　试样和加载平面示意图

如图 10.3 所示，试样的上下两个平面为加载平面，加载平面可以沿着轴向方向移动，通过加载平面的运动实现加载和卸载。试样侧面是伺服控制平面，其作用是控制加载过程中的围压，它可以通过收缩和扩张实现围压的伺服控制。

## 10.1.2　模型参数的校准

PFC3D 程序使用的很多颗粒参数无法直接通过试验测量。一般认为，当数值模拟试样表现出的力学行为与物理试验结果相近时，所采用的微观参数是合理的，数值模拟也是可以接受。本小节通过石英砂岩的三轴试验结果和数值模拟的结果对比来确定颗粒的细观力学参数。

石英砂岩采自武汉市珞珈山，试样加工为直径 5 cm、高 10 cm，砂岩密度为 2.65 g/cm³。石英砂岩呈灰白色，石英碎屑占 95%左右，长石及其他矿物占 5%左右，颗粒粒径为 0.25～0.50 mm，胶结物大多为硅质，碎屑结构。试验仪器为法国 Top Industrie 公司生产的三轴耦合试验机（图 10.4），试验围压为 8 MPa，试验加载至峰后破坏（图 10.5）。同时利用试样 5（图 10.2）进行三轴数值模拟，不断调整颗粒参数，最终数值模拟和试验结果基本吻合，如图 10.6 所示。

图 10.4　岩石三轴耦合试验机

（a）破坏前　　　　　　　　　　　（b）破坏后

图 10.5　珞珈山石英砂岩三轴压缩破坏前后照片

图 10.6 为 8 MPa 围压下试样 5 三轴试验数值模拟结果和试验结果的对比图。从图 10.6 看出，岩样在达到峰值强度前，数值模拟的结果与试验结果比较接近，在峰值强度之后稍有偏差。这主要是由于三轴耦合试验机刚度及伺服控制的响应速度不够，峰后阶段测点稀疏，曲线不能精确地反映真实的应力-应变过程，所以与数值模拟结果有一定的偏差。表 10.1 列出了不同围压下试验和数值模拟得到的石英砂岩的主要力学参数对比。从表中可看出，试验与数值模拟得到峰值强度和弹性模量一致，相对误差为 5%左右。

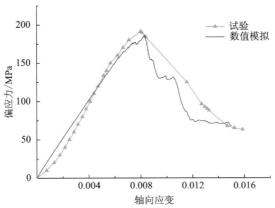

图 10.6　数值模拟结果和试验结果的对比

表 10.1　主要力学参数比较

| 围压/MPa | 试验 | | 数值模拟 | |
| --- | --- | --- | --- | --- |
| | 峰值强度/MPa | 弹性模量/GPa | 峰值强度/MPa | 弹性模量/GPa |
| 8 | 191.3 | 23.9 | 193.8 | 25.5 |
| 12 | 217.5 | 29.1 | 225.9 | 28.5 |
| 16 | 236.9 | 28.7 | 245.7 | 29.1 |

　　总体来说，数值模拟的结果基本上反映了石英砂岩的力学特性。由此表明，此时采用的颗粒参数及生成 4 种代表颗粒单元来模拟真实岩石颗粒形状的模拟方法是合理的。颗粒的具体细观参数见表 10.2。

表 10.2　颗粒细观参数

| 参数名称 | 参数值 |
| --- | --- |
| 颗粒平均半径/mm | 3.1 |
| 颗粒半径比 | 1.5 |
| 颗粒密度/（kg/m³） | 2 600 |
| 颗粒接触模量/GPa | 25 |
| 平行黏结接触模量/GPa | 20 |
| 摩擦系数 | 1.0 |
| 法向黏结强度平均值/MPa | 130 |
| 法向黏结强度标准差/MPa | 10 |
| 切向黏结强度平均值/MPa | 130 |
| 切向黏结强度标准差/MPa | 10 |

### 10.1.3 颗粒形状对岩石强度特征值的影响

**1. 峰值强度**

为探求矿物颗粒形状对岩石峰值强度的影响，对试样 1 至试样 4 采用相同的模型参数，在不同的围压下进行三轴数值试验。

图 10.7（a）～（d）是试样在围压 2～0 MPa 时的应力-应变曲线。图中括号中的数字代表生成试样的颗粒球度（下文相同）。从图 10.7 可以看出，颗粒形状对岩石应力-应变过程具有显著的影响，主要表现为颗粒的球度影响岩石的峰值强度。具体来说，相同的围压，球度越大，颗粒越圆滑，峰值强度越低。

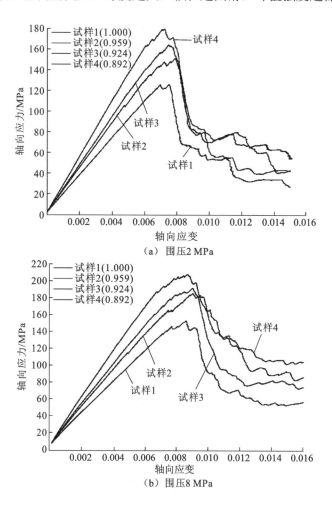

（a）围压2 MPa

（b）围压8 MPa

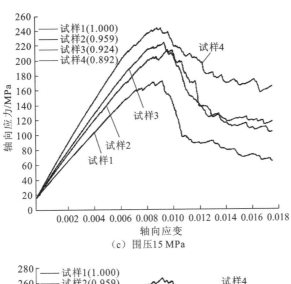

（c）围压15 MPa

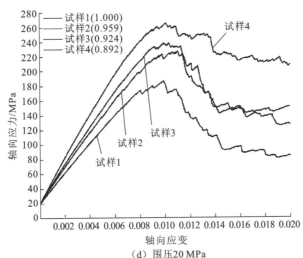

（d）围压20 MPa

图 10.7　4 种试样的应力-应变曲线

　　从应力峰值前曲线的斜率来看，不同的颗粒形状，弹性模量是不一样的。球度较小的颗粒形成的试样弹性模量较大。比较图 10.7（a）、（b）、（c）、（d）可以发现，矿物颗粒形状对残余强度的影响在不同的围压下是不同的。在较高围压下，达到峰值强度后，球度小的颗粒，试样峰后应力跌落值显著减小，表现出延塑性。在低围压下颗粒形状对岩石残余强度的影响较小，4 种试样的残余强度有大小之分，但是比较接近。随着围压升高，颗粒形状对岩石残余强度的影响越来越大。不同的围压下，颗粒形状对岩样峰值强度影响的规律是一致的。

　　从细观机理角度对上述模拟的岩石破坏过程分析如下：岩石达到峰值强度之前，岩石颗粒之间除了存在胶结作用，还存在相互咬合。对球度较小的颗粒来说，其棱角鲜明、形状不规则、颗粒之间的咬合作用强，在相同的应力增量下，产生的应变就比圆滑的颗粒小，即弹性模量大。由于球度小的颗粒之间咬合作用强烈，岩石可以获得更高的承载能力及峰值强度。当岩石强度达到峰值点之后，岩石颗粒之间的胶结作用减弱，颗粒将开始产生较明显的位移。对球度较大的颗粒而言，其形状和球体很相似，比较圆滑，容易发生翻转、滚动，导致峰后岩石强度迅速降低。但对球度较小的颗粒而言，其棱角鲜明，颗粒之间的咬合作用显著，颗粒之间发生滑动、翻转都比较困难，可以通过颗粒之间的咬合、摩擦承担一定的荷载，残余强度也较高。

## 2. 启裂强度和损伤强度

在岩石的破坏过程中，启裂强度和损伤强度是两个重要的指标。启裂强度 $\sigma_{ci}$ 的出现标志着岩体中的裂纹开始萌生和扩展，此时裂纹还处于稳定状态。当应力达到或者超过损伤强度 $\sigma_{cd}$ 后，裂纹进入非稳定扩展阶段，损伤强度 $\sigma_{cd}$ 还标志着岩样剪胀的开始。

根据 Martin（1993）、Eberhardt 等（1999，1998）及 Diederichs 等（2004）对岩石渐进破裂过程的研究成果，确定岩石的启裂强度 $\sigma_{ci}$ 主要有 3 种方法，如图 10.8 所示：①采用声发射实验来确定岩石的启裂强度 $\sigma_{ci}$，Eberhardt 等（1999，1998）指出，当应力水平达到岩石的启裂强度 $\sigma_{ci}$ 时，声发射开始出现。②由应力–体积应变曲线进行确定，应力达到岩石的启裂强度 $\sigma_{ci}$ 时，应力–体积应变曲线开始偏离线弹性。③根据裂纹体积应变确定岩石的启裂强度 $\sigma_{ci}$，当应力达到岩石的启裂强度 $\sigma_{ci}$ 时，裂纹体积应变开始偏离零。Martin（1993）将裂纹体积应变定义为

$$\varepsilon_{cv} = \varepsilon_{v} - (1 - 2\nu)(\sigma_1 - \sigma_3) / E \qquad (10.4)$$

岩石的损伤强度 $\sigma_{cd}$ 可以通过声发射实验或者应力–体积应变曲线来确定。当应力水平达到岩石的损伤强度 $\sigma_{cd}$ 时，声发射事件曲线出现转折，开始激烈增长，并且在应力–体积应变曲线上，此时的体积应变率变为零，应力–体积应变曲线出现转折，如图 10.8 所示。

本小节采用裂纹体积应变和应力–体积应变曲线来确定岩样的启裂强度 $\sigma_{ci}$ 和损伤强度 $\sigma_{cd}$。15 MPa 时 4 种试样的应力–应变、应力–体积应变、应力–裂纹体积应变曲线见图 10.9。启裂强度 $\sigma_{ci}$ 为裂纹体积应变偏离零点时的轴向应力，如图 10.9 中的实心点标记所示。损伤强度 $\sigma_{cd}$ 为体积应变曲线的转折点，如图 10.9 中的空心点标记所示。

进一步地，图 10.10 给出了 15 MPa 围压下，启裂强度、损伤强度随着颗粒球度的变化关系。从图中可以看出，启裂强度和损伤强度都随着球度的增大而降低。也就是说，颗粒形状将会影响岩石破坏过程中裂纹的萌生阶段和非稳定扩展阶段。

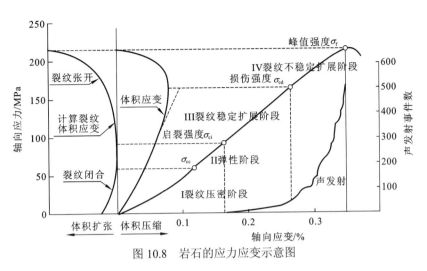

图 10.8　岩石的应力应变示意图

当颗粒的球度较小时，岩样能够承受更高的荷载才会出现裂纹的萌生和裂纹非稳定的扩展。

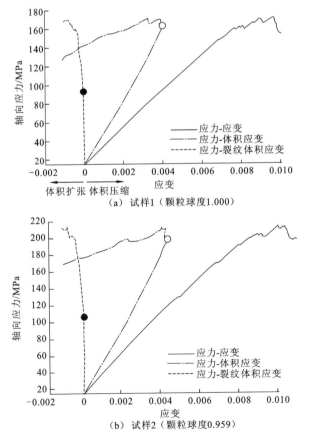

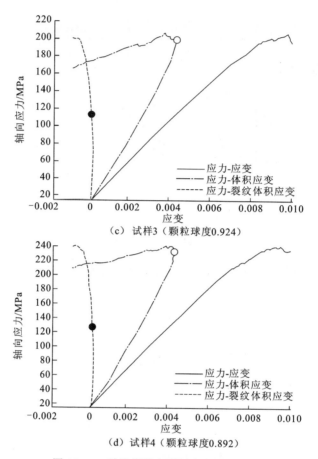

（c）试样3（颗粒球度0.924）

（d）试样4（颗粒球度0.892）

图10.9　4种岩样的启裂强度和损伤强度

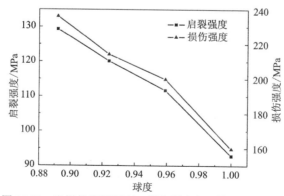

图10.10　岩样的启裂强度、损伤强度和颗粒球度的关系

## 10.1.4　颗粒形状对黏聚力和内摩擦角的影响

黏聚力 $c$ 和内摩擦角 $\varphi$ 是岩石强度理论中两个最重要的材料参数。莫尔-库仑屈服条件假定岩石的黏聚力 $c$ 和内摩擦角 $\varphi$ 在变形过程中为常数,尽管假定存在一定的局限性,一些学者(Singh et al.,2005;Hajiabdolmajid,2001;Schwartz,1964)在岩石三轴压缩试验中发现,岩石的黏聚力 $c$ 和内摩擦角 $\varphi$ 在三轴压缩过程中并不是常数,这里暂不考虑这个问题。

根据 2 MPa、8 MPa、15 MPa、20 MPa 围压下的三轴压缩模拟试验,试样 1 的峰值强度和围压关系曲线见图 10.11。从图 10.11 中也可以看出,峰值强度和围压之间存在很好的线性关系。采用直线拟合方法,结合莫尔-库仑屈服条件可以通过拟合直线的斜率 $a$ 和截距 $b$ 导出试样的黏聚力 $c$ 和内摩擦角 $\varphi$ 的计算公式:

$$\begin{cases} \varphi = \arcsin\left(\dfrac{a-1}{a+1}\right) \\ c = \dfrac{b(1-\sin\varphi)}{2\cos\varphi} \end{cases} \tag{10.5}$$

采用相同的方法可以计算出其他试样的黏聚力 $c$ 和内摩擦角 $\varphi$,得到黏聚力 $c$ 和内摩擦角 $\varphi$ 与球度的关系,如图 10.12 所示。

图 10.12 表明颗粒形状对试样的黏聚力和内摩擦角都有影响。试样的黏聚力和内摩擦角基本上是随着颗粒球度的增大而降低的。黏聚力随着球度增大而递减的趋势比较明显,而当球度在 0.92～0.96 时内摩擦角的曲线较为平缓。

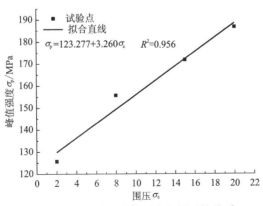

图 10.11　岩样的峰值强度和围压的关系

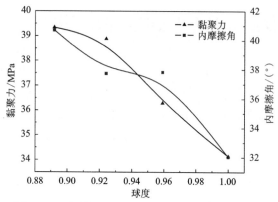

图 10.12　岩样的黏聚力、内摩擦角和球度的关系

## 10.1.5　颗粒形状对弹性模量和泊松比的影响

上文已对矿物颗粒形状与岩石弹性模量的关系进行了相关讨论。从图 10.7 中也可以看到岩样弹性模量随着颗粒球度增大而降低的趋势。为更进一步地分析矿物颗粒形状与弹性模量及泊松比的关系，这里假定试样是各向同性的，并假定试样压缩沿着 $y$ 轴方向。在数值模拟中弹性模量 $E$ 和泊松比 $\nu$ 可以通过下式计算：

$$E = \frac{\Delta\sigma_y}{\Delta\varepsilon_y} \tag{10.6}$$

$$\nu = -\frac{\Delta\varepsilon_x + \Delta\varepsilon_z}{2\Delta\varepsilon_y} = -\frac{\Delta\varepsilon_V - \Delta\varepsilon_y}{2\Delta\varepsilon_y} \tag{10.7}$$

式中：$\Delta\varepsilon_x$、$\Delta\varepsilon_y$、$\Delta\varepsilon_z$ 分别为 $x$、$y$、$z$ 方向的应变增量；$\Delta\varepsilon_V$ 为体积应变增量；$\Delta\sigma_y$ 为 $y$ 方向的应力增量。在加载过程中弹性模量和泊松比会随着岩样的变形而变化，为了简单起见，计算时采用轴向应力达到峰值应力一半时的弹性模量和泊松比。

图 10.13 所示为围压 15 MPa 时试样的弹性模量、泊松比和试样颗粒球度的关系。图中的结果表明随着颗粒球度的增大，试样的弹性模量降低，而试样的泊松比增大。颗粒形状对试样的泊松比虽有影响，但数值计算结果反映不同球度的试样的泊松比差别很小。

## 10.1.6　剪胀过程

在三轴压缩试验过程中，试样的体积先被压密，后发生剪胀。剪胀过程实际

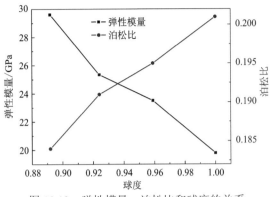

图 10.13　弹性模量、泊松比和球度的关系

上是试样体积扩容的过程,岩石材料在加载过程中达到峰值强度之后将产生破裂,破裂之后岩石体积会发生膨胀。确切地说,岩石体积膨胀是由破碎岩块沿着剪切面滑移造成的,因此常把峰后岩石体积的膨胀称为剪胀。

　　剪胀角是表征材料剪胀过程的重要参数,剪胀角不是一个恒定的值(Detournay,1986)。对于岩土类材料,由于德鲁克(Drucker)公设不成立,其塑性本构关系一般认为服从非关联流动法则,即

$$\mathrm{d}\varepsilon_{ij}^{\mathrm{p}} = \mathrm{d}\lambda\frac{\partial g}{\partial\boldsymbol{\sigma}_{ij}} \tag{10.8}$$

式中:$\lambda$ 为塑性乘子;$g$ 为塑性势函数;$\boldsymbol{\sigma}_{ij}$ 为应力张量;$\mathrm{d}\varepsilon_{ij}^{\mathrm{p}}$ 为塑性应变增量。塑性势函数的定义中引入了剪胀角的概念。目前,普遍接受的一种塑性势函数可以定义为(Alejano et al.,2005)

$$g = \sigma_1 - K_\psi(\boldsymbol{\sigma}_{ij},\eta)\sigma_3 \tag{10.9}$$

$$K_\psi(\boldsymbol{\sigma}_{ij},\eta) = \frac{1+\sin\psi(\boldsymbol{\sigma}_{ij},\eta)}{1-\sin\psi(\boldsymbol{\sigma}_{ij},\eta)} \tag{10.10}$$

式中:$\psi$ 为剪胀角;$\sigma_1$ 和 $\sigma_3$ 分别为大主应力和小主应力;$\eta$ 为塑性参数。常采用塑性剪切应变定义 $\eta$,即

$$\eta = \gamma^{\mathrm{p}} = \varepsilon_1^{\mathrm{p}} - \varepsilon_3^{\mathrm{p}} \tag{10.11}$$

式中:$\varepsilon_{\mathrm{v}}^{\mathrm{p}}$、$\varepsilon_1^{\mathrm{p}}$、$\varepsilon_3^{\mathrm{p}}$ 分别为塑性体积应变、最大主塑性应变和最小主塑性应变。对于颗粒土、岩石和混凝土,Vermeer 等(1984)提出更为通用的剪胀角计算公式如下。

$$\sin\psi = \frac{\dot{\varepsilon}_{\mathrm{v}}^{\mathrm{p}}}{-2\dot{\varepsilon}_1^{\mathrm{p}} + \dot{\varepsilon}_{\mathrm{v}}^{\mathrm{p}}} \tag{10.12}$$

式中:$\dot{\varepsilon}_{\mathrm{v}}^{\mathrm{p}}$、$\dot{\varepsilon}_1^{\mathrm{p}}$、$\dot{\varepsilon}_3^{\mathrm{p}}$ 分别为塑性体积应变率、最大主塑性应变率和最小主塑性

应变率。

可以通过循环加载和卸载，来获得塑性体积应变 $\varepsilon_v^p$ 和最大主塑性应变 $\varepsilon_1^p$（赵星光，2010；Alejano et al.，2005）。由于岩样峰前体积膨胀并不明显，重点研究应变在 0.008 之后剪胀角随着塑性剪切应变的变化过程。图 10.14 是 15 MPa 围压下，试样 2 进行加载和卸载循环时轴向应力和应变的变化曲线。实验过程为：先施加 15 MPa 的围压，此时试样还处于线弹性阶段，没有塑性应变，可以称为初始状态，从此时开始记录应变；然后增大轴向应力，开始加载，分别在轴向应变达到 0.008、0.009、0.010、0.011、0.012、0.013、0.014、0.015、0.016、0.017 时进行卸载，卸载到初始状态之后继续加载。卸载到初始状态时残留的轴向应变就是最大主塑性应变 $\varepsilon_1^p$，如图 10.14 中空心点所示。试验过程中同时记录试样的体积应变，如图 10.15 所示。图 10.15 中空心点对应的体积应变就是塑性体积应变 $\varepsilon_v^p$。

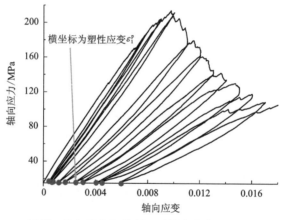

图 10.14　试样 2 的加载和卸载循环时轴向应力和应变的变化曲线

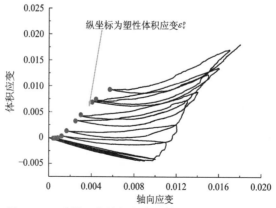

图 10.15　试样 2 的体积应变和轴向应变的变化曲线

将式（10.12）写成增量形式：

$$\sin\psi = \frac{\Delta\varepsilon_v^p}{-2\Delta\varepsilon_1^p + \Delta\varepsilon_v^p} \tag{10.13}$$

在三轴应力条件下，可以认为

$$\varepsilon_2^p = \varepsilon_3^p$$
$$\varepsilon_v^p = \varepsilon_1^p + 2\varepsilon_3^p \tag{10.14}$$

将塑性体积应变 $\varepsilon_v^p$ 和最大主塑性应变 $\varepsilon_1^p$ 代入式（10.13）可以计算出岩样的剪胀角，代入式（10.11）和式（10.14）可以求出塑性剪切应变 $\gamma^p$。

图 10.16 给出了 4 种试样剪胀角随着塑性剪切应变的演化过程。从图中可以看出，随着塑性剪切应变的增大，剪胀角先急剧增大，在塑性剪切应变达到 0.002 附近时剪胀角达到最大值。在塑性剪切应变为 0.002~0.01 时剪胀角没有显著变化。根据 Alejano 等（2005）和赵星光等（2010）的研究成果，塑性剪切应变继续增大时，剪胀角将会开始减小，本小节塑性剪切应变均在 0.01 以下，剪胀角还未出现明显的下降趋势。从图中来看，岩样的峰值剪胀角基本保持在 25°~35°，4 种颗粒的球度较为接近，剪胀角差别较小。尽管不同颗粒形状的试样的剪胀角的值随着塑性剪切应变的变化有大小之分，但是曲线的基本趋势是相同的，也就说明颗粒球度并不会影响剪胀角随着塑性剪切应变的演化趋势，只是在剪胀角的大小上有影响。

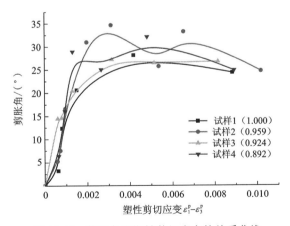

图 10.16　剪胀角和塑性剪切应变的关系曲线

## 10.1.7　讨论

真实的颗粒形状十分复杂，本节根据石英砂岩颗粒特征所生成的 4 种颗粒形状尽管相对简单，但是理论上更为复杂的颗粒都可以通过这种球体组合的方式近似模拟。图 10.17 解释了如何运用球体组合的方式生成复杂的颗粒形状。图中红色线条是一个复杂颗粒的平面投影轮廓，黑色的圆圈代表球体的平面投影，可以看到当选用的球体颗粒半径和球心合适时，采用球体组合生成的"团颗粒"平面投影轮廓与真实颗粒的平面投影轮廓十分相近。

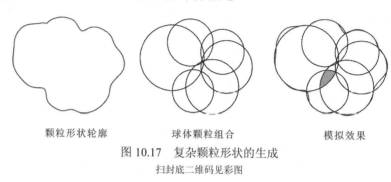

颗粒形状轮廓　　　　球体颗粒组合　　　　模拟效果

图 10.17　复杂颗粒形状的生成

扫封底二维码见彩图

由此可见，复杂颗粒形状是可以通过 PFC 来模拟的。值得一提的是在 PFC 中研究这类复杂颗粒形状的力学响应时，需要注意生成的"团颗粒"体积。因为当"团颗粒"的重叠部分涉及两个以上的球体颗粒时，例如图 10.17 中"团颗粒"的黑色部分就是 3 个颗粒的重叠，此时 PFC 自动计算的"团颗粒"体积是不准确的（Itasca Consulting Group，2008）。根据前面提到的体积等效原则，"团颗粒"的体积不准确，很难控制试样的孔隙度。为此，可以借助 CAD 等工具精确计算"团颗粒"的体积。

描述颗粒形状的参数有很多，球度并不是唯一的描述颗粒形状的参数。事实上，本章中所讨论的颗粒形状类型是很有限的。具体来说，相对于文中讨论的这类颗粒形状，即由一个大圆球颗粒和若干个小圆球颗粒组成的颗粒形状而言，球度是一个相对有效的形状参数。但是相对于其他类型的颗粒，如长条形的颗粒，长宽比可能是一个比较有效的形状参数。

当颗粒形状比较复杂时，仅采用球度一个指标来量化颗粒形状对材料力学特性的影响并不是很全面。根据本节的研究，试样的峰值强度、启裂强度、损伤强度、弹性模量及泊松比等力学特性都与球度这一形状指标有良好的相关性。但是球度并不能很好地反映试样的残余强度和剪胀角的变化。而且，当颗粒比较复杂时，球度和内摩擦角之间的关系并不明确。这些问题的主要原因为：球度仅反映了颗粒与球体的接近程度，颗粒表面的粗糙程度、颗粒之间的咬合作用等因素都不能通过球度完全反映。如何综合考虑这些因素，定义合适的形状参数还需要进一步的研究。

# 10.2　颗粒结构非均质对岩石宏观力学特性的影响

本节将重点研究微观颗粒结构的几何非均值性对岩石宏观力学性能的影响。采用 GBM 方法生成了数值岩样，数值岩样表现出与真实岩样相近的张拉强度和压缩强度。采用第 9 章提到的非均质度来量化数值岩样的几何非均质性。通过对具有不同非均质性的试样进行数值试验，研究了微裂缝的产生和扩展过程，比较了不同非均质度试样的强度，并进一步分析了非均质度与岩石破坏的特征应力阈值（即裂纹启裂和损伤应力）之间的关系。

## 10.2.1　岩样 GBM 模型生成

本小节将采用颗粒单元法中的 GBM 模型研究非均质度对岩石宏观力学特性的影响。首先对 GBM 模型理论进行简要回顾，然后利用加拿大地下研究实验室（the Underground Research Laboratory，URL）的 Lac du Bonnet（LdB）花岗岩的实验数据对数值岩样进行模型参数校准（Martin，1993）。

### 1. PFC 中的 GBM 模型

岩石可以看作一种胶结颗粒材料。由于颗粒结构微观特征对岩石宏观力学特性的影响，数值合成的岩样应该在一定程度上重现岩石的颗粒结构（Yao et al.，2016；Rong et al.，2013）。黏结颗粒模型（bonded-particle model，BPM）在颗粒流程序中常被用来模拟岩石等胶结颗粒材料。但是，这种模型认为颗粒是不可破碎的，并且它将颗粒理想化为圆（二维）和球体（三维），许多学者的研究也发现 BPM 模型很难获得准确的岩石拉压强度比（Potyondy，2010；Potyondy et al.，2004）。

为了能够更好地模拟岩石的微观颗粒结构，Potyondy（2010）在模拟 Äspö 闪长岩时 PFC 中发展了 GBM 方法。这种方法采用大量可变形和易碎的多边形颗粒沿其相邻边胶结来模拟岩石的颗粒结构。在 GBM 方法中，每个颗粒都包含多个 PFC 圆盘，颗粒间界面采用光滑节理模型来描述。

图 10.18 所示为 GBM 方法中生成二维多边形颗粒结构的过程。首先在模型中根据岩石中每种矿物的颗粒大小和含量填充二维的 PFC 圆盘，然后从初始圆盘接触网络中提取出多边形的颗粒结构（Potyondy，2010）。然后，以更小粒径的 PFC 圆盘生成岩石数值模型，把提取得到的多边形颗粒结构覆盖到 PFC 圆盘上。在颗粒结构边界上的圆盘接触设置为光滑节理接触，用于模拟颗粒边界。位于每个多边形网格中的圆盘通过平行黏结模型结合形成岩石的矿物颗粒。在本章的研究中，

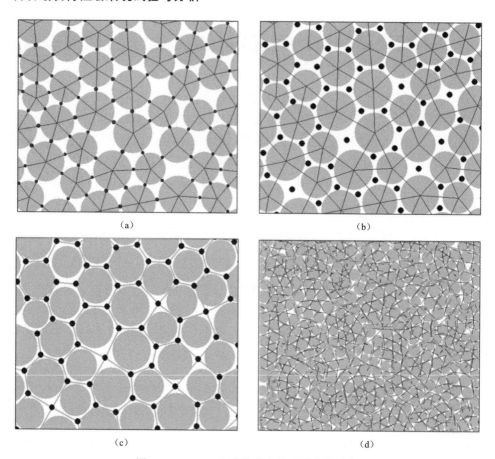

(a)　　　　　　　　　　　　　　　　　　　　(b)

(c)　　　　　　　　　　　　　　　　　　　　(d)

图 10.18　GBM 方法生成多边形颗粒的过程

（a）根据初始圆盘的位置直线连接相邻软盘的中心，红点代表接触点；（b）根据接触网络生成颗粒结构的节点，用黑点表示；（c）生成颗粒结构，绿色多边形网络代表颗粒结构；（d）将颗粒结构覆盖到更小的 PFC 圆盘填充区域，绿色代表颗粒结构，黑色线条代表圆盘之间的平行黏结接触，红色线条代表颗粒边界处的光滑节理接触；

扫封底二维码见彩图

颗粒内的平行黏结参数随矿物类型的不同而不同，但光滑节理接触参数与矿物类型无关。

　　在 GBM 模型中，颗粒边界的性能通过光滑节理接触模型赋值。在 PFC 中，光滑节理接触常被用来模拟岩体中的节理（Bahrani et al.，2017；Chiu et al.，2013；Esmaieli et al.，2010；Hadjigeorgiou et al.，2009）。这种接触模型不必考虑局部颗粒的接触定向，可以沿着用户指定的方向模拟接触界面。当 PFC 中的颗粒接触处的剪切应力或者张拉应力超过其设定的强度时，颗粒黏结就会断裂。图 10.19 展示了颗粒间的黏结断裂后颗粒的运动过程。对平行黏结的颗粒而言，黏结断裂后，运动颗粒将沿着周围颗粒的边缘移动，造成局部膨胀（图 10.19）。而在光滑节理接触失效后，位于节理两侧的颗粒会沿着节理面发生相对滑动，运动过程中允许发生颗粒重叠，这样就不会发生局部的膨胀。

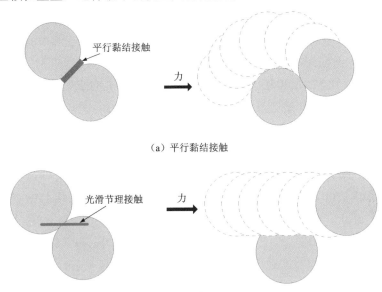

（a）平行黏结接触

（b）光滑节理接触

图 10.19　黏结接触断裂后颗粒的运动过程

在 GBM 方法中，颗粒结构生成前，PFC 圆盘的接触先采用平行黏结模型表示。当光滑节理接触模型应用于某个接触时，原来的接触模型和平行黏结模型均会被移除。因此，光滑节理接触的接触性能可根据接触颗粒的性能和平行黏结的性能计算，见下式（Bahrani et al.，2017）：

$$\begin{cases} \bar{k}_\mathrm{n} = \dfrac{k_\mathrm{n}}{A} + \bar{k}^\mathrm{n} \\ \bar{k}_\mathrm{s} = \dfrac{k_\mathrm{s}}{A} + \bar{k}^\mathrm{s} \end{cases} \tag{10.15}$$

$$A = 2\bar{R}t, \quad t = 1.0 \tag{10.16}$$

$$\lambda = \bar{\lambda}_\mathrm{pb} \tag{10.17}$$

式中：$\bar{k}_\mathrm{n}$ 和 $\bar{k}_\mathrm{s}$ 分别为光滑节理接触的法向和剪切刚度；$k_\mathrm{n}$ 和 $k_\mathrm{s}$ 分别为颗粒的法向和剪切刚度；$\bar{k}^\mathrm{n}$ 和 $\bar{k}^\mathrm{s}$ 为平行黏结接触的法向和剪切刚度；$A$ 为光滑节理接触的截面积；$\bar{R}$ 为光滑节理接触的半径；$\bar{\lambda}$ 为用于计算光滑节理接触半径的一个乘子；$\bar{\lambda}_\mathrm{pb}$ 为用于计算平行黏结接触半径的乘子。光滑节理接触的半径 $\bar{R}$ 可以通过其接触颗粒的半径进行计算，即

$$\bar{R} = \bar{\lambda} \min(R^A, R^B) \tag{10.18}$$

式中：$R^A$ 和 $R^B$ 分别为两个接触颗粒的接触半径。

### 2. 模型参数校准

由于 PFC 中使用的微观参数很难在实验室内获得，这些参数往往需要通过试错方法对比数值模拟的宏观力学特性与实验测试结果来进行校准（Liu et al.，2015；Fakhimi et al.，2007；Yoon，2007）。用来校准的宏观力学特性包括杨氏模量、泊松比、单轴压缩强度（UCS），拉压比等。在一些研究中，内摩擦角、黏聚力、Hoek-Brown 强度准则的参数、启裂应力和损伤应力等特征强度也会用来进行模型参数校准（Cho et al.，2007）。

此外，有的参数标定过程还考虑了参数的灵敏度分析和优化（Liu et al.，2015；Fakhimi et al.，2007；Yoon，2007）。在接下来的研究中，采用 LdB 灰色花岗岩（Eberhardt et al.，1999）的矿物含量来标定模型中的微观参数。这种来自加拿大地下实验室的 LdB 花岗岩由钾长石、斜长石、石英和黑云母 4 种矿物组成。

花岗岩主要矿物的宏观力学性质及相应的矿物含量见表 10.3（Lan et al.，2010；Mavko et al.，2009）。在数值模拟中，矿物含量和密度基于表 10.3 所列的数值。模型中每种矿物的平行黏结模量和颗粒接触模量参照表中所列的相应 4 种矿物的弹性模量进行校准。

**表 10.3　花岗岩的矿物组分和矿物力学性能**

| 参数 | 钾长石 | 斜长石 | 石英 | 黑云母 |
|---|---|---|---|---|
| 弹性模量/GPa | 69.8 | 88.1 | 94.5 | 33.8 |
| 泊松比 | 0.28 | 0.26 | 0.08 | 0.36 |
| 密度/（kg/m³） | 2560 | 2630 | 2650 | 3050 |
| 质量分数/% | 45 | 20 | 30 | 5 |

采用 GBM 方法生成图 10.20 中的数值试样，试样宽度为 50 mm、高度为 125 mm。试样高宽比为 2.5，该数值试验与 Martin（1993）中提到的实验试样形状一致。图 10.21 中的黑色网格线表示颗粒结构。注意，此处的颗粒结构几何特性并没有与 LdB 花岗岩进行比较。根据统计数据（Martin，1993），LdB 花岗岩的颗粒粒径为 3～9 mm，平均为 5 mm。在本小节的数值模拟中，将平均颗粒粒径增加到 6 mm，仍然在 3～9 mm 的范围内，以减少计算时间。

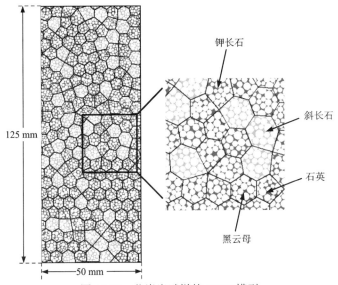

钾长石

斜长石

石英

黑云母

图 10.20　花岗岩试样的 GBM 模型

红色、绿色、蓝色和棕色分别代表钾长石、斜长石、石英和黑云母

扫封底二维码看彩图

　　模型参数的校准采用试错法，通过假定一组微观力学性能并进行单轴压缩、双轴压缩和直接拉伸的数值试验，直到数值试验获得的宏观力学性能与实验室试验获得的相应性能相匹配，这时认为这组微观参数是合适的。更为详细的 GBM 方法参数校准过程可以参考 Bahrani 等（2014）。校准后的 LdB 花岗岩的微观参数见表 10.4 和表 10.5。光滑节理接触的原始法向刚度和剪切刚度继承自平行黏结接触，但节理刚度小于黏结接触刚度。因此，表 10.5 中引入法向刚度和剪切刚度因子，用于缩放光滑节理接触的原始法向刚度和剪切刚度。

表 10.4　LdB 花岗岩数值岩样的微观参数

| 微观参数 | 矿物类型 | | | |
|---|---|---|---|---|
| | 钾长石 | 斜长石 | 石英 | 黑云母 |
| PFC 最小颗粒半径/mm | 0.5 | 0.5 | 0.5 | 0.5 |
| 岩石颗粒半径/mm | 3.0 | 3.4 | 2.8 | 2.6 |
| 最大-最小粒径比 | 2.0 | 2.0 | 2.0 | 2.0 |
| PFC 颗粒密度/（kg/m$^3$） | 2560 | 2630 | 2650 | 3050 |
| 法向-切向刚度比 | 1.5 | 1.5 | 1.5 | 1.5 |
| 颗粒接触模量/GPa | 60.0 | 66.0 | 70.0 | 55.0 |
| 平行黏结模量/GPa | 42.0 | 55.0 | 58.0 | 40.0 |

续表

| 微观参数 | 矿物类型 | | | |
|---|---|---|---|---|
| | 钾长石 | 斜长石 | 石英 | 黑云母 |
| 黏结法向-切向刚度比 | 1.5 | 1.5 | 1.5 | 1.5 |
| 平行黏结张拉强度/MPa | 450 | 480 | 430 | 420 |
| 平行黏结黏聚力/MPa | 380 | 420 | 400 | 360 |
| 摩擦系数 | 1.0 | 1.0 | 1.0 | 1.0 |
| 平行黏结摩擦角/(°) | 52.0 | 53.0 | 55.0 | 50.0 |

表 10.5　颗粒边界的微观参数（光滑节理接触）

| 微观参数 | 值 |
|---|---|
| 法向刚度因子 | 0.65 |
| 切向刚度因子 | 0.65 |
| 平均张拉强度/MPa | 10.0 |
| 平均黏聚力/MPa | 72.0 |
| 摩擦系数 | 1.6 |
| 平均摩擦角/(°) | 50.0 |

表 10.6 比较了试验与数值模拟所得到 LdB 花岗岩的主要力学性能,试验数据来自 Martin（1993）。Martin（1993）给出的试验抗拉强度为巴西抗拉强度,平均值为 9.3 MPa,标准差为 1.3 MPa。在数值模拟中,抗拉强度是通过直接拉伸试验获得的。对于硬岩,直接抗拉强度约为巴西间接抗拉强度（Bahrani et al.，2014）的 0.8 倍。因此,换算后的 LdB 花岗岩的直接抗拉强度应为 7.4 MPa 左右,与数值模拟的 7.6 MPa 比较吻合。从表中可以看出,数值模拟得到的花岗岩主要力学特性与试验数据基本一致。

表 10.6　试验和数值模拟的花岗岩宏观力学性能比较

| 宏观力学性能 | 试验值 | 模拟值 |
|---|---|---|
| 杨氏模量 $E$/GPa | $69 \pm 5.8$ | 69.7 |
| 泊松比 $\nu$ | $0.26 \pm 0.04$ | 0.23 |
| 单轴压缩强度 $\sigma_c$/MPa | $200 \pm 22$ | 201.5 |
| 张拉强度 $\sigma_t$/MPa | $7.4 \pm 1.04$ | 7.6 |
| 抗压-抗拉强度比 $\sigma_c / \sigma_t$ | 27.0 | 26.5 |

注：试验数据来自 Martin（1993），表中的张拉强度为直接张拉强度,从 Martin（1993）提供的巴西劈裂张拉强度转换得到。

　　如表 10.6 所示，GBM 模型能够很好地模拟岩石的宏观力学性能，特别是拉压强度比。单轴抗压强度与直接抗拉强度之比为 26.5，与试验平均值 27.0 十分接近。这表明 GBM 模型能够通过岩石的微观颗粒结构建模来重现岩石的宏观力学性能，也说明所采用的微观参数用于模拟 LdB 花岗岩的力学响应是可行的。

　　Potyondy 等（2004）的研究表明，采用 BPM 模型单轴压缩试验标定的微观参数预测有围压条件下的岩石强度时往往存在一定偏差，而数值模拟结果表明 GBM 方法在预测岩石不同围压的强度时仍然具有较高的精度（图 10.21）。图 10.21 比较了实验与 PFC-GBM 模型计算的失效包络线，可以看出两者有很好的一致性。实验数据得到的 Hoek-Brown（H-B）模型参数：$m_i=28.9$ 和 $m_c=210.0$ MPa。数值模拟得到的 H-B 模型参数：$m_i=27.3$ 和 $m_c=208.1$ MPa。

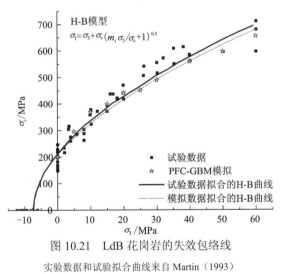

图 10.21　LdB 花岗岩的失效包络线

实验数据和试验拟合曲线来自 Martin（1993）

## 10.2.2　不同非均质度的数值岩样

　　随着矿物颗粒的粒径分布变化，颗粒结构的非均质度也会发生显著变化。图 10.22 展示了 7 个具有不同非均质度的数值岩样。这些数值岩样具有相同的矿物类型（钾长石、斜长石、石英和生物石）、矿物含量和试样尺寸。对不同的岩样，每种矿物的粒径尺寸是不同的。在数值岩样中按照不同粒径分布生成试样，就会产生不同均质度的试样。逐步增加矿物颗粒粒径的大小差异，即增大粒径分布区间的宽度，即可提升生成试样的非均质度。如图 10.23 所示，非均质度随着试样颗粒结构的几何差异性的增大而升高。当平均矿物颗粒尺寸不同时，两个非均质度指标（$H$ 和 $H_{new}$）都能很好地评价材料的非均质性。对于平均矿物粒径相

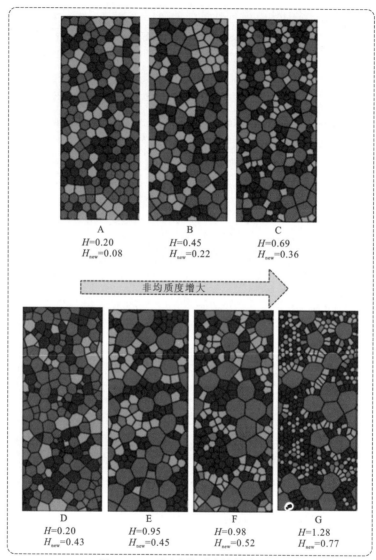

图 10.22　不同非均质度的数值岩样

图中多边形网格代表岩石颗粒结构，红色、绿色、蓝色和洋红色区域分别表示钾长石、
斜长石、石英和黑云母，扫封底二维码见彩图

同的试样 A 和 D，用 Peng 等（2017）提出的非均质度指标来评价其非均质度时很难反映两个试样的微观颗粒结构差异；但是，第 9 章中提出的新的非均质度指数在这种情况下能够反映出两种非均质度的不同。

图 10.23 显示了不同非均质度试样的颗粒粒径级配曲线。曲线越陡峭，非均质度指数越小。当颗粒尺寸分布在一个大的范围内时，最大颗粒尺寸和最小颗粒

尺寸的比率很大，这就导致了大的非均质度。此外，高度非均质性试样的级配曲线分布较宽。阶梯状表明，颗粒尺寸具有不连续的梯度。因此，可以得出结论，具有不连续梯度的粒度分布和大范围的粒径分布会导致较高的非均质性。

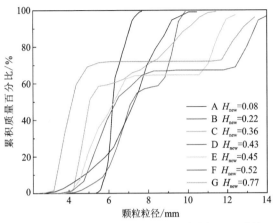

图 10.23　不同非均质度试样的颗粒粒径级配曲线

扫封底二维码见彩图

## 10.2.3　非均质度对岩石强度的影响

### 1. 单轴抗压强度

使用校准的微观参数（表 10.4）对图 10.22 所示的 7 个试样进行数值单轴压缩试验，结果见图 10.24。试样的单轴抗压强度（UCS）随着微观几何非均质性变化，总体上来说，UCS 呈现出随着非均质度的升高而下降的趋势。结果表明，UCS 与非均质度指标 $H_{new}$ 有良好的相关关系（$R^2=0.98$）。当 $H_{new}$ 从 0.08 增大到 0.77 时，UCS 下降幅度接近 40%。非均质度指标 $H$ 未能反映出试样 A 和 D 之间的非均质性差异，因此，非均质度指标 $H$ 与强度 UCS 的相关性偏低，其相关系数 $R^2=0.65$。

黑色方块点为用第 9 章提出的非均质度指标计算[即式（9.29）]的结果，空心三角点为用式（9.20）定义的非均质度指标计算的结果。

### 2. 张拉强度

除了单轴抗压强度，抗拉强度也是岩石重要的强度参数。通过直接拉伸数值试验抗压获得 7 个试样的抗拉强度，结果见图 10.25，显示了抗拉强度随着材料非均质性的增强而下降的趋势。当 $H_{new}$ 从 0.08 变为 0.77 时，抗拉强度从 7.6 MPa 下降到 6.2 MPa。在数值模拟中，完整岩石的抗拉强度主要由颗粒接触的抗拉强度控制。

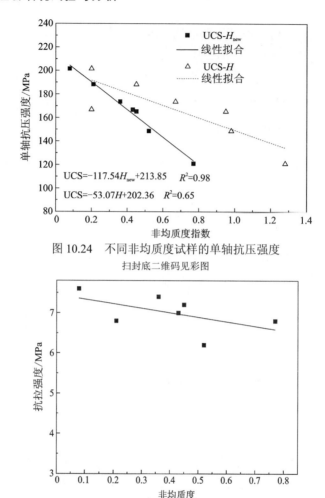

图 10.24　不同非均质度试样的单轴抗压强度

扫封底二维码见彩图

图 10.25　抗拉强度与非均质度指标（$H_{new}$）之间的关系

### 3. 启裂和损伤强度

通过实验室的单轴压缩试验得到岩石的几个特征应力阈值。如图 10.26 所示，裂缝闭合应力、裂缝启裂应力和裂缝损伤应力是脆性岩石逐步破坏的三个重要特征应力。在完整岩石的实验室试验中，裂纹启裂应力是岩石开始裂纹扩展的应力，而裂纹损伤应力是由导致岩石开始不稳定的裂纹扩展的应力。有许多方法可以确定这些特征应力（Potyondy，2012；Eberhardt et al.，1998；Bieniawski，1967）。LdB 花岗岩在密闭条件下的裂缝启裂应力由 Martin（1993）给出。

$$\sigma_1 - \sigma_3 = (0.4 \pm 0.05)\sigma_c \tag{10.19}$$

式中：$\sigma_c$ 是岩石的单轴抗压强度。同样，裂缝损伤应力可以用 $\sigma_c$ 来估计，其范围

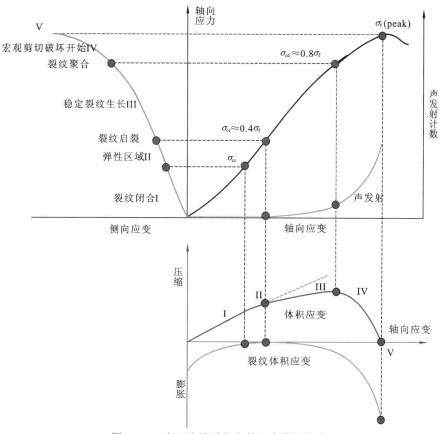

图 10.26　岩石失效过程中的几个特征应力

为 0.7～0.8（Diederichs et al.，2004）。下面讨论不同非均质度的数值试样的裂纹启裂应力和裂纹损伤应力。

如图 10.26（Martin，1993）所示，当轴向应力达到裂纹启裂应力时，裂纹体积应变曲线表现出由升高到降低反转。Martin（1993）给出裂纹体积应变的计算公式：

$$\varepsilon_{cv} = \varepsilon_v - (1-2\nu)(\sigma_1 - \sigma_3)/E \qquad (10.20)$$

式中：$\varepsilon_v$ 为体积应变；$\nu$ 为泊松比；$E$ 为弹性模量。Eberhardt 等（1998）认为，如果用裂纹体积应变的逆转来确定,那么裂纹启裂应力对泊松比的变化是敏感的。他们的研究表明，泊松比变化±0.05 就会导致该值变化±40%。相比之下，裂纹损伤应力的确定很容易，可以通过应力-体积应变曲线的反转点来确定。

通过观察微裂纹开始集中出现时的应力水平，可以确定裂纹的启裂应力。然而，在本节的数值模拟中，微裂纹曲线并没有显示出明显的转折点，很难判断微裂纹系统出现的时间。为了避免主观性，下面的讨论中使用横向应变响应（LSR）

方法（Nicksiar et al.，2012）来确定。LSR 方法的一个突出特点是它避免了裂纹启裂应力确定的主观性。图 10.27 显示了试样 G 裂纹启裂应力的确定过程。第一步是绘制轴向应力-体积应变曲线和轴向应力-应变曲线。通过应力-体积应变曲线的反转点确定裂纹损伤应力，并在 $Y$ 轴上标出（红色点）。绘制一条穿过红色点标记的水平线，并得到该水平线与轴向应力-侧向应变曲线的交点。连接交点和原点构成一条参考线，是参考线到轴向应力-侧向应变曲线的水平距离之差，可以通过找到最大的水平距离差，即 $\Delta$LSR 找到裂纹启裂应力。从图中可以看出，该试样的裂纹损伤应力和裂纹启裂应力分别为 103.4 MPa 和 38.6 MPa。

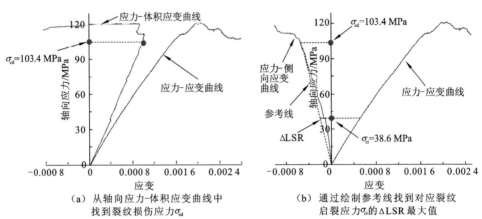

（a）从轴向应力-体积应变曲线中找到裂纹损伤应力$\sigma_{cd}$　　（b）通过绘制参考线找到对应裂纹启裂应力$\sigma_{ci}$的$\Delta$LSR 最大值

图 10.27　用 LSR 方法确定试样 G 的裂纹启裂应力

扫描封底二维码看彩图

采用 LSR 方法，得到了其他试样的裂纹启裂应力，7 个试样的裂纹启裂应力与非均质度的关系如图 10.28 所示，图中非均质度指标为第 9 章提到的 $H_{new}$。裂

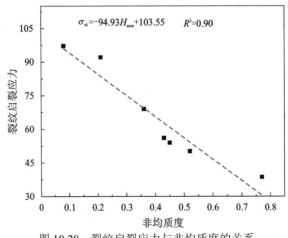

图 10.28　裂纹启裂应力与非均质度的关系

纹损伤应力与非均质度的关系如图 10.29 所示。结果表明，随着非均质度的增加，裂纹启裂应力和裂纹损伤应力都在下降。当非均质度从 0.08 增加到 0.77 时，这两个特征应力的下降幅度大约为 70 MPa。在非均质度高的岩石中，裂纹的萌发、扩展和聚合都要容易得多，这与其他研究者得到的结果是一致的（Mahabadi et al.，2014；Bewick et al.，2012；Lan et al.，2010）。

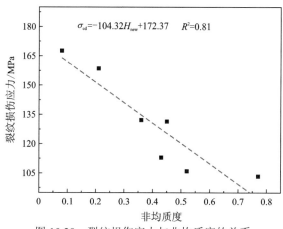

$$\sigma_{cd} = -104.32 H_{new} + 172.37 \quad R^2 = 0.81$$

图 10.29　裂纹损伤应力与非均质度的关系

# 参 考 文 献

史旦达, 周健, 刘文白, 等, 2008. 砂土单调剪切特性的非圆颗粒模拟. 岩土工程学报, 30(9): 1361-1366.

史旦达, 周健, 刘文白, 等, 2010. 砂土直剪力学性状的非圆颗粒模拟与宏细观机理研究. 岩土工程学报, 32(10): 1557-1565.

赵星光, 蔡明, 蔡美峰, 2010. 岩石剪胀角模型与验证. 岩石力学与工程学报, 29(5): 971-981.

Abou-Chakra H, Baxter J, Tüzün U, 2004. Three-dimensional particle shape descriptors for computer simulation of non-spherical particulate assemblies. Advanced Powder Technology, 15(1): 63-77.

Alejano L R, Alonso E, 2005. Considerations of the dilatancy angle in rocks and rock masses. International Journal of Rock Mechanics and Mining Sciences, 42(4): 481-507

Bahrani N, 2015. Estimation of confined peak strength for highly interlocked jointed rockmasses. Sudbury: Laurentian University of Sudbury.

Bahrani N, Kaiser P K, 2017. Estimation of confined peak strength of crack-damaged rocks. Rock Mechanics and Rock Engineering, 50(2): 309-326.

Bahrani N, Kaiser P K, Valley B, 2014. Distinct element method simulation of an analogue for a highly interlocked, non-persistently jointed rockmass. International Journal of Rock Mechanics and Mining Sciences, 71: 117-130.

Bewick R, Valley B, Kaiser P, 2012. Effect of grain scale geometric heterogeneity on tensile stress generation in rock loaded in compression. ARMA US Rock Mechanics/Geomechanics Symposium, ARMA-2012-175.

Bewick R P, Kaiser P K, Bawden W F, et al., 2013. DEM simulation of direct shear: 1. Rupture under constant normal stress boundary conditions. Rock Mechanics and Rock Engineering, 47(5): 1647-1671.

Bieniawski Z T, 1967. Mechanism of brittle fracture of rock: part I-theory of the fracture process. International Journal of Rock Mechanics and Mining Sciences & Geomechanics Abstracts. Pergamon, 4(4): 395-406.

Chiu C C, Wang T T, Weng M C, et al. 2013. Modeling the anisotropic behavior of jointed rock mass using a modified smooth-joint model. International Journal of Rock Mechanics and Mining Sciences, 62: 14-22.

Cho N, Martin C D, Sego D C, 2007. A clumped particle model for rock. International Journal of Rock Mechanics and Mining Sciences, 44(7): 997-1010.

Detournay E, 1986. Elastoplastic model of a deep tunnel for a rock with variable dilatancy. Rock Mechanics and Rock Engineering, 19(2): 99-108.

Diederichs M S, 2003. Manuel rocha medal recipient rock fracture and collapse under low confinement conditions. Rock Mechanics and Rock Engineering, 36: 339-381.

Diederichs M S, Kaiser P K, Eberhardt E, 2004. Damage initiation and propagation in hard rock during tunnelling and the influence of near-face stress rotation. International Journal of Rock Mechanics and Mining Sciences, 41(5): 785-812.

Dodds J, 2003. Particle shape and stiffness-effects on soil behavior. Georgia Institute of Technology.

Eberhardt E, 1998. Brittle rock fracture and progressive damage in uniaxial compression. Saskatoon CAN: University of Saskatchewan Saskatoon.

Eberhardt E, Stead D, Stimpson B, 1999. Quantifying progressive pre-peak brittle fracture damage in rock during uniaxial compression. International Journal of Rock Mechanics and Mining Sciences, 36(3): 361-380.

Eberhardt E, Stead D, Stimpson B, et al., 1998. Identifying crack initiation and propagation thresholds in brittle rock. Canadian Geotechnical Journal, 35(2): 222-233.

Esmaieli K, Hadjigeorgiou J, Grenon M, 2010. Estimating geometrical and mechanical REV based on synthetic rock mass models at Brunswick Mine. International Journal of Rock Mechanics and Mining Sciences, 47(6): 915-926.

Fakhimi A, Villegas T, 2007. Application of dimensional analysis in calibration of a discrete element model for rock deformation and fracture. Rock Mechanics and Rock Engineering, 40: 193-211.

Hadjigeorgiou J, Esmaieli K, Grenon M, 2009. Stability analysis of vertical excavations in hard rock by integrating a fracture system into a PFC model. Tunnelling and Underground Space Technology, 24(3): 296-308.

Hajiabdolmajid V R, 2001. Mobilization of strength in brittle failure of rock. Department of Mining Engineering. Queen's University, Kingston, Canada.

Härtl J, Ooi J Y, 2011. Numerical investigation of particle shape and particle friction on limiting bulk friction in direct shear tests and comparison with experiments. Powder Technology, 212(1): 231-239.

Hofmann H, Babadagli T, Yoon J S, et al., 2015. A grain based modeling study of mineralogical factors affecting strength, elastic behavior and micro fracture development during compression tests in granites. Engineering Fracture Mechanics, 147: 261-275.

Lan H, Martin C D, Hu B, 2010. Effect of heterogeneity of brittle rock on micromechanical extensile behavior during compression loading. Journal of Geophysical Research: Solid Earth, 115(B1): 1-14.

Liu G, Rong G, Peng J, et al., 2015. Numerical simulation on undrained triaxial behavior of saturated soil by a fluid coupled-DEM model. Engineering Geology, 193: 256-266.

Mahabadi O K, Tatone B S A, Grasselli G, 2014. Influence of microscale heterogeneity and microstructure on the tensile behavior of crystalline rocks. Journal of Geophysical Research: Solid Earth, 119(7): 5324-5341.

Martin C D, 1993. The strength of massive Lac du Bonnet granite around underground openings.

Martin C D, 1994. The strength of massive Lac du Bonnet granite around underground openings. University of Manitoba.

Martin C D, Chandler N A, 1994. The progressive fracture of Lac du Bonnet granite. International Journal of Rock Mechanics and Mining Sciences & Geomechanics Abstracts, Pergamon, 31(6): 643-659.

Mavko G, Mukerji T, Dvorkin J, 2009. The rock physics handbook: tools for seismic analysis of porous media. Cambridge University Press.

Nicksiar M, Martin C D, 2012. Evaluation of methods for determining crack initiation in compression tests on low-porosity rocks. Rock mechanics and rock engineering, 45: 607-617.

Nicksiar M, Martin C D, 2014. Factors affecting crack initiation in low porosity crystalline rocks. Rock mechanics and rock engineering, 47: 1165-1181.

Peng J, Wong L N Y, Teh C I, 2017. Influence of grain size heterogeneity on strength and microcracking behavior of crystalline rocks. Journal of Geophysical Research: Solid Earth, 122(2): 1054-1073.

Potyondy D O, 2010. A grain-based model for rock: approaching the true microstructure. Proceedings of rock mechanics in the Nordic Countries, 2010: 9-12.

Potyondy D O, 2012. A flat-jointed bonded-particle material for hard rock. American Rock Mechanics Association, ARMA-2012-501.

Potyondy D O, Cundall P A, 2004. A bonded-particle model for rock. International Journal of Rock Mechanics and Mining Sciences, 41(8): 1329-1364.

Rong G, Liu G, Hou D, et al., 2013. Effect of particle shape on mechanical behaviors of rocks: a numerical study using clumped particle model. The Scientific World Journal, 2013.

Schwartz A E, 1964. Failure of rock in the triaxial shear test. American Rock Mechanics Association, ARMA-64-109.

Vermeer P A, de Borst R, 1984. Non associated plasticity for soils. Concrete and Rock, 29(3): 3-64.

Wang Y, Tonon F, 2010. Calibration of a discrete element model for intact rock up to its peak strength. International Journal for Numerical and Analytical Methods in Geomechanics, 34(5): 447-469.

Yao C, Jiang Q H, Shao J F, et al., 2016. A discrete approach for modeling damage and failure in anisotropic cohesive brittle materials. Engineering Fracture Mechanics, 155: 102-118.

Yao C, Shao J F, Jiang Q H, et al., 2017. Numerical study of excavation induced fractures using an extended rigid block spring method. Computers and Geotechnics, 85: 368-383.

Yoon J, 2007. Application of experimental design and optimization to PFC model calibration in uniaxial compression simulation. International Journal of Rock Mechanics and Mining Sciences, 44(6): 871-889.